Photoshop CC 2017

实战从新手到高手

杜慧 石蔚云 编著

北京日報出版社

图书在版编目（CIP）数据

Photoshop CC 2017 实战从新手到高手 / 杜慧，石蔚云编著. -- 北京 ：北京日报出版社, 2017.12
ISBN 978-7-5477-2698-3

Ⅰ. ①P… Ⅱ. ①杜… ②石… Ⅲ. ①图象处理软件 Ⅳ. ①TP391.413

中国版本图书馆 CIP 数据核字(2017)第 174924 号

Photoshop CC 2017 实战从新手到高手

出版发行：北京日报出版社
地　　址：北京市东城区东单三条 8-16 号东方广场东配楼四层
邮　　编：100005
电　　话：发行部：（010）65255876
　　　　　总编室：（010）65252135
印　　刷：北京市雅迪彩色印刷有限公司
经　　销：各地新华书店
版　　次：2017 年 12 月第 1 版
　　　　　2017 年 12 月第 1 次印刷
开　　本：787 毫米×1092 毫米　1/16
印　　张：17.25
字　　数：358 千字
定　　价：50.00 元（随书赠送光盘 1 张）

前 言

软件简介

Photoshop CC 2017 是由美国 Adobe 公司推出的最新款计算机辅助绘图与设计软件。在多个领域的应用非常广泛，受到各领域广大从业者一致好评，随着软件不断升级，本书立足于这款软件的实际操作及行业应用，完全从一个初学者的角度出发，循序渐进地讲解核心知识点，并通过大量实例演练，让读者在最短的时间内成为 Photoshop 操作高手。

主要特色

完备的功能查询：工具、按钮、菜单、命令、快捷键、理论、实战演练等应有尽有，内容详细、具体，是一本自学手册。

丰富的案例实战：本书中安排了 169 个精辟范例，对 Photoshop CC 2017 软件各功能进行了非常全面、细致讲解，读者可以边学边用。

细致的操作讲解：70 个专家提醒放送，980 多张图片全程图解，让读者可以掌握软件的核心与各种 Photoshop 操作技巧。

超值的资源赠送：270 分钟所有实例操作重现的视频，360 多个与书中同步的素材和效果文件。

细节特色

70 个专家提醒放送	270 分钟语音视频演示
编者在编写时，将平时工作中总结的各方面软件的实战技巧、设计经验等毫无保留地奉献给读者，不仅大大地丰富和提高了本书的含金量，更方便读者提升软件的实战技巧与经验，从而大大提高读者的学习与工作效率，学有所成。	本书中的软件操作技能实例，全部录制了带语音讲解的演示视频，时间长度达270分钟（4.5个小时），重现了书中所有实例的操作，读者可以结合书本，也可以独立地观看视频演示，像看电影一样进行学习，让学习变成更加轻松。
169 个技能实例奉献	**360 多个素材效果奉献**
本书通过大量的技能实例来辅讲软件，共计169个，帮助读者在实战演练中逐步掌握软件的核心技能与操作技巧，与同类书相比，读者可以省去学无用理论的时间，更能掌握超出同类书大量的实用技能和案例，让学习更高效。	随书光盘包含了190个素材文件，170个效果文件。其中素材涉及各类商业广告、房产广告、数码产品广告、摄影风景照片、网店产品设计、人像照片、手机UI界面设计、手机社交界面设计等，应有尽有，供读者使用。

980 多张图片全程图解
本书采用了980多张图片，对软件的技术、实例的讲解、效果的展示，进行了全程式的图解，通过这些大量清晰的图片，让实例的内容变得更通俗易懂，读者可以一目了然，快速领会，举一反三，制作出更多专业的图像设计。

本书内容

篇 章	主要内容
第 1 ~ 2 章	本书的新手入门篇专业讲解了启动与退出Photoshop CC 2017、认识Photoshop CC 2017工作界面、掌握图像文件基本操作、应用图像辅助工具、调整与裁剪图像、翻转和变换图像等内容。
第 3 ~ 8 章	本书的进阶提高篇专业讲解了初识选区、创建几何选区、创建不规则选区、创建随意选区、管理选区、编辑图形选区、修改图形选区、设置颜色、设置填充颜色、设置填充图案、转换图像颜色模式、调整图像色彩/色调等内容。
第 9 ~ 12 章	本书的核心精通篇专业讲解了创建多种文本、编辑文本对象、制作文本艺术特效、转换文字对象、创建与编辑图层、应用图层混合特效、管理图层样式、初识通道、编辑与合成通道、初识蒙版、编辑与管理图层蒙版、运用智能滤镜等内容。
第 13 ~ 15 章	本书的综合实战篇专业讲解了人像绚丽妆容处理、修饰人物瑕疵、制作彩妆效果、翘角立体效果设计、数码网店活动页面设计、实体网店首页设计、手机社交APP界面设计、手机游戏APP界面设计等内容。

适合读者

本书结构清晰、语言简洁，适合于Photoshop的初、中级读者阅读，包括网店设计、摄影爱好者、广告设计工作者等，同时也可以作为各类计算机培训中心、中职中专、高职高专等院校及相关专业的辅导教材。

编者售后

本书由卓越编著。由于作者知识水平有限，书中难免有错误和疏漏之处，恳请广大读者批评、指正。

版权声明

编 者

目　录

01

Chapter

初识Photoshop CC 2017

学前提示

Photoshop CC 2017是Adobe公司推出的Photoshop的最新版本，作为一款非常优秀的图像处理软件，绘图和图像处理是其亮色和特点。在掌握这些技能之前，用户有必要学习Photoshop CC 2017的图像处理环境操作，如Photoshop CC 2017面板的管理和图像的基础操作等。

本章教学目标

- 启动与退出Photoshop CC 2017
- 认识Photoshop CC 2017工作界面
- 掌握图像文件基本操作
- 应用图像辅助工具

学完本章后你会做什么

- 了解Photoshop CC 2017的启动和退出等操作
- 全新感受Photoshop CC 2017的新界面，认识浮动面板等
- 掌握Photoshop CC 2017的基本操作，如新建、打开文件等

视频演示

1.1 启动与退出Photoshop CC 2017

用户学习软件的第一步，就是要掌握这个软件的启动方法，下面主要介绍 Photoshop CC 2017 启动及退出的操作方法。

1.1.1 启动Photoshop CC 2017软件

由于 Photoshop CC 2017 程序需要较大的运行内存，所以 Photoshop CC 2017 的启动时间较长，在启动的过程中需要耐心等待。

拖曳鼠标至桌面上的 Photoshop CC 2017 快捷方式图标上，双击鼠标左键，即可启动 Photoshop CC 2017 程序，启动页面如图 1-1 所示。程序启动后，即可进入 Photoshop CC 2017 工作界面，如图 1-2 所示。

图 1-1 启动程序

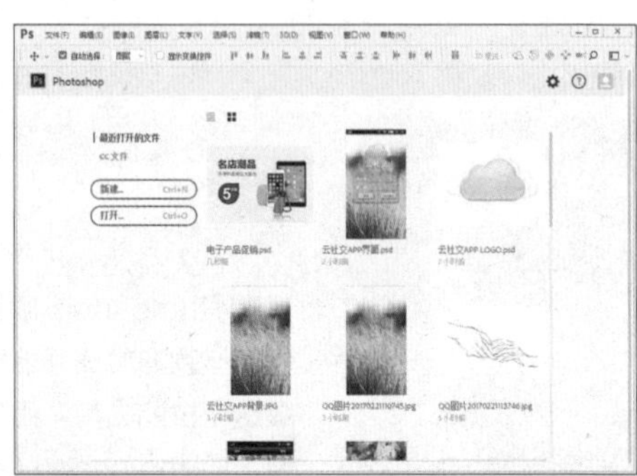

图 1-2 Photoshop CC 2017 工作界面

1.1.2 退出Photoshop CC 2017软件

在图像处理完成后，或者在使用完 Photoshop CC 2017 软件后，就需要关闭 Photoshop CC 2017 程序以保证电脑运行速度。

单击 Photoshop CC 2017 窗口右上角的"关闭"按钮，如图 1-3 所示，若在工作界面中进行了部分操作，之前也未保存，在退出该软件时，会弹出信息提示对话框，如图 1-4 所示，单击"是"按钮，将保存文件；单击"否"按钮，将不保存文件；单击"取消"按钮，将不退出 Photoshop CC 2017 程序。

图 1-3 单击"关闭"按钮

图 1-4 信息提示对话框

1.2 认识Photoshop CC 2017工作界面

Photoshop CC 2017 的工作界面在原有基础上进行了创新，许多功能更加界面化、按钮化，如图 1-5 所示，从图中可以看出，Photoshop CC 2017 的工作界面主要由菜单栏、工具属性栏、工具栏、图像编辑窗口、状态栏和浮动控制面板等 6 个部分组成。

图 1-5 Photoshop CC 2017 的工作界面

下面简单地对 Photoshop CC 2017 各组成部分进行介绍，如表 1-1 所示。

表 1-1 工作界面各面板含义

标号	名称	介绍
1	菜单栏	菜单栏包含可以执行的各种命令，单击菜单名称即可打开相应的菜单。
2	工具属性栏	工具属性栏用来设置工具的各种选项，它会随着所选工具的不同而变换内容。
3	工具箱	工具箱包含用于执行各种操作的工具，如创建选区、移动图像绘画等。
4	状态栏	状态栏显示打开文档的大小、尺寸、当前工具和窗口缩放比例等信息。
5	图像编辑窗口	文档窗口是编辑图像的窗口。
6	浮动控制面板	浮动面板用来帮助用户编辑图像，设置编辑内容和设置颜色属性。

1.2.1 认识菜单栏

菜单栏位于整个窗口的顶端，由“文件”、“编辑”、“图像”、“图层”、“选择”、“滤镜”、“分析”、“3D”、“视图”、“窗口”和“帮助”11 个菜单命令组成，如图 1-6 所示。单击任意一个菜单项都会弹出其包含的命令，Photoshop CC 2017 中的绝大部分功能都可以利用菜单栏中的命令来实现。菜单栏的右侧还显示了控制文件窗口显示大小的最小化、窗口最大化(还原窗口）、关闭窗口等几个快捷按钮。

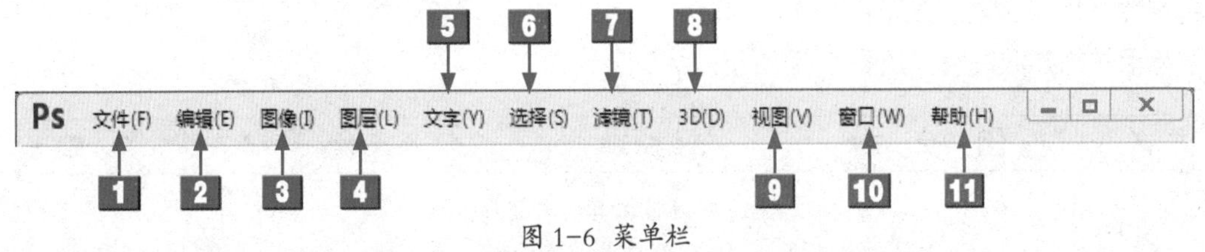

图 1-6 菜单栏

下面对菜单栏的各组成部分进行简单的介绍，如表 1–2 所示。

表 1–2 菜单栏各项含义

标号	名称	介绍
1	文件	单击“文件”菜单可以在弹出的下级菜单中执行新建、打开、存储、关闭、植入以及打印等一系列针对文件的命令。
2	编辑	“编辑”菜单中的各种命令是用于对图像进行编辑的命令，包括还原、剪切、拷贝、粘贴、填充、变换以及定义图案等命令。
3	图像	“图像”菜单中的命令主要是针对图像模式、颜色、大小等进行调整及设置。
4	图层	“图层”菜单中的命令主要是针对图层进行相应的操作，如新建图层、复制图层、蒙版图层、文字图层等，这些命令便于对图层进行运用和管理。
5	文字	“文字”菜单主要用于对对文字对象进行创建和设置，包括创建工作路径、转换为形状、变形文字以及字体预览大小等。
6	选择	“选择”菜单中的命令主要是针对选区进行操作，可以对选区进行反向、修改、变换、扩大、载入选区等操作，这些命令结合选区工具，更便于对选区的操作。
7	滤镜	“滤镜”菜单中的命令可以为图像设置各种不同的特殊效果，在制作特效方面更是功不可没。
8	3D	3D 菜单针对 3D 图像执行操作，通过这些命令可以执行打开 3D 文件、将 2D 图像创建为 3D 图形、进行 3D 渲染等操作。
9	视图	“视图“菜单中的命令可对整个视图进行调整及设置，包括缩放视图、改变屏幕模式、显示标尺、设置参考线等。
10	窗口	“窗口“菜单主要用于控制 Photoshop CC 2017 工作界面中的工具箱和各个面板的显示和隐藏。
11	帮助	“帮助“菜单中提供了使用 Photoshop CC 2017 的各种帮助信息。在使用 Photoshop CC 2017 的过程中，若遇到问题，可以查看该菜单，及时了解各种命令、工具和功能的使用。

1.2.2 认识工具属性栏

工具属性栏一般位于菜单栏的下方，主要用于对所选择工具的属性进行设置，它提供了控制工具属性的选项，其显示的内容会根据所选工具的不同而发生变化。在工具箱中选择相应的工具后，工具属性栏将随之显示该工具可使用的功能，例如选择工具箱中的画笔工具，属性栏中就会出现与画笔相关的参数设置，如图 1–7 所示。

图 1–7 画笔工具的工具属性栏

1.2.3 认识工具箱

工具箱位于工作界面的左侧，共有 50 多个工具，如图 1-8 所示。要使用工具箱中的工具，只要单击相应工具按钮即可在图像编辑窗口中使用。

若在工具按钮的右下角有一个小三角形，表示该工具按钮还有其他工具，在工具按钮上单击鼠标左键，即可弹出所隐藏的工具选项，如图 1-9 所示。

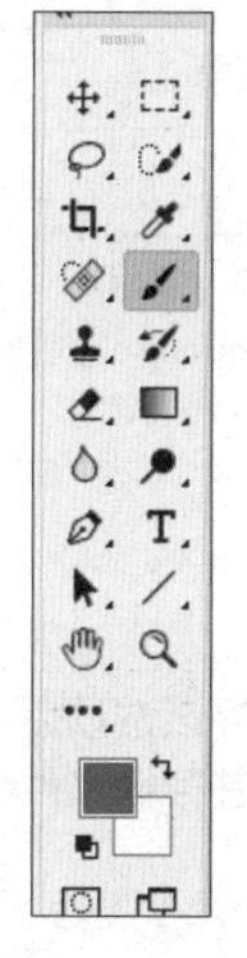

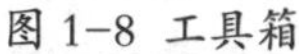

图 1-8 工具箱

图 1-9 显示隐藏工具

1.2.4 认识状态栏

状态栏位于图像编辑窗口的底部，主要用于显示当前所编辑图像的显示参数值及当前文档图像的相关信息。主要由显示比例、文件信息和提示信息 3 部分组成。

状态栏左侧的数值框用于设置图像编辑窗口的显示比例，在该数值框中输入图像显示比例的数值后，按【Enter】键，当前图像即可按照设置的比例显示。状态栏的右侧显示的是图像文件信息，单击文件信息右侧的三角形按钮，即可弹出菜单，如图 1-10 所示，用户可以根据需要选择相应选项。

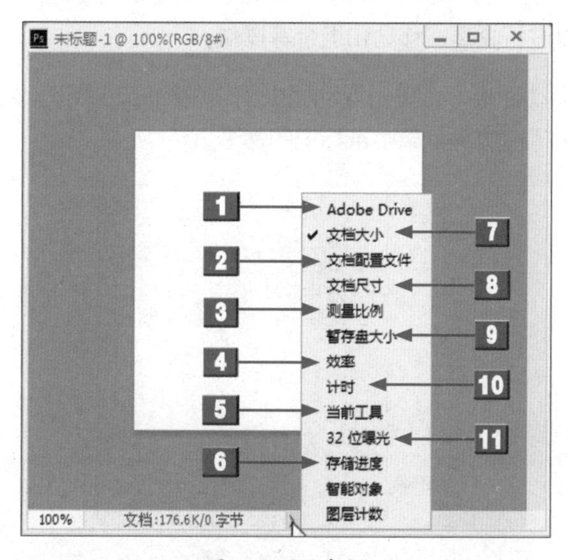

图 1-10 状态栏

下面对状态栏中各组成部分进行简单介绍，如表 1–3 所示。

表 1–3 文件信息菜单各项含义

标号	名称	介绍
1	Adobe Drive	显示文档的 VersionCue 工作组状态。Adobe Drive 可以帮助用户链接到 VersionCue CC 服务器，链接成功后，可以在 Window 资源管理器或 Mac OS Finder 中查看服务器的项目文件。
2	文档配置文件	显示图像所有使用的颜色配置文件的名称。
3	测量比例	查看文档的比例。
4	效率	查看执行操作实际花费的时间百分比。当效率为 100 时，表示当前处理的图像在内存中生成；如果低于 100，则表示 Photoshop 正在使用暂存盘，操作速度也会变慢。
5	当前工具	查看当前使用的工具名称。
6	存储进度	读取当前文档的保存进度。
7	文档大小	显示有关图像中的数据量的信息。选择该选项后，状态栏中会出现两组数字，左边的数字显示了拼合图层并存储文件后的大小，右边的数字显示了图层和通道的近似大小。
8	文档尺寸	查看图像的尺寸。
9	暂存盘大小	查看关于处理图像的内存和 photoshop 暂存盘的信息，选择该选项后，状态栏中会出现两组数字，左边的数字表示程序用来显示所有打开图像的内存量，右边的数字表达用于处理图像的总内存量。
10	计时	查看完成上一次操作所用的时间。
11	32 位曝光	调整预览图像，以便在计算机显示器上查看 32 位通道高动态范围图像的选项。只有文档窗口显示 HDR 图像时，该选项才可以用。

1.2.5 认识浮动控制面板

浮动控制面板主要用于对当前图像的颜色、图层、样式及相关的操作进行设置。面板位于工作界面的右侧，用户可以进行分离、移动和组合等操作。

用户若要选择某个浮动面板，可单击浮动面板窗口中相应的标签，如图 1–11 所示；若要隐藏某个浮动面板，可单击“窗口”菜单中带标记的命令。

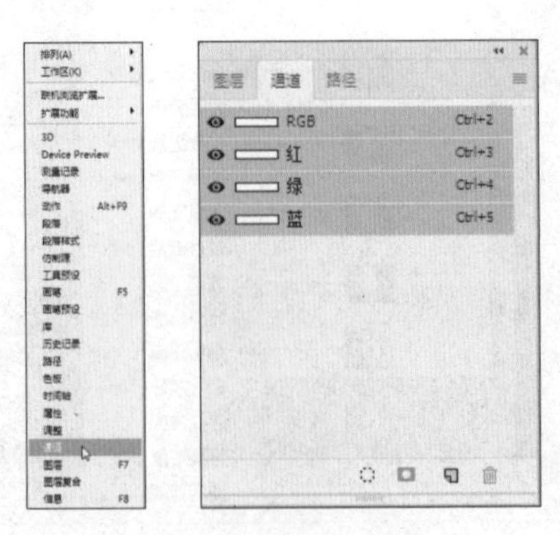

图 1–11 显示浮动面板

专家提醒

默认情况下，浮动面板分为 6 种："图层"、"通道"、"路径"、"创建"、"颜色"和"属性"。用户可根据需要将它们进行任意分离、移动和组合。例如，将"颜色"浮动面板脱离原来的组合面板窗口，使其成为独立的面板，可在"颜色"标签上单击鼠标左键并将其拖曳至其他位置即可；若要使面板复位，只需要将其拖回原来的面板控制窗口内即可。

另外，按【Tab】键可以隐藏工具箱和所有的浮动面板；按【Shift + Tab】组合键可以隐藏所有浮动面板，并保留工具箱的显示。

1.2.6 认识图像编辑窗口

在 Photoshop CC 2017 工具界面的中间，呈灰色区域显示的即为图像编辑工作区。当打开一个文档时，工作区中将显示该文档的图像窗口，图像窗口是编辑的主要工作区域，图形的绘制或图像的编辑都在此区域中进行。

在图像编辑窗口中可以实现 Photoshop CC 2017 中的功能，也可以对图像窗口进行多种操作，如改变窗口大小和位置等。当新建或打开多个文件时，图像标题栏的显示呈灰白色时，即为当前编辑窗口，如图 1–12 所示，此时所有操作将只针对该图像编辑窗口；若想对其他图像编辑窗口进行编辑，使用鼠标单击需要编辑的图像窗口即可。

图 1–12 打开多个文件的工作界面

1.3 掌握图像文件基本操作

Photoshop CC 2017 作为一款图像处理软件，绘图和图像处理是它的看家本领。在使用 Photoshop CC 2017 开始创作之前，需要先了解此软件的一些常用操作，如新建文件、打开文件、保存文件和关闭文件等。熟练掌握各种操作，才可以更好、更快地设计作品。

1.3.1 新建图像文件

在 Photoshop 面板中，用户若想要绘制或编辑图像，首先需要新建一个空白文件，然后才可以继续进行下面的工作。

	素材文件	无
	效果文件	无
	视频文件	光盘 \ 视频 \ 第 1 章 \1.3.1 新建图像文件 .mp4

步骤01 单击“文件”|“新建”命令，在弹出的“新建文档”对话框中，设置各选项如图1-13所示。

步骤02 执行操作后，单击“创建”按钮，即可新建一幅空白的图像文件，如图1-14所示。

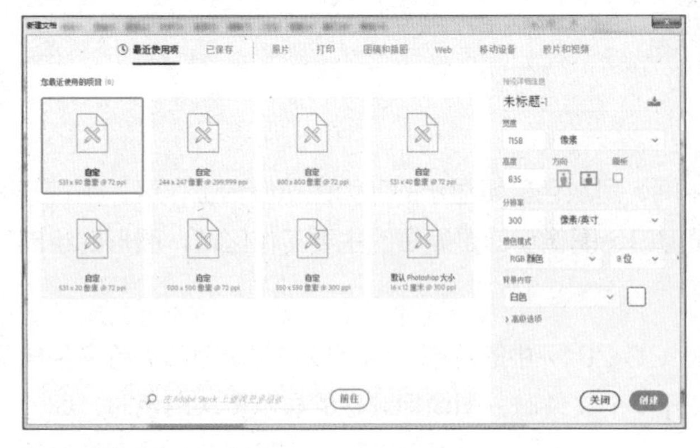

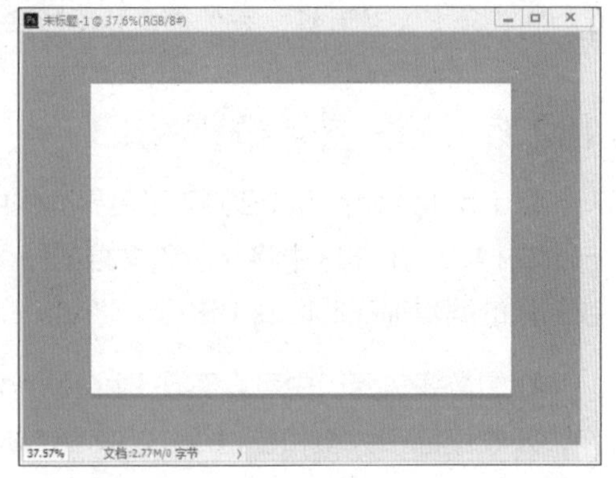

图 1-13 弹出“新建文档”对话框

图 1-14 新建空白图像文件

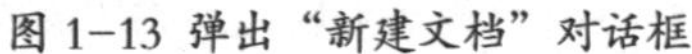

1.3.2 打开图像文件

在 Photoshop CC 2017 中经常需要打开一个或多个图像文件进行编辑和修改，它可以打开多种文件格式，也可以同时打开多个文件。

	素材文件	光盘 \ 素材 \ 第 1 章 \ 枫叶 .jpg
	效果文件	无
	视频文件	光盘 \ 视频 \ 第 1 章 \1.3.2 打开图像文件 .mp4

步骤01 单击“文件”|“打开”命令，在弹出的“打开”对话框中，选择需要打开的图像文件，如图1-15所示。

步骤02 单击“打开”按钮，即可打开选择的图像文件，如图1-16所示。

图 1-15 选择要打开的文件

图 1-16 打开的图像文件

专家提醒

如果要打开一组连续的文件，可以在选择第一个文件后，按住【Shift】键的同时再选择最后一个要打开的文件，然后单击打开按钮。

如果要打开一组不连续的文件，可以在选择第一个图像文件后，按住【Ctrl】键的同时，选择其他的图像文件，然后单击“打开”按钮。

1.3.3 保存与关闭图像文件

在 Photoshop 中，用户经常需要保存或关闭文件，下面详细介绍如何保存或关闭一个文件的操作方法。

1. 通过“存储为”命令保存文件

如果需要将处理好的图像文件保存，只要单击“文件”|“存储为”命令，在弹出的“另存为”对话框中将文件保存即可。

	素材文件	光盘\素材\第 1 章\人像 .jpg
	效果文件	光盘\效果\第 1 章\人像 .jpg
	视频文件	光盘\视频\第 1 章\1. 通过“存储为”命令保存文件 .mp4

步骤 01 单击“文件”|“打开”命令，打开一幅素材图像，如图1-17所示。

步骤 02 单击“文件”|“存储为”命令，弹出“另存为”对话框，设置文件名称与保存路径，然后单击“保存”按钮即可，如图1-18所示。

图 1-17 打开素材图像

图 1-18 单击“保存”按钮

2. 关闭文件

在运用 Photoshop 软件的过程中，当新建或打开许多文件时，就需要选择需要关闭的图像文件，然后再进行下一步的工作。

	素材文件	无
	效果文件	无
	视频文件	光盘\视频\第 1 章\2. 关闭文件 .mp4

步骤 01 单击“文件”|“关闭”命令，如图1-19所示。

步骤 02 执行操作后，即可关闭当前工作的图像文件，如图1-20所示。

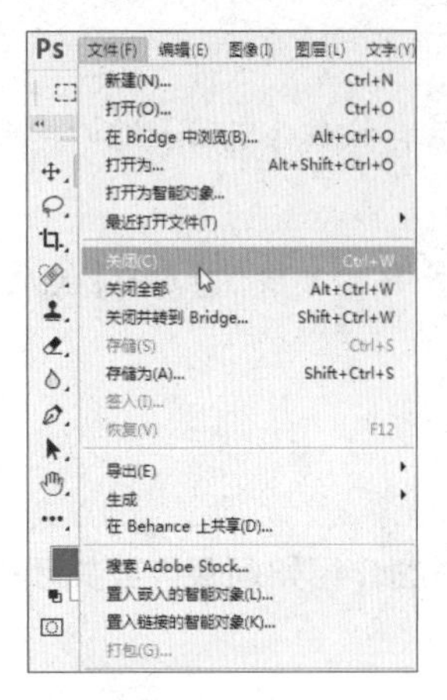

图 1-19 单击“关闭”命令

图 1-20 关闭文件

3. 文件的保存格式

Photoshop CC 2017 所支持的图像格式有 20 多种，因此它可以作为一个转换图像格式的工具来使用。在其他软件中导入图像，可能会受到图像格式的限制而不能导入，此时用户可以使用 Photoshop CC 2017 将图像格式转为软件所支持的格式。下面简单地对各格式进行介绍，如表 1-4 所示。

表 1-4 各种格式的含义

名 称	介 绍
PDF 格式	PDF（便携文档）格式是一种通用的文件格式，支持矢量数据和位图数据，具有电子文档搜索和导航功能，是 Adobe Illustrator 和 Adobe Acrobat 的主要格式。PDF 格式支持 RGB、CMYK、索引、灰度、位图和 LAB 模式，不支持 Alpha。
Raw 格式	Raw 格式是一种灵活的文件格式，用于在应用程序与计算机平台之间传递图像。该格式支持具有 Alpha 通道的 CMYK/RGB 和灰度模式，以及无 Alpha 信道的多信道、LAB、索引和双色调模式等。
PCX 格式	PCX 格式采用 GLE 无损压缩方式，支持 24 位、256 色的图像，适合保存索引和线画稿模式的图像。该格式支持 RGB、索引、灰度和位图模式，以及一个颜色通道。
Pixar 格式	Pixar 格式是专为高端图形应用程序设计的文件格式，它支持具有单个 Alpha 通道的 RGB 和灰度图像。
DICOM 格式	DICOM 格式（医学数字成像和通信）格式通常用于传输和存储医学图像，如超声波 DICOM 和扫描图像。文件包含图像数据和标头，其中存储了有关病人和医学图像的信息。
PNG 格式	PNG 用于无损压缩和在 Web 上显示图像。与 GIF 不同，PGG 支持 244 位图像，并产生无锯齿状的透明背景，但在某些早期的浏览器不支持该格式。
Scitex 格式	Scitex（连续色调）格式用于 Scitex 计算机上的高端图像处理，该格式支持 CMYK、RGB 和灰度图像，不支持 Alpha 通道。
TAG 格式	TAG 格式专用于 Truevision 视频版的系统，它支持一个单独 Alpha 通道的 32 位 RGB 文件，以及无 Alpha 通道的索引、灰度模式，16 位和 24 位的 RGB 文件。
便携位图格式	便携位图格式支持单色位图，可用于无损数据传输。因为许多应用程序都支持此格式，甚至可以在简单的文本编辑器中编辑或创建此类文件。

1.4 应用图像辅助工具

在 Photoshop CC 2017 中，标尺、参考线、网格和注释工具都属于辅助工具，辅助工具虽不能用来编辑图像，但可以帮助用户更好地完成图像的选择、定位和编辑等。

1.4.1 应用标尺

标尺显示了当前鼠标指针所在位置的坐标，应用标尺可以精确地选取一定的范围和更准确地对齐对象。

	素材文件	光盘 \ 素材 \ 第 1 章 \ 白猫 .jpg
	效果文件	无
	视频文件	光盘 \ 视频 \ 第 1 章 \1.4.1 应用标尺 .mp4

步骤 01 按【Ctrl＋O】组合键，打开一幅素材图像，如图1–21所示。

步骤 02 单击“视图”|“标尺”命令，如图1–22所示。

图 1–21 打开素材图像

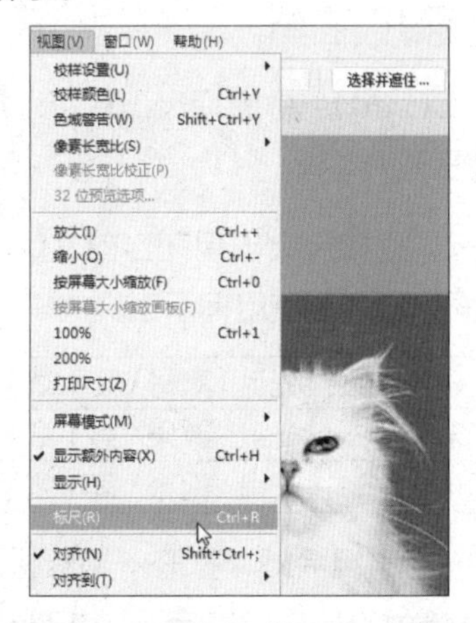

图 1–22 单击“标尺”命令

步骤 03 执行上述操作后，即可显示标尺，如图1–23所示。

步骤 04 将鼠标指针移至水平标尺与垂直标尺的相交处，单击鼠标左键的同时并拖曳至图像编辑窗口中的合适位置，如图1–24所示。

图 1–23 显示标尺

图 1–24 拖曳鼠标至合适的位置

步骤05 释放鼠标左键，即可更改标尺原点，如图1–25所示。

步骤06 单击“视图”|“标尺”命令，即可取消标尺，如图1–26所示。

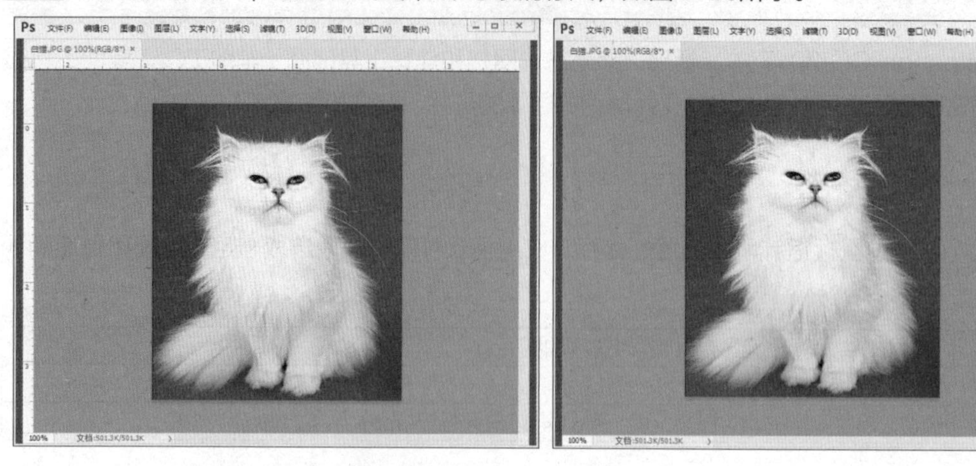

图 1–25 更改标尺原点

图 1–26 取消标尺

1.4.2 应用标尺工具

Photoshop CC 2017 中的标尺工具可以用来测量图像任意两点之间的距离与角度，还可以用来校正倾斜的图像。

如果显示标尺，则标尺会出现在当前文件窗口的顶部和左侧，标尺内的标记可显示出指针移动时的位置，下面详细介绍使用标示工具的操作方法。

	素材文件	光盘 \ 素材 \ 第 1 章 \ 飘雪 .jpg
	效果文件	光盘 \ 效果 \ 第 1 章 \ 飘雪 .jpg
	视频文件	光盘 \ 视频 \ 第 1 章 \1.4.2 应用标尺工具 .mp4

步骤01 按【Ctrl + O】组合键，打开一幅素材图像，如图1–27所示。

步骤02 选取工具箱中的标尺工具，将鼠标指针移至图像编辑窗口中，此时鼠标指针呈形状，如图1–28所示。

图 1–27 打开素材图像

图 1–28 指针呈形状

步骤03 在图像编辑窗口中单击鼠标左键，确认起始位置，并向下拖曳，确认测试长度，如图1–29所示。

步骤 04 打开“信息”面板，即可查看测量的信息，如图1-30所示。

图 1-29 确定测试长度

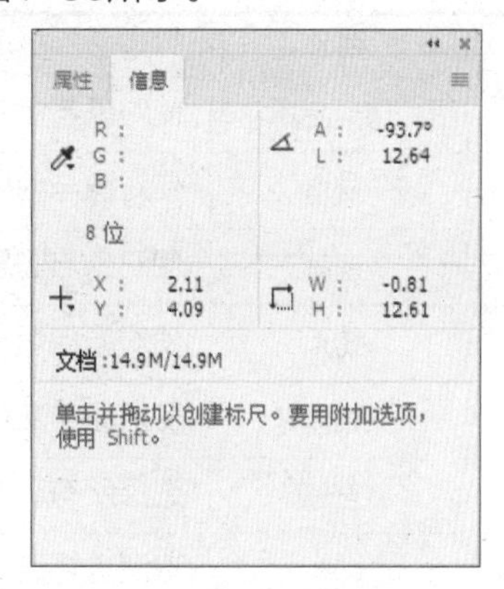

图 1-30 查看测量信息

步骤 05 将鼠标指针移至图像编辑窗口中的尺寸标尺处，鼠标指针呈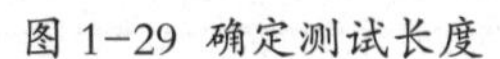形状，单击鼠标左键的同时向右拖曳，至合适位置后释放鼠标，即可移动尺寸标尺，如图1-31所示。

步骤 06 在测量工具属性栏中，单击“清除”按钮 清除 ，即可清除标尺，效果如图1-32所示。

图 1-31 移动尺寸标尺

图 1-32 清除尺寸标尺

1.4.3 应用对齐工具

在 Photoshop CC 2017 中，灵活运用对齐工具有助于精确地放置选区、裁剪选框、切片、形状和路径。如果用户要启用对齐功能，首先需要选择“对齐”命令，使该命令处于选中状态，然后在“对齐到”子菜单中选择一个对齐项目，带有√标记的命令表示启用了该对齐功能，如图 1-33 所示，各选项具体介绍如表 1-5 所示。

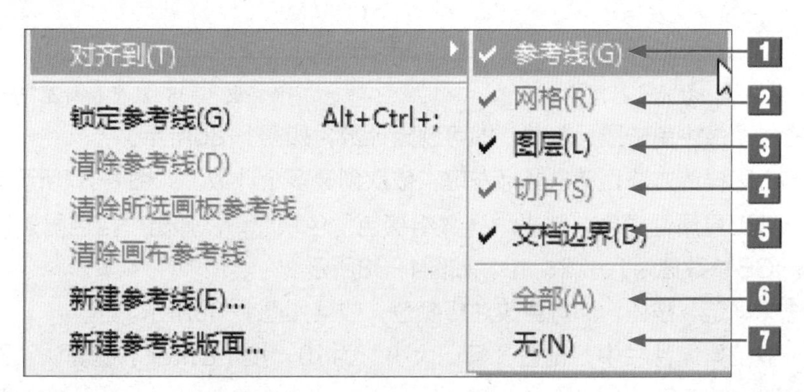

图 1-33 启用对齐功能

表 1-5 对齐功能各项的含义

标号	名称	介绍
1	参考线	使对象与参考线对齐。
2	网格	使对象与网格对齐，网格被隐藏时不能选择该选项。
3	图层	使对象与图层中的内容对齐。
4	切片	使对象与切片边界对齐，切片被隐藏的时候不能选择该选项。
5	文档边界	使对象与文档的边缘对齐。
6	全部	选择所有“对齐到”选项。
7	无	取消选择所有“对齐到”选项。

1.4.4 应用计数工具

在 Photoshop CC 2017 中，用户可以使用计数工具对图像中的对象计数，也可以自动对图像中的多个选定区域计数。

	素材文件	光盘 \ 素材 \ 第 1 章 \ 套瓷娃娃 .jpg
	效果文件	光盘 \ 效果 \ 第 1 章 \ 套瓷娃娃 .psd
	视频文件	光盘 \ 视频 \ 第 1 章 \1.4.4 应用计数工具 .mp4

步骤 01 按【Ctrl + O】组合键，打开一幅素材图像，如图1-34所示。

步骤 02 选取工具箱中的计数工具，将鼠标指针移至图像编辑窗口中，此时鼠标指针呈1+形状，如图1-35所示。

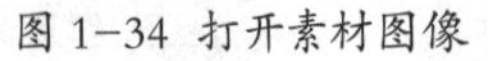

图 1-34 打开素材图像

图 1-35 鼠标指针呈1+形状

步骤 03 在素材图像中单击鼠标左键，即可创建计数，如图1-36所示。

步骤 04 用与上同样的方法，单击鼠标左键，依次创建多个计数，如图1-37所示。

步骤 05 在计数工具属性栏中，单击“计数组颜色”色块，弹出“拾色器（计数颜色）”对话框，设置RGB参数值为1、22、10，如图1-38所示。

步骤 06 单击“确定”按钮，即可更改注释颜色，效果如图1-39所示。

步骤 07 在计数工具属性栏中，设置“标记大小”为10，按【Enter】键确认，即可调整标记大小，效果如图1-40所示。

步骤 08 在计数工具属性栏中，设置“标签大小”为30，按【Enter】键确认，即可调整标签大小，效果如图1-41所示。

图 1-36 创建计数

图 1-37 创建多个计数

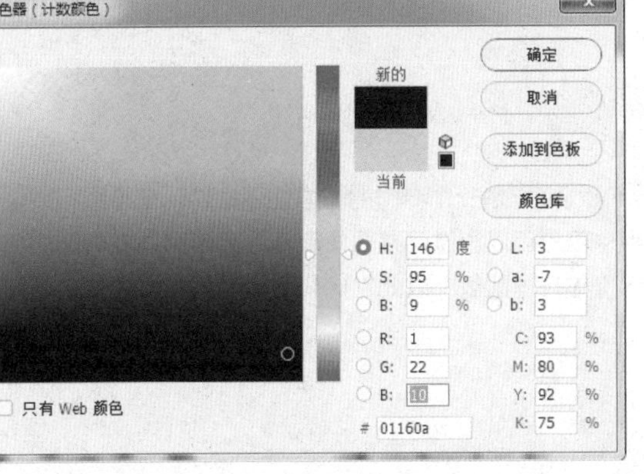
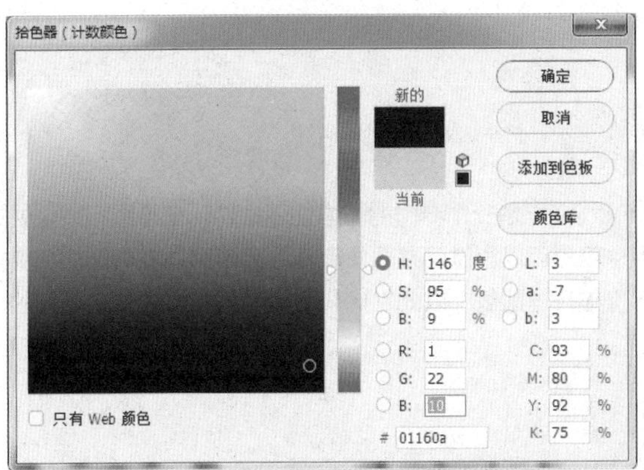

图 1-38 弹出“拾色器（计数颜色）”对话框

图 1-39 更改注释颜色

图 1-40 调整标记大小

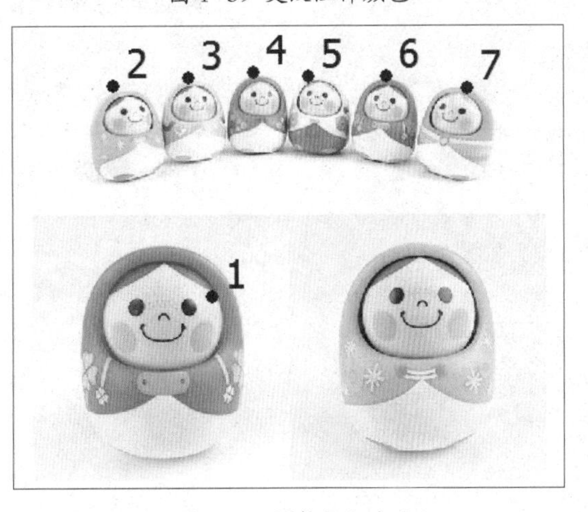

图 1-41 调整标记大小

02

Chapter

调整与变换图像文件

学前提示

Photoshop CC 2017是一个专门的图像处理软件，在绘图和图像处理方面有很大的作用，用户可以通过调整图像尺寸、分辨率，裁剪图像和变换图像等操作，来调整与管理图像，以此来优化图像的质量，设计出更好的作品。

本章教学目标

- 调整与裁剪图像
- 翻转和变换图像

学完本章后你会做什么

- 掌握调整与裁剪图像，包括调整图像、调整画布尺寸的方法等
- 掌握翻转和变换图像，包括旋转/缩放图像、水平翻转图像等

视频演示

2.1 调整与裁剪图像

图像大小与图像像素、分辨率、实际打印尺寸之间有着密切的关系，它决定存储文件所需的硬盘空间大小和图像文件的清晰度。因此，调整图像的尺寸及分辨率也决定着整幅画面的大小。

2.1.1 调整图像尺寸

在 Photoshop CC 2017 中，图像尺寸越大，所占的空间也越大。更改图像的尺寸，会直接影响图像的显示效果。

	素材文件	光盘 \ 素材 \ 第 2 章 \ 白裙 .jpg
	效果文件	光盘 \ 效果 \ 第 2 章 \ 白裙 .jpg
	视频文件	光盘 \ 视频 \ 第 2 章 \2.1.1 调整图像尺寸 .mp4

步骤 01 按【Ctrl + O】组合键，打开一幅素材图像，如图2-1所示。

步骤 02 单击“图像”|“图像大小”命令，如图2-2所示。

图 2-1 打开素材图像

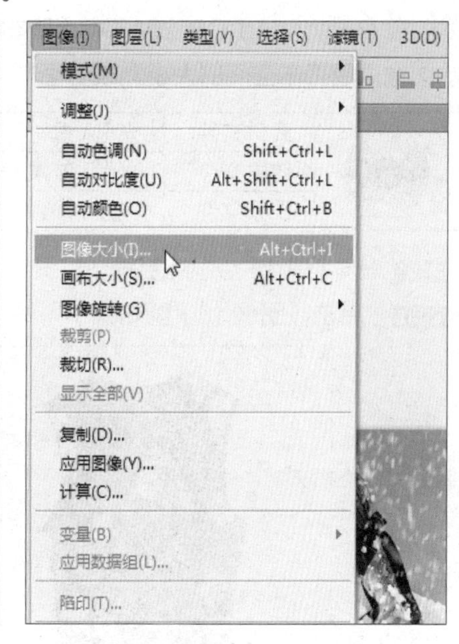

图 2-2 单击“图像大小”命令

步骤 03 在弹出的“图像大小”对话框中设置文档大小的“宽度”为15厘米，如图2-3所示，然后单击“确定”按钮。

步骤 04 执行上述操作后，即可完成调整图像大小的操作，如图2-4所示。

> **专家提醒**
>
> 调整“图像大小”的操作，有以下两方面的作用：
>
> ● 像素大小：通过改变该选项区中的“宽度”和“高度”数值，可以调整图像在屏幕上的显示大小，图像的尺寸也相应发生变化。
>
> ● 文档大小：通过改变该选项区中的“宽度”、“高度”和“分辨率”数值，可以调整图像的文件大小，图像的尺寸也相应发生变化。

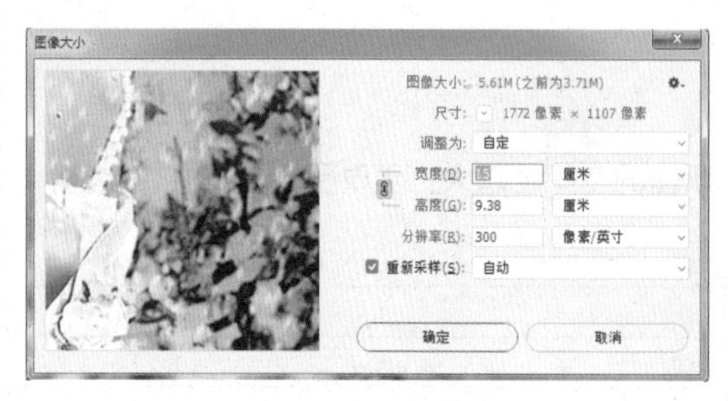

图 2-3 设置文档大小

图 2-4 调整图像大小

2.1.2 调整画布尺寸

在 Photoshop CC 2017 中，画布指的是实际打印的工作区域，图像画面尺寸的大小是指当前图像周围工作空间的大小，改变画布大小会直接影响图像最终的输出效果。

	素材文件	光盘 \ 素材 \ 第 2 章 \ 裙子 .jpg
	效果文件	光盘 \ 效果 \ 第 2 章 \ 裙子 .psd
	视频文件	光盘 \ 视频 \ 第 2 章 \2.1.2 调整画布尺寸 .mp4

步骤 01 按【Ctrl + O】组合键，打开一幅素材图像，如图2-5所示。

步骤 02 单击“图像”|“画布大小”命令，如图2-6所示。

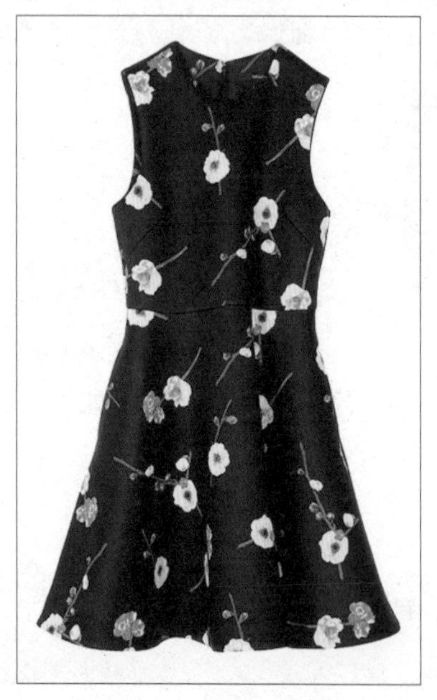

图 2-5 打开素材图像

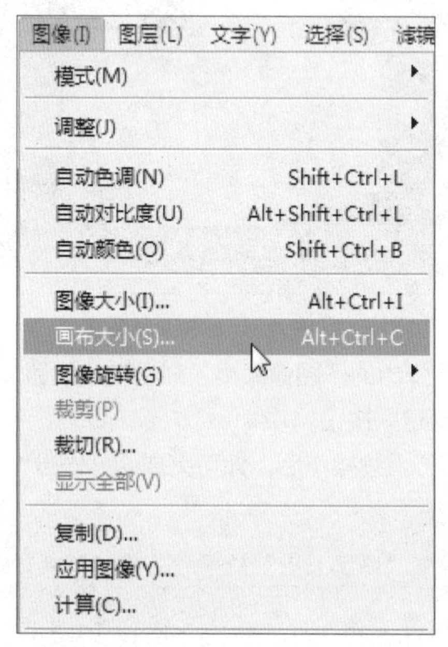

图 2-6 单击“画布大小”命令

专家提醒

画布尺寸的调整不对原图的像素产生影响，只在图像的任意方向增加了背景色的像素。

步骤03 弹出“画布大小”对话框，在“宽度”右侧的数值框中设置为10，设置“画布扩展颜色”为“前景”，如图2-7所示。

步骤04 单击“确定”按钮，即可完成调整画布大小的操作，如图2-8所示。

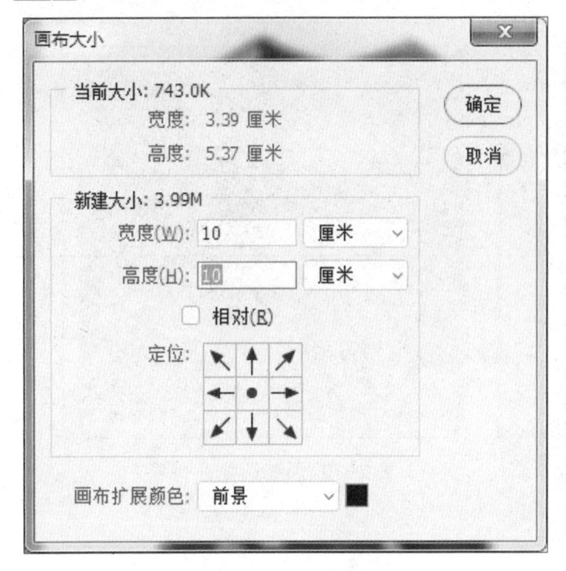

图 2-7 设置参数

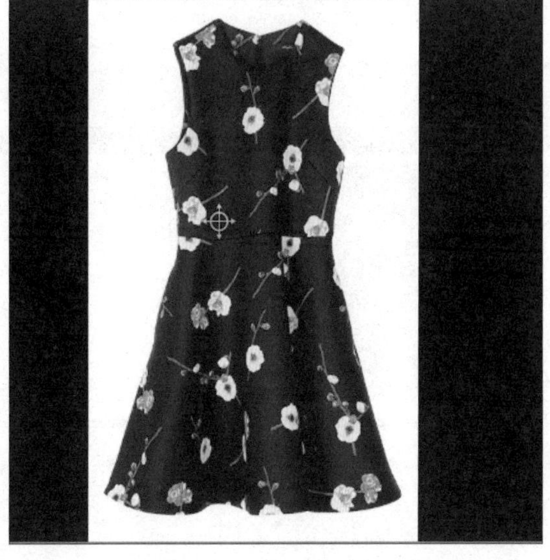

图 2-8 调整画布大小

2.1.3 调整图像分辨率

在 Photoshop 中，图像的品质取决于分辨率的大小，当分辨率数值越大时，图像就越清晰；反之，就越模糊。

	素材文件	光盘 \ 素材 \ 第 2 章 \ 跳伞 .jpg
	效果文件	光盘 \ 效果 \ 第 2 章 \ 跳伞 .jpg
	视频文件	光盘 \ 视频 \ 第 2 章 \2.1.3 调整图像分辨率 .mp4

步骤01 按【Ctrl + O】组合键，打开一幅素材图像，如图2-9所示。

步骤02 单击“图像”|“图像大小”命令，弹出“图像大小”对话框，如图2-10所示。

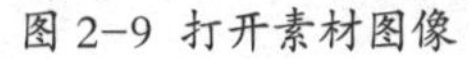

图 2-9 打开素材图像

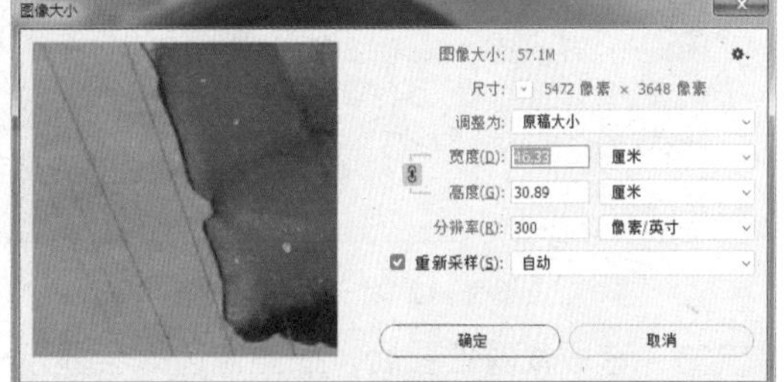

图 2-10 弹出“图像大小”对话框

步骤03 在“文档大小”选项区域中，设置“分辨率”为96像素/英寸，如图2-11所示。

步骤04 单击“确定”按钮，即可调整图像分辨率，如图2-12所示。

专家提醒

分辨率是用于描述图像文件信息量的术语，是指单位区域内包含的像素数量，通常用“像素 / 英寸”和“像素 / 厘米”表示。

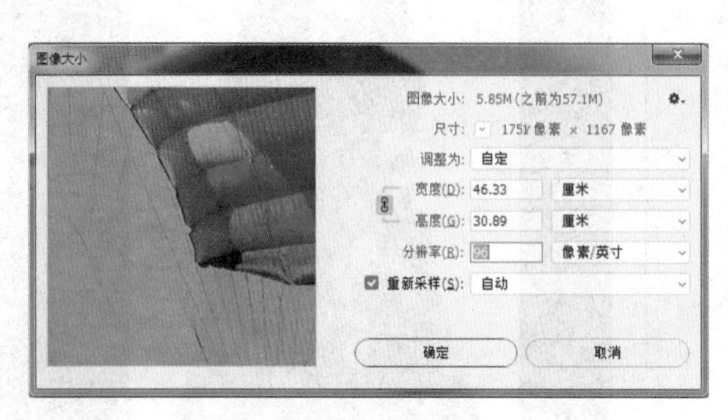

图 2-11 设置图像分辨率

图 2-12 调整图像分辨率

2.1.4 裁剪图像文件

在 Photoshop CC 2017 中，使用裁剪工具可以对图像进行裁剪，重新定义画布的大小。下面详细介绍运用裁剪工具裁剪图像的操作方法。

	素材文件	光盘 \ 素材 \ 第 2 章 \ 芒果 .jpg
	效果文件	光盘 \ 效果 \ 第 2 章 \ 芒果 .jpg
	视频文件	光盘 \ 视频 \ 第 2 章 \2.1.4 裁剪图像文件 .mp4

步骤 01 按【Ctrl + O】组合键，打开一幅素材图像，如图2-13所示。

步骤 02 选取工具箱中的裁剪工具，如图2-14所示。

图 2-13 打开素材图像

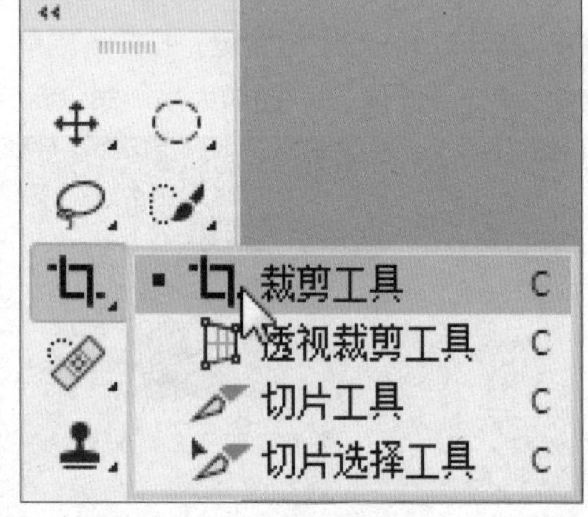

图 2-14 选取裁剪工具

步骤 03 选取裁剪工具后，在图像边缘会显示一个变换控制框，如图2-15所示。

步骤 04 当鼠标指针呈时拖曳并控制裁剪区域大小，如图2-16所示。

步骤 05 然后将鼠标移至变换框内，单击鼠标左键的同时并拖曳，开始剪裁区域图像，如图2-17所示。

步骤 06 按【Enter】键确认，即可完成图像的裁剪，如图2-18所示。

图 2-15 显示变换控制框

图 2-16 裁剪图像

图 2-17 开始裁剪区域图像

图 2-18 完成裁剪图像

专家提醒

在变换控制框中，可以对裁剪区域进行适当调整，将鼠标指针移动至控制框四周的 8 个控制点上，当指针呈双向箭头 ↖↘ 形状时，单击鼠标左键的同时并拖曳，即可放大或缩小裁剪区域；将鼠标指针移动至控制框外，当指针呈 ↲ 形状时，可对裁剪区域进行旋转。

2.1.5 移动与删除图像

移动与删除图像是处理图像的基本方法，管理好各图层可以减小图像的大小。下面详细介绍移动与删除图像的操作方法。

1. 移动图像

移动工具是 Photoshop 中最常用的工具之一，不论是在文档中移动图层、选区内的图像，还是将其他文档中的图像拖入当前文档，都要用到移动工具。

	素材文件	光盘 \ 素材 \ 第 2 章 \ 画笔 .psd、涂鸦 .jpg
	效果文件	光盘 \ 效果 \ 第 2 章 \ 画笔涂鸦 .psd
	视频文件	光盘 \ 视频 \ 第 2 章 \1. 移动图像 .mp4

步骤 01 按【Ctrl + O】组合键，打开两幅素材图像，如图 2-19 所示。

步骤 02 切换至图像“画笔”编辑窗口，选择“图层1”图层，如图2-20所示。

步骤 03 选取移动工具，将鼠标指针移至图像编辑窗口中要移动的图像上，如图2-21所示。

步骤 04 单击鼠标左键的同时并拖曳至图像“涂鸦”编辑窗口中，如图2–22所示。

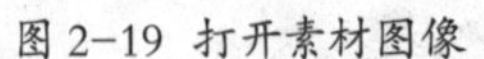
图 2–19 打开素材图像

图 2–20 选择“图层 1”图层

图 2–21 移动鼠标

图 2–22 移动图像

专家提醒

将某个图像拖入另一个文档时，按住【Shift】键，可以使拖入的图像位于当前文档的中心。如果这两个文档的大小相同，则拖入的图像就会与当前文档的边界对齐。

2. 删除图像

在图像编辑过程中，Photoshop 会创建不同内容的图层，将多余的图层删除，可以节省磁盘空间，加快软件运行速度。

	素材文件	光盘 \ 素材 \ 第 2 章 \ 盘子 .psd
	效果文件	光盘 \ 效果 \ 第 2 章 \ 盘子 .psd
	视频文件	光盘 \ 视频 \ 第 2 章 \2. 删除图像 .mp4

步骤 01 按【Ctrl + O】组合键，打开一幅素材图像，如图2–23所示。

步骤 02 切换至图像编辑窗口，选择“图层1”图层，如图2–24所示。

步骤 03 单击鼠标左键，并拖曳至“图层”面板最下方的“删除图层”按钮上，如图2–25所示。

步骤 04 释放鼠标左键，即可删除图像，效果如图2–26所示。

图 2-23 打开素材图像

图 2-24 选择“图层 1”图层

图 2-25 移至按钮上

图 2-26 删除图像

2.2 翻转和变换图像

当图像被扫描到计算机中时，有时会发现图像出现了颠倒或倾斜现象，此时需要对图像进行翻转和变换操作。

2.2.1 旋转/缩放图像

在 Photoshop 中，缩放或旋转图像后，能使平面图像显示视角独特，同时也可以将倾斜的图像纠正。

	素材文件	光盘 \ 素材 \ 第 2 章 \ 屋檐 .psd
	效果文件	光盘 \ 效果 \ 第 2 章 \ 屋檐 .jpg
	视频文件	光盘 \ 视频 \ 第 2 章 \2.2.1 旋转 / 缩放图像 .mp4

步骤 01 按【Ctrl＋O】组合键，打开一幅素材图像，如图2–27所示。

步骤 02 单击“编辑”|“变换”|“缩放”命令，如图2–28所示。

图 2–27 打开素材图像

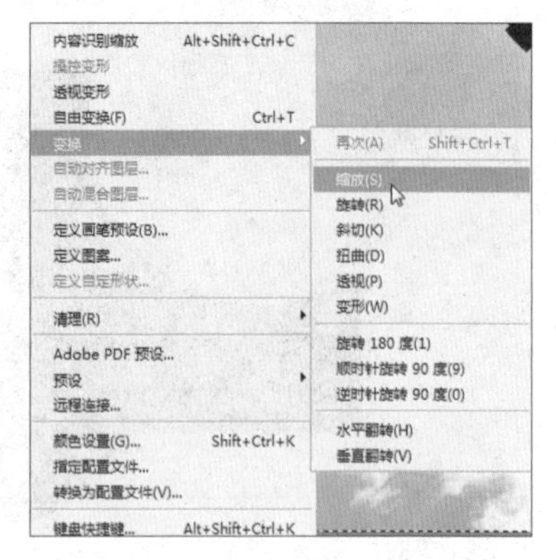

图 2–28 单击“缩放”命令

步骤 03 调出变换控制框，将鼠标指针移至变换控制框右上方的控制柄上，鼠标指针呈双向箭头⤢形状时，单击鼠标左键的同时向左下方拖曳，至合适位置后释放鼠标左键，如图2–29所示。

步骤 04 在变换控制框中单击鼠标右键，在弹出的快捷菜单中选择“旋转”选项，如图2–30所示。

图 2–29 拖曳鼠标

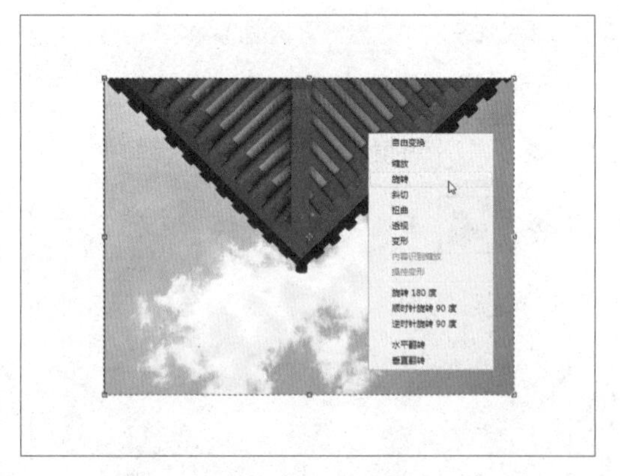

图 2–30 选择“旋转”选项

步骤 05 将鼠标指针移至变换控制框右上方的控制柄处，单击鼠标左键的同时并旋转至合适位置，释放鼠标，如图2–31所示。

步骤 06 执行操作后，在图像内双击鼠标左键，即可完成图像的旋转，如图2–32所示。

图 2–31 旋转至合适位置

图 2–32 完成图像的旋转

专家提醒

在 Photoshop CC 2017 中对图像进行缩放操作时，按住【Shift】键的同时，单击鼠标左键并拖曳，可以等比例缩放图像。

2.2.2 水平翻转图像

在 Photoshop CC 2017 中，当用户打开的图像出现了水平方向的颠倒、倾斜时，就可以对图像进行水平翻转操作。

	素材文件	光盘 \ 素材 \ 第 2 章 \ 庙宇 .psd
	效果文件	光盘 \ 效果 \ 第 2 章 \ 庙宇 .jpg
	视频文件	光盘 \ 视频 \ 第 2 章 \2.2.2 水平翻转图像 .mp4

步骤 01 按【Ctrl＋O】组合键，打开一幅素材图像，如图2-33所示。

步骤 02 单击“编辑”|“变换”|“水平翻转”命令，即可水平翻转图像，如图2-34所示。

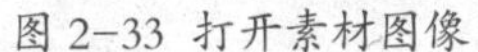
图 2-33 打开素材图像

图 2-34 水平翻转图像

专家提醒

“水平翻转画布”命令和“水平翻转”命令的区别：

- 水平翻转画布：执行操作后，可将整个画布，即画布中的全部图层，水平翻转。
- 水平翻转：执行操作后，可将画布中的某个图像，即选中画布中的某个图层，水平翻转。

2.2.3 垂直翻转图像

在 Photoshop CC 2017 中，如果用户打开的图像出现垂直方向的颠倒、倾斜，就需要对图像进行垂直翻转操作。

	素材文件	光盘 \ 素材 \ 第 2 章 \ 秀出风采 .psd
	效果文件	光盘 \ 效果 \ 第 2 章 \ 秀出风采 .psd
	视频文件	光盘 \ 视频 \ 第 2 章 \2.2.3 垂直翻转图像 .mp4

步骤 01 按【Ctrl＋O】组合键，打开一幅素材图像，如图2-35所示。

步骤 02 在“图层”面板中选择“图层1”图层，如图2-36所示。

步骤 03 单击“编辑”|“变换”|“垂直翻转”命令，如图2-37所示。

步骤 04 执行上述操作后，得到最终效果如图2-38所示。

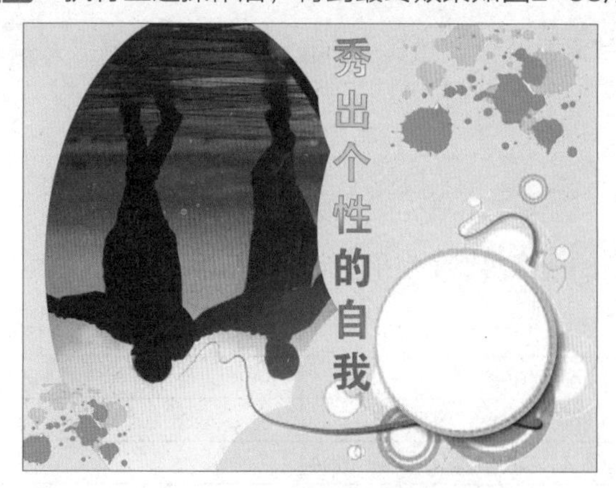

图 2-35 打开素材图像

图 2-36 选择"图层 6"图层

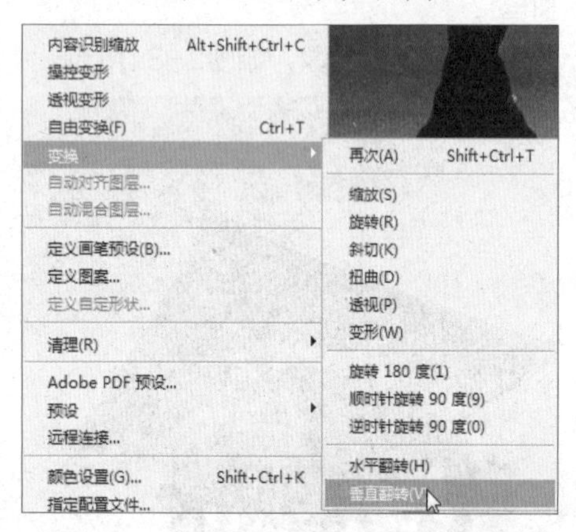

图 2-37 单击"垂直翻转"命令

图 2-38 最终效果图

专家提醒

垂直翻转的快捷键是【Ctrl+T】，使用快捷键后单击鼠标右键，会出现水平翻转和垂直翻转。还有一种方法，使用快捷键【Ale+E】然后按 A 再按 V，就能执行垂直翻转命令。

2.2.4 斜切图像

在 Photoshop CC 2017 中，用户可以运用"自由变换"命令斜切图像，制作出逼真的倒影效果，下面详细介绍了斜切图像的操作方法。

	素材文件	光盘 \ 素材 \ 第 2 章 \ 创意图 .psd
	效果文件	光盘 \ 效果 \ 第 2 章 \ 创意图 .psd
	视频文件	光盘 \ 视频 \ 第 2 章 \2.2.4 斜切图像 .mp4

步骤 01 按【Ctrl+O】组合键，打开一幅素材图像，如图2-39所示。

步骤 02 展开"图层"面板，选择"图层2"图层，如图2-40所示。

步骤 03 单击"编辑"|"变换"|"垂直翻转"命令，如图2-41所示。

步骤 04 选取移动工具，移动图像至合适位置，如图2-42所示。

步骤 05 单击"编辑"|"变换"|"斜切"命令，如图2-43所示，即可调出变换控制框。

步骤 06 将鼠标指针移至变换控制框右侧上方的控制柄上，指针呈白色三角形状时，单击鼠标左键并向上拖曳，如图2-44所示。

图 2-39 打开素材图像

图 2-40 选择“图层 2”图层

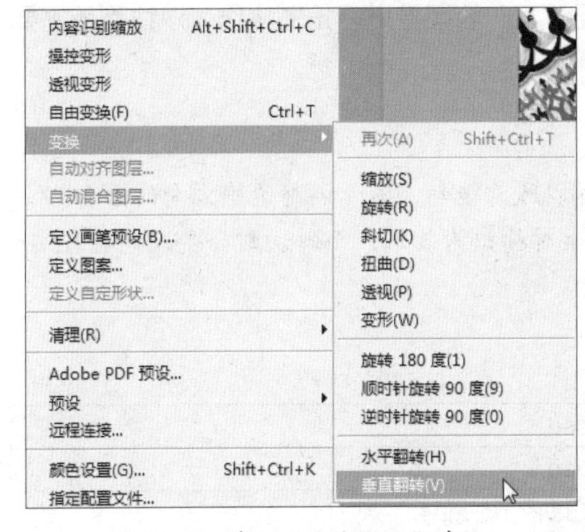

图 2-41 单击“垂直翻转”命令

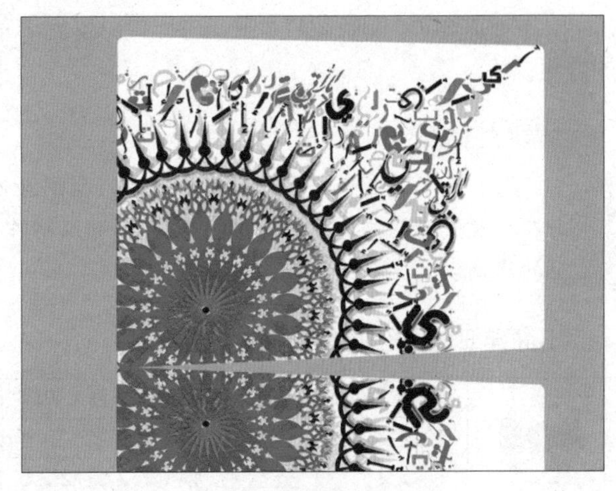

图 2-42 移动图像至合适位置

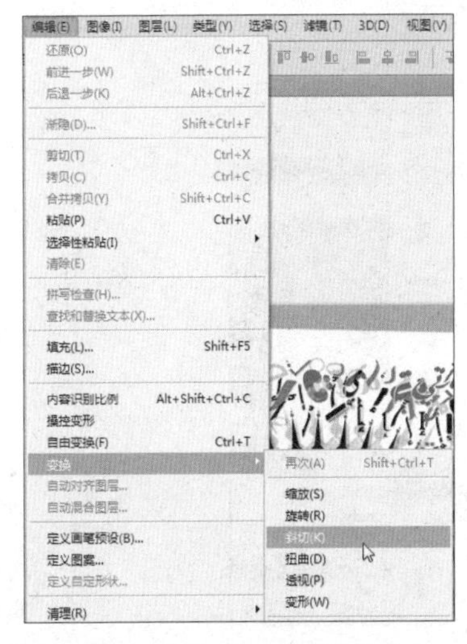

图 2-43 单击“斜切”命令

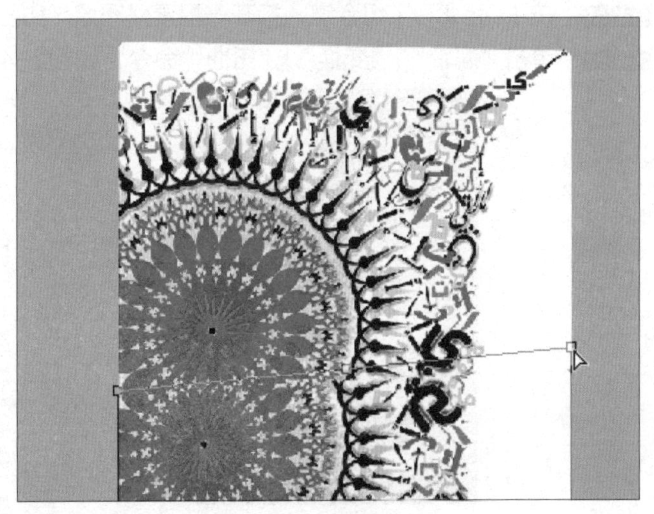

图 2-44 拖曳鼠标

步骤 07 按【Enter】键确认，设置“图层2”图层的“不透明度”为20%，如图2-45所示。

步骤 08 执行上述操作后，得到最终效果如图2-46所示。

图 2-45 设置不透明度

图 2-46 最终效果

2.2.5 扭曲图像

在 Photoshop CC 2017 中，用户可以根据需要对某一些图像进行扭曲操作，以达到所需要的效果。

> **专家提醒**
>
> 与斜切不同的是，执行扭曲操作时，控制点可以随意拖动，不受调整边框方向的限制，若在拖曳鼠标的同时按住【Alt】键，则可以制作出对称扭曲效果，而斜切则会受到调整边框的限制。

下面详细介绍扭曲图像的操作方法。

	素材文件	光盘 \ 素材 \ 第 2 章 \ 斜塔 .psd
	效果文件	光盘 \ 效果 \ 第 2 章 \ 斜塔 .psd
	视频文件	光盘 \ 视频 \ 第 2 章 \2.2.5 扭曲图像 .mp4

步骤 01 按【Ctrl + O】组合键，打开一幅素材图像，如图2-47所示。

步骤 02 单击“编辑”|“变换”|“扭曲”命令，如图2-48所示。

图 2-47 打开素材图像

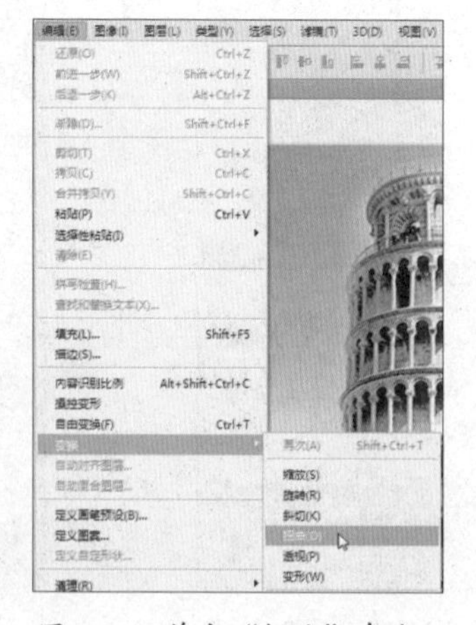

图 2-48 单击“扭曲”命令

步骤03 执行上述操作后，调出变换控制框，如图2-49所示。

步骤04 将鼠标指针移至变换控制框的控制柄上，鼠标指针呈白色三角▷形状时，单击鼠标左键的同时并拖曳至合适位置后释放鼠标左键，如图2-50所示。

图 2-49 调出变换控制框

图 2-50 拖曳鼠标

步骤05 执行上述操作后，按【Enter】键确认，即可扭曲图像，如图2-51所示。

步骤06 选择"图层1"图层，并调至合适位置，得到最终效果，如图2-52所示。

图 2-51 扭曲图像

图 2-52 最终效果

2.2.6 透视图像

在 Photoshop CC 2017 中进行图像处理时，如果需要将平面图变换为透视效果，就可以运用透视功能进行调节。单击"透视"命令，即会显示变换控制框，此时单击鼠标左键并拖动可以进行透视变换。下面详细介绍使用"透视"命令的操作方法。

	素材文件	光盘 \ 素材 \ 第 2 章 \ 桶子 .psd
	效果文件	光盘 \ 效果 \ 第 2 章 \ 桶子 .psd
	视频文件	光盘 \ 视频 \ 第 2 章 \2.2.6 透视图像 .mp4

步骤01 按【Ctrl+O】组合键，打开一幅素材图像，如图2-53所示。

步骤02 单击“编辑”|“变换”|“透视”命令，如图2-54所示。

图 2-53 打开素材图像

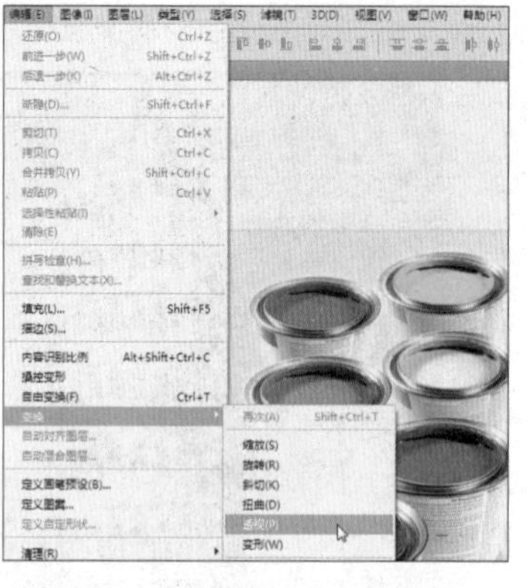

图 2-54 单击“透视”命令

步骤03 执行上述操作后，调出变换控制框，如图2-55所示。

步骤04 将鼠标指针移至变换控制框右下方的控制柄上，鼠标指针呈白色三角▷形状时，单击鼠标左键并拖曳，如图2-56所示。

图 2-55 调出控制变换框

图 2-56 拖曳鼠标

步骤05 执行上述操作后，再一次对图像进行微调，如图2-57所示。

步骤06 按【Enter】键确认，即可透视图像，效果如图2-58所示。

图 2-57 微调图像

图 2-58 最终效果

03

Chapter

创建图像选区

学前提示

选区是指通过工具或者相应命令在图像上创建的选取范围。创建选区后，即可将选区内的图像区域进行隔离，以便复制、移动、填充或校正颜色。在Photoshop CC 2017中可以创建两种类型的选区，普通选区和羽化的选区，两种类型的选区都有不同的特色。

本章教学目标

- 初识选区
- 创建几何选区
- 创建不规则选区
- 创建随意选区

学完本章后你会做什么

- 掌握选区的基本概念，掌握创建选区的方法和了解选区运算等
- 掌握如何使用矩形选框工具、椭圆等工具创建几何选区的方法
- 掌握如何使用套索工具、魔棒工具等创建不规则选区的方法
- 掌握运用“全部”命令、“扩大选取”等命令创建随意选区的方法

3.1 初识选区

选区在图像编辑过程中有着非常重要的位置，它限制着图像编辑的范围和区域。灵活而巧妙地应用选区，能得到许多意想不到的效果，本章将详细介绍选区的使用方法。

3.1.1 选区概述

在 Photoshop CC 2017 中，创建选区是为了限制图像编辑的范围，从而得到精确的效果。

在选区建立之后，选区的边界就会显现出不断交替闪烁的虚线，此虚线框表示选区的范围，当图像中的一部分被选中时，此时可以对图像选定的部分进行移动、复制、填充以及滤镜、颜色校正等操作，选区外的图像不受影响，如图 3-1 所示。

图 3-1 原图与创建选区后填充选区效果

3.1.2 常用选区创建方法

在 Photoshop CC 2017 中建立选区的方法非常广泛，用户可以根据不同对象的形状、颜色等特征决定采用的工具和方法。

1. 创建规则形状选区

规则选区中包括矩形、圆形等规则形态的图像，运用选框工具可以框选出选择的区域范围，这是 Photoshop CC 2017 创建选区最基本的方法，如图 3-2 所示。

图 3-2 选框工具创建的选区

2. 创建不规则选区

当图片的背景颜色比较单一时，且与选择对象的颜色存在较大的反差时，就可以运用快速选择工具、魔棒工具、多边形套索工具等。用户在使用过程中，只需要注意在拐角及边缘不明显处手动添加一些节点，即可快速将图像选中，如图 3-3 所示。

图 3-3 使用魔棒工具创建选区

3. 通过通道或蒙版创建选区

运用通道和蒙版创建选区是所有选择方法中功能最为强大的一个，因为它表现选区不是用虚线选框，而是用灰阶图像，这样就可以像编辑图像一样来编辑选区，画笔、橡皮擦工具、色调调整工具、滤镜都可以自由使用。

4. 通过图层或路径创建选区

图层和路径都可以转换为选区。只需按住【Ctrl】键的同时单击图层左侧的缩览图，即可得到该图层非透明区域的选区。

运用路径工具创建的路径是非常光滑的，而且还可以反复调节各锚点的位置和曲线的曲率，因而常用来建立复杂和边界较为光滑的选区，如图 3-4 所示。

图 3-4 将路径转换为选区

3.1.3 选区运算方法

在选区的运用中，第一次创建的选区一般很难完成理想的选择范围，因此要进行第二次或者第三次的选择，此时用户可以使用选区范围加减运算功能，这些功能都可直接通过工具属性栏中的图标来实现。

1. 运用“新选区”按钮创建选区

在 Photoshop CC 2017 中，当用户要创建新选区时，可以单击“新选区”按钮，即可在图像中创建不重复选区。

2. 运用“添加到选区”按钮添加选区

如果用户要在已经创建的选区之外再加上另外的选择范围，就需要用到选框工具。创建一个选区后，单击“添加到选区”按钮，即可得到两个选区范围的并集。

3. 运用“从选区减去”按钮减少选区

在 Photoshop CC 2017 中运用“从选区减去”按钮，是对已存在的选区利用选框工具将原有选区减去一部分。

4. 运用“与选区交叉”按钮重合选区

交集运算是得到两个选择范围重叠的部分。在创建一个选区后，单击“与选区交叉”按钮，再创建一个选区，此时就会得到两个选区的交集。

专家提醒

工具属性栏上各运算按钮的含义如下：

- “添加到选区”按钮：在源选区的基础上添加新的选区。
- “从选区减去”按钮：在源选区的基础上减去新的选区。
- “与选区交叉”按钮：新选区与源选区交叉区域为最终的选区。

3.2 创建几何选区

Photoshop CC 2017 提供了 4 个选框工具用于创建形状规则的选区，其中包括矩形选框工具、椭圆选框工具、单行选框工具和单列选框工具，分别用于建立矩形、椭圆、单行和单列选区。

3.2.1 通过矩形选框工具创建矩形选区

在 Photoshop CC 2017 中矩形选框工具可以建立矩形选区，该工具是区域选择工具中最基本、最常用的工具。

素材文件	光盘 \ 素材 \ 第 3 章 \ 手机屏幕合成 .jpg
效果文件	光盘 \ 效果 \ 第 3 章 \ 手机屏幕合成 .jpg
视频文件	光盘 \ 视频 \ 第 3 章 \3.2.1 通过矩形选框工具创建矩形选区 .mp4

步骤01 按【Ctrl+O】组合键，打开一幅素材图像，如图3-5所示。

步骤02 选取矩形选框工具，创建一个矩形选区，如图3-6所示。

步骤03 选取移动工具，拖曳选区内的图像至右边图像中，如图3-7所示。

步骤04 按【Ctrl+D】组合键，取消选区，效果如图3-8所示。

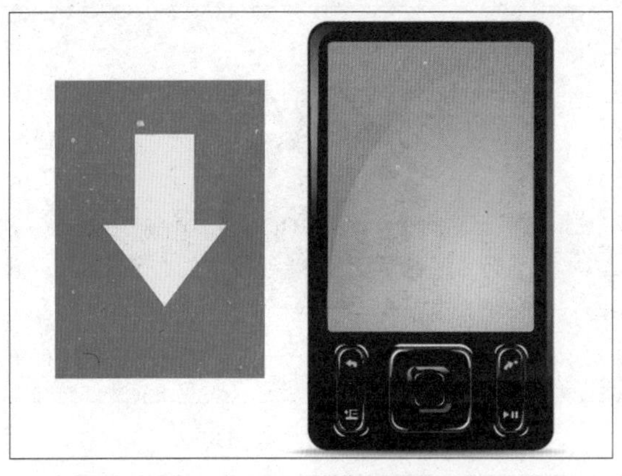

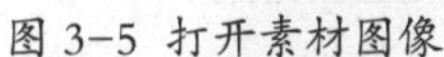
图 3-5 打开素材图像

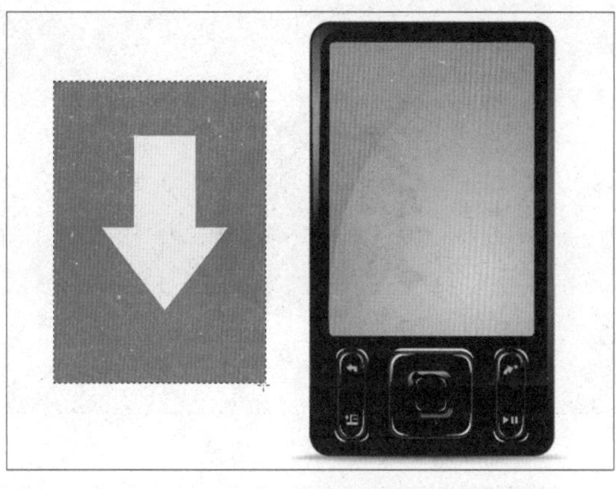
图 3-6 创建选区

图 3-7 拖曳图像

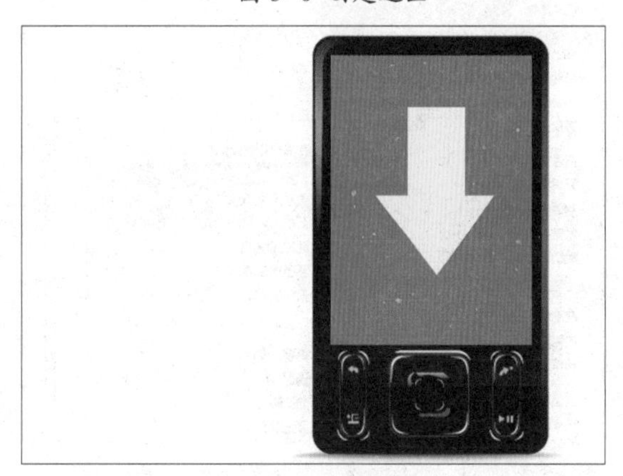
图 3-8 取消选区

3.2.2 通过椭圆选框工具创建椭圆选区

在 Photoshop CC 2017 中，用户运用椭圆选框工具可以创建椭圆选区或者是正圆选区。下面详细介绍创建椭圆选区的操作方法。

	素材文件	光盘 \ 素材 \ 第 3 章 \ 吊坠 .jpg
	效果文件	光盘 \ 效果 \ 第 3 章 \ 吊坠 .jpg
	视频文件	光盘 \ 视频 \ 第 3 章 \3.2.2 通过椭圆选框工具创建椭圆选区 .mp4

步骤 01 按【Ctrl＋O】组合键，打开一幅素材图像，如图3-9所示。

步骤 02 选取工具箱中的椭圆选框工具，创建一个椭圆选区，如图3-10所示。

步骤 03 单击“图像”|“调整”|“色相/饱和度”命令，如图3-11所示。

步骤 04 在弹出的“色相/饱和度”对话框中，设置“色相”为-104，如图3-12所示。

步骤 05 单击“确定”按钮，即可调整图像色相，如图3-13所示。

步骤 06 执行上述操作后，按【Ctrl＋D】组合键，取消选区，效果如图3-14所示。

专家提醒

在使用椭圆工具创建选区时，根据需要有两种情况：

- 按住【Shift】键拖曳鼠标，可以创建正圆。
- 任意拖曳鼠标，创建椭圆。

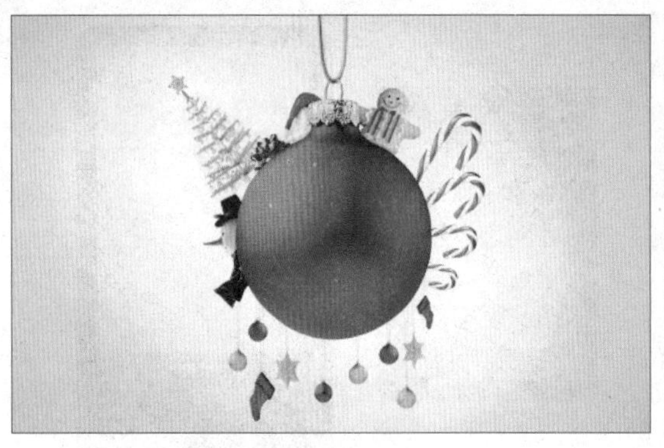

图 3-9 打开素材图像

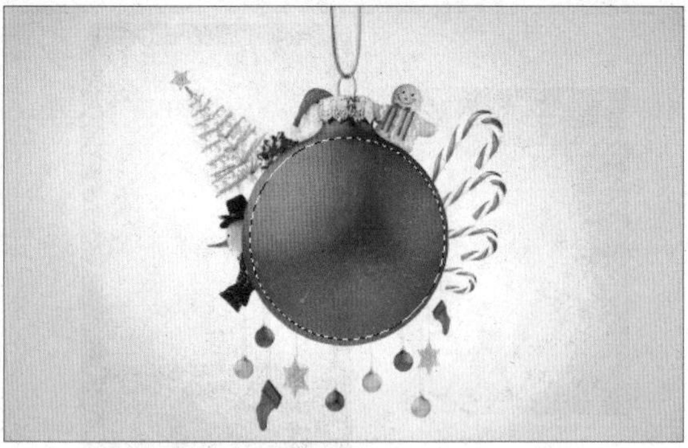

图 3-10 创建椭圆选区

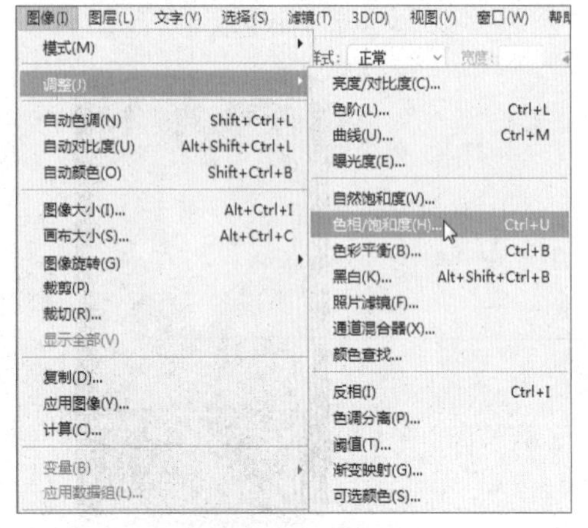

图 3-11 单击“色相 / 饱和度”命令

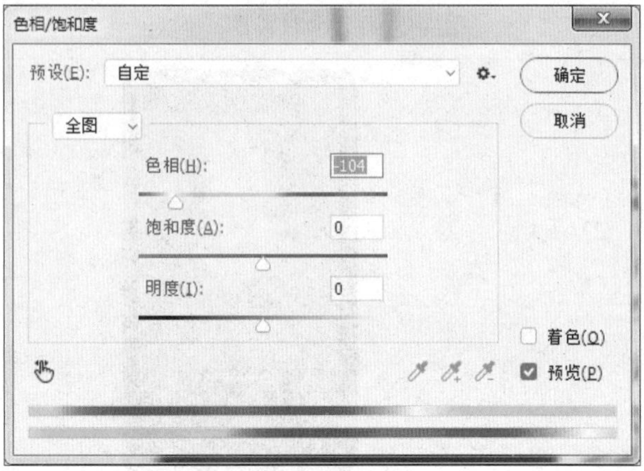

图 3-12 设置色相

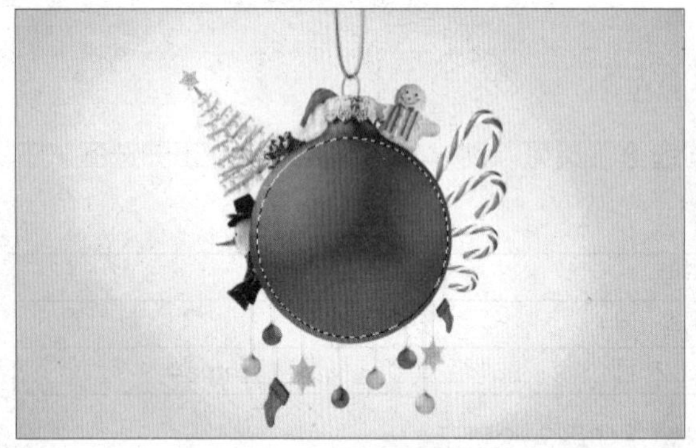

图 3-13 调整图像色相

图 3-14 取消选区

3.2.3 通过单行选框工具创建水平选区

在 Photoshop CC 2017 中，用户选择单行选框工具可以创建 1 像素宽的水平选区。下面详细介绍创建 1 像素宽水平选区的操作方法。

	素材文件	光盘 \ 素材 \ 第 3 章 \ 冰岛 .jpg
	效果文件	光盘 \ 效果 \ 第 3 章 \ 冰岛 .psd
	视频文件	光盘 \ 视频 \ 第 3 章 \3.2.3 通过单行选框工具创建水平选区 .mp4

步骤 01 按【Ctrl + O】组合键，打开一幅素材图像，如图3-15所示。

步骤 02 单击“图层”|“新建”|“图层”命令，如图3-16所示。

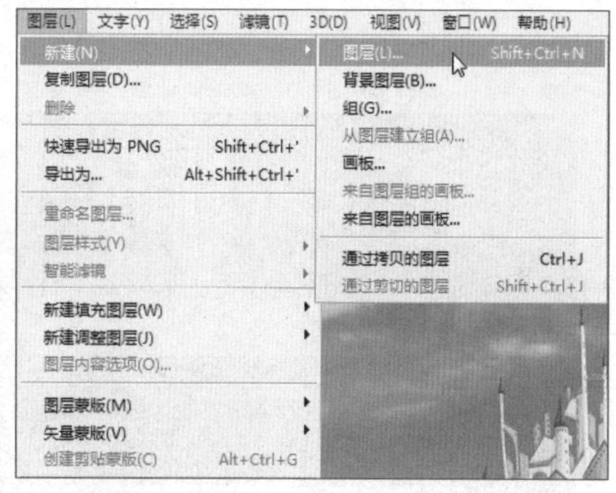

图 3-15 打开素材图像　　图 3-16 单击“图层”命令

步骤03 弹出“新建图层”对话框，保持默认设置，如图3-17所示，单击“确定”按钮。

步骤04 执行上述操作后，即可新建“图层1”图层，如图3-18所示。

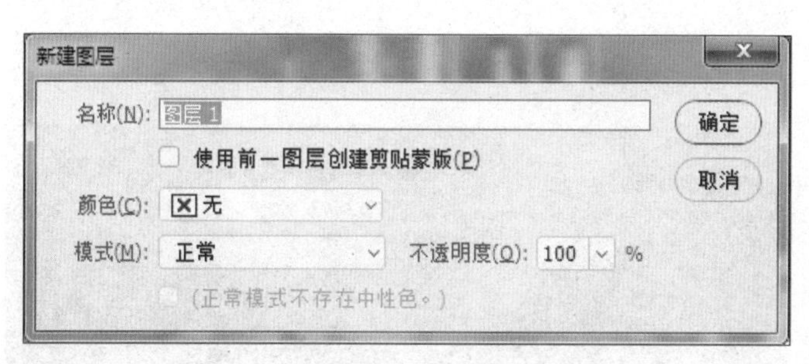

图 3-17 保持默认设置　　图 3-18 新建“图层 1”图层

步骤05 选取工具箱中的单行选框工具，多次单击鼠标左键，创建水平选区，如图3-19所示。

步骤06 设置前景色为白色，按【Alt+Delete】组合键，填充前景色，效果如图3-20所示。

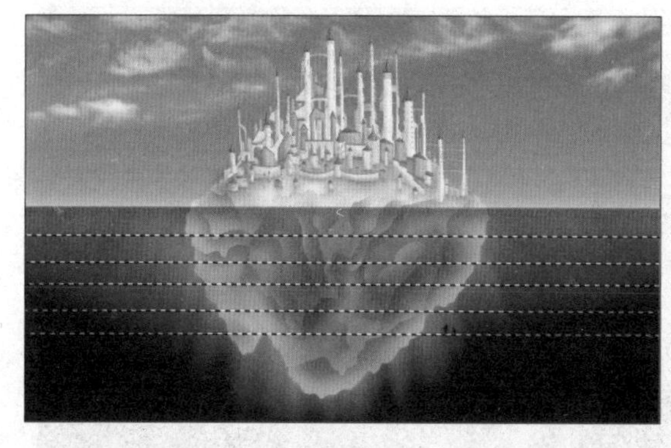

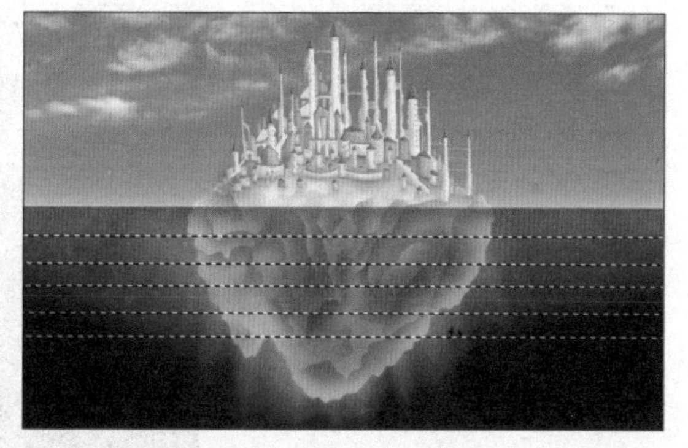

图 3-19 创建水平选区　　图 3-20 填充前景色

步骤07 按【Ctrl+D】组合键取消选区，效果如图3-21所示。

步骤08 单击“滤镜”|“扭曲”|“波纹”命令，如图3-22所示。

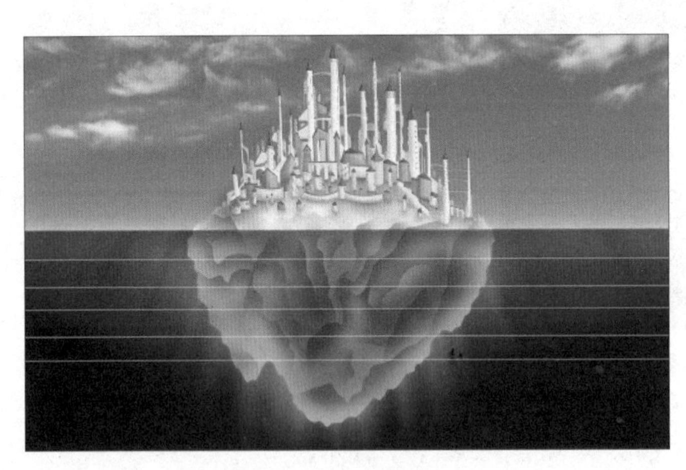

图 3-21 取消选区

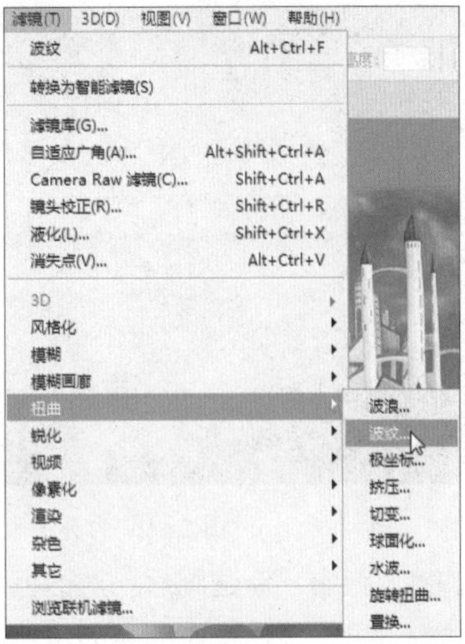

图 3-22 单击“波纹”命令

步骤 09 执行上述操作后，弹出了“波纹”对话框，设置“数量”为-180%，如图3-23所示。

步骤 10 单击“确定”按钮，即可扭曲图像，效果如图3-24所示。

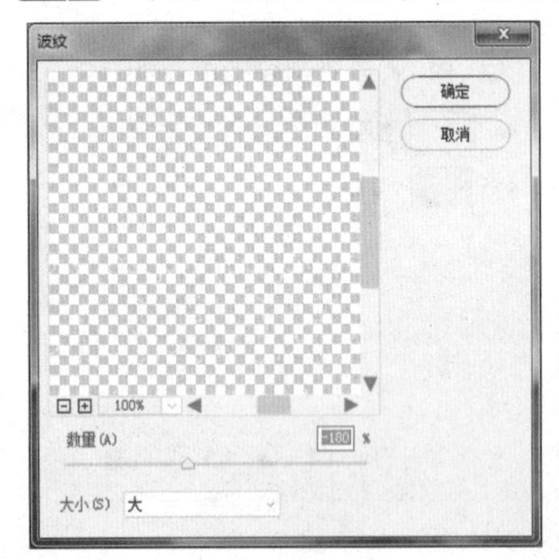

图 3-23 设置数量值

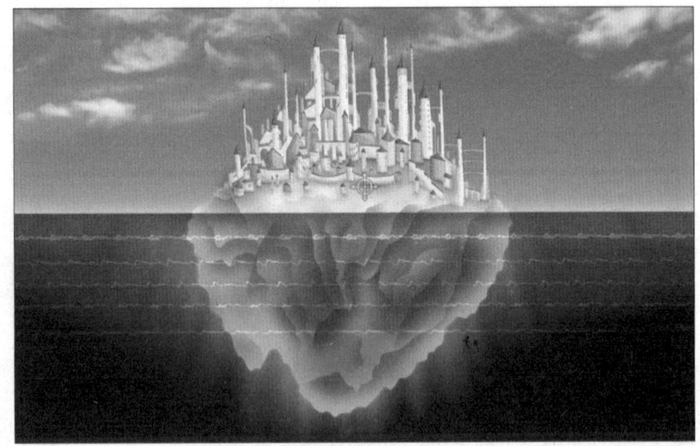

图 3-24 扭曲图像

步骤 11 选择“图层1”图层，设置该图层的“混合模式”为“叠加”，如图3-25所示。

步骤 12 执行操作后，即可混合图像，效果如图3-26所示。

图 3-25 设置图层混合模式

图 3-26 混合图像

3.2.4 通过单列选框工具创建垂直选区

在 Photoshop CC 2017 中，用户选择单列选框工具可以创建 1 像素宽的垂直选区。下面介绍使用单列选框工具创建 1 像素宽垂直选区的操作方法。

	素材文件	光盘 \ 素材 \ 第 3 章 \ 放射线 .jpg
	效果文件	光盘 \ 效果 \ 第 3 章 \ 放射线 .psd
	视频文件	光盘 \ 视频 \ 第 3 章 \3.2.4 通过单列选框工具创建垂直选区 .mp4

步骤 01 按【Ctrl + O】组合键，打开一幅素材图像，如图3-27所示。

步骤 02 按【Ctrl + Shift + N】组合键，新建“图层1”图层，如图3-28所示。

图 3-27 打开素材图像

图 3-28 新建“图层 1”图层

步骤 03 选取单列选框工具，在图像编辑窗口中创建单列选区，如图3-29所示。

步骤 04 设置前景色为黑色，按【Alt + Delete】组合键，填充前景色，并取消选区，效果如图3-30所示。

图 3-29 创建单列选区

图 3-30 填充前景色

步骤 05 复制“图层1”图层，得到“图层1拷贝”图层，如图3-31所示。

步骤 06 单击“编辑”|“变换”|“旋转”命令，如图3-32所示。

图 3-31 得到“图层 1 拷贝”图层

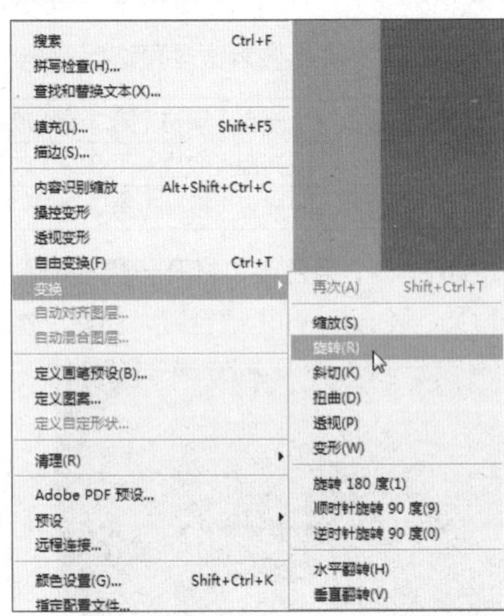

图 3-32 单击“旋转”命令

步骤 07 执行上述操作后，调出变换控制框，旋转图像，如图3-33所示。

步骤 08 按【Enter】键确认变换，按【Alt+Ctrl+Shift+T】组合键，重复变换操作，重复操作20次，效果如图3-34所示。

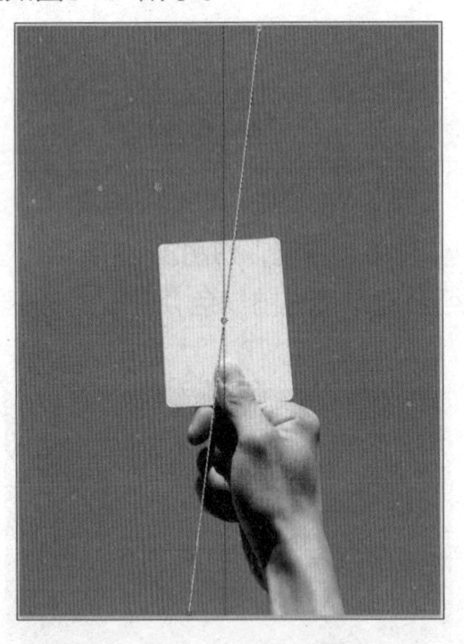

图 3-33 旋转图像

图 3-34 重复变换

步骤 09 在“图层”面板中选择“图层1”图层及其所有副本图层，如图3-35所示。

步骤 10 按住【Alt】键的同时拖曳鼠标，移动并复制图像，效果如图3-36所示。

步骤 11 单击“编辑”|“变换”|“水平翻转”命令，如图3-37所示。

步骤 12 翻转图像并拖曳至合适位置，并设置图层的不透明度为40%，效果如图3-38所示。

专家提醒

单行选框工具只能用来创建高度为1像素的行，单列选框工具只能创建宽度为1像素的列，两个工具常常被用来制作网格。

图 3-35 移动图像至合适位置

图 3-36 移动并复制图像

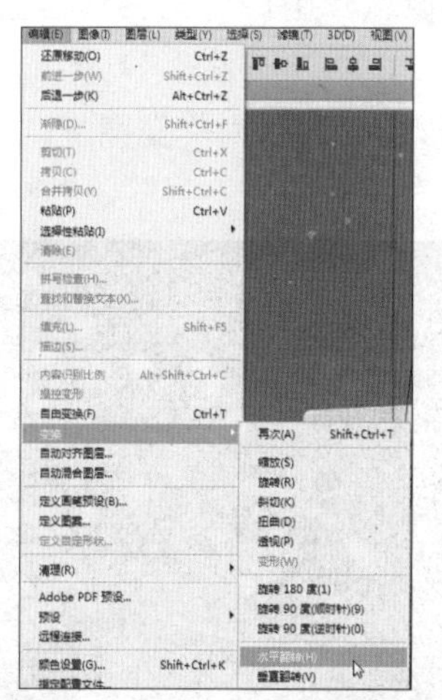

图 3-37 单击“水平翻转”命令

图 3-38 设置不透明度

3.3 创建不规则选区

Photoshop CC 2017 的工具箱中包含 3 种不同类型的套索工具：套索工具、多边形套索工具和磁性套索工具。灵活运用这 3 种工具可以创建不同的不规则多边形选区。

3.3.1 通过套索工具创建不规则选区

在 Photoshop CC 2017 中，运用套索工具可以在图像编辑窗口中创建任意形状的选区，通常用于处理创建不太精确的选区。

	素材文件	光盘 \ 素材 \ 第 3 章 \ 荧光 .jpg、手链 .jpg
	效果文件	光盘 \ 效果 \ 第 3 章 \ 荧光 .psd
	视频文件	光盘 \ 视频 \ 第 3 章 \3.3.1 通过套索工具创建不规则选区 .mp4

步骤 01 按【Ctrl+O】组合键，打开两幅素材图像，平铺于图像编辑窗口中，如图3-39所示。

步骤 02 选择相应图像，选取套索工具，设置工具属性栏中的“羽化” 羽化：15 px 为15，单击鼠标左键并拖曳，创建不规则选区，如图3-40所示。

图 3-39 平铺图像

图 3-40 创建不规则选区

步骤 03 选取移动工具，拖曳选区内的图像至相应图像编辑窗口中的合适位置，如图3-41所示。

步骤 04 返回“图层”面板，设置“图层1”图层的“混合模式”为“变亮”，效果如图3-42所示。

图 3-41 拖曳图像至合适位置

图 3-42 设置图层混合模式

3.3.2 通过多边形套索工具创建形状选区

在 Photoshop CC 2017 中，多边形套索工具可以在图像编辑窗口中绘制不规则的选区，并且创建的选区非常精确。

	素材文件	光盘 \ 素材 \ 第 3 章 \ 饰品广告 .jpg、品牌手机 .jpg
	效果文件	光盘 \ 效果 \ 第 3 章 \ 品牌手机 .psd
	视频文件	光盘 \ 视频 \ 第 3 章 \3.3.2 通过多边形套索工具创建形状选区 .mp4

步骤 01 按【Ctrl + O】组合键，打开两幅素材图像，如图3-43所示。

步骤 02 选取多边形套索工具，在图像中创建一个选区，如图3-44所示。

步骤 03 拖曳选框至相应图像编辑窗口中的合适位置，如图3-45所示。

步骤 04 选取移动工具，拖曳图像至相应图像编辑窗口中，效果如图3-46所示。

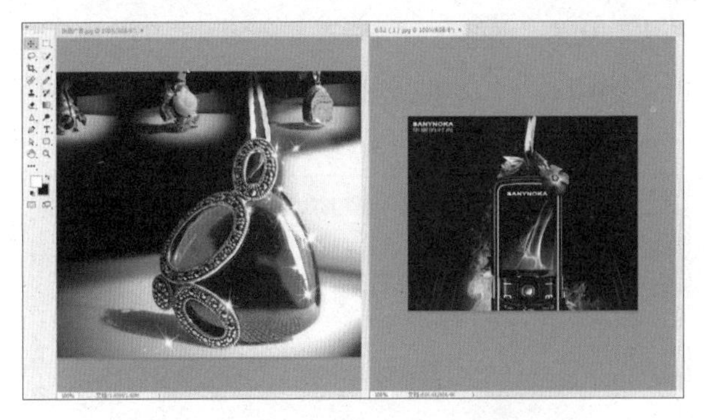

图 3-43 打开素材图像

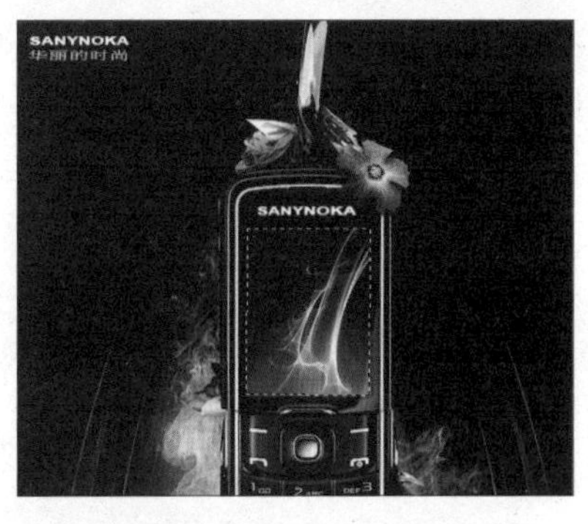

图 3-44 创建选区

图 3-45 拖曳选框

图 3-46 拖曳图像

3.3.3 通过磁性套索工具创建选区

在 Photoshop CC 2017 中，磁性套索工具用于快速选择与背景对比强烈并且边缘复杂的对象，它可以沿着图像的边缘生成选区。

	素材文件	光盘 \ 素材 \ 第 3 章 \ 钱包 .jpg
	效果文件	光盘 \ 效果 \ 第 3 章 \ 钱包 .jpg
	视频文件	光盘 \ 视频 \ 第 3 章 \3.3.3 通过磁性套索工具创建选区 .mp4

步骤 01 按【Ctrl+O】组合键，打开一幅素材图像，如图3-47所示。

步骤 02 选取工具箱中的磁性套索工具，将鼠标指针移至图像编辑窗口中，单击鼠标左键的同时并拖曳，创建选区，效果如图3-48所示。

图 3-47 打开素材图像

图 3-48 创建选区

步骤 03　单击“图像”|“调整”|“色相/饱和度”命令，如图3-49所示。

步骤 04　弹出“色相/饱和度”对话框，设置“饱和度”为30，如图3-50所示，单击“确定”按钮。

图 3-49 单击“色相 / 饱和度”命令

图 3-50 设置参数

步骤 05　执行上述操作后，即可调整图像的色相/饱和度，如图3-51所示。

步骤 06　按【Ctrl+D】组合键，取消选区，效果如图3-52所示。

图 3-51 调整图像的色相 / 饱和度

图 3-52 取消选区

3.3.4 通过魔棒工具创建颜色相近选区

魔棒工具是用来创建与图像颜色相近或相同的像素选区，在颜色相近的图像上单击鼠标左键，即可选取到相近颜色范围。

	素材文件	光盘 \ 素材 \ 第 3 章 \ 人 .jpg、树 .jpg
	效果文件	光盘 \ 效果 \ 第 3 章 \ 树 .jpg
	视频文件	光盘 \ 视频 \ 第 3 章 \3.3.4 通过魔棒工具创建颜色相近选区 .mp4

步骤 01　按【Ctrl+O】组合键，打开两幅素材图像，如图3-53所示。

步骤 02　选取工具箱中的魔棒工具，将鼠标指针移至相应图像编辑窗口中，单击鼠标左键，创建选区，如图3-54所示。

图 3-53 打开素材图像

图 3-54 创建选区

步骤 03 选择矩形选框工具，移动选区至相应图像编辑窗口中的合适位置，如图3-55所示。

步骤 04 选取移动工具，移动选区内的图像至相应图像编辑窗口中的合适位置，效果如图3-56所示。

图 3-55 移动选区

图 3-56 移动图像

3.3.5 通过快速选择工具创建选区

快速选择工具是用来选择颜色的工具，在拖曳鼠标的过程中，它能够快速选择多个颜色相似的区域，相当于按住【Shift】键或【Alt】键不断使用魔棒工具单击。

	素材文件	光盘 \ 素材 \ 第 3 章 \ 酒 .jpg
	效果文件	光盘 \ 效果 \ 第 3 章 \ 酒 .jpg
	视频文件	光盘 \ 视频 \ 第 3 章 \3.3.5 通过快速选择工具创建选区 .mp4

步骤 01 按【Ctrl+O】组合键，打开一幅素材图像，如图3-57所示。

步骤 02 选取工具箱中的快速选择工具，将鼠标指针移至图像编辑窗口中，单击鼠标左键，创建选区，如图3-58所示。

步骤 03 单击“图像”|“调整”|“色相/饱和度”命令，如图3-59所示。

步骤 04 弹出“色相/饱和度”对话框，分别设置“色相”为180，“饱和度”为-40，如图3-60所示，单击“确定”按钮。

图 3-57 打开素材图像

图 3-58 创建选区

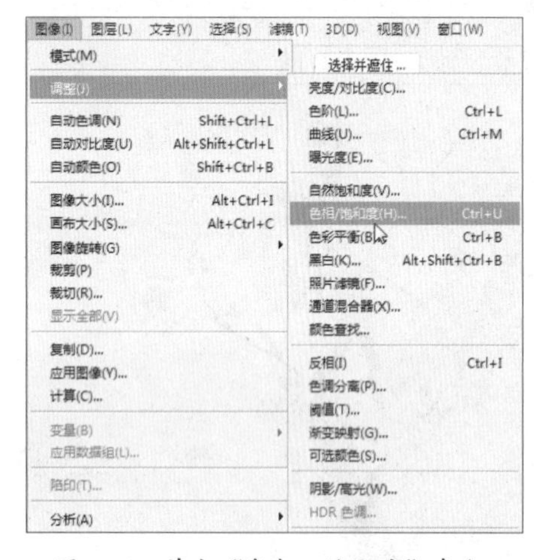

图 3-59 单击“色相/饱和度”命令

图 3-60 设置数值

步骤05 执行上述操作后，即可调整图像色相，如图3-61所示。

步骤06 按【Ctrl+D】组合键，取消选区，效果如图3-62所示。

图 3-61 调整图像色相

图 3-62 取消选区

3.4 创建随意选区

在Photoshop CC 2017中，复杂不规则选区指的是随意性强、不被局限在几何形状内的选区，它可以是任意创建的，也可以是通过计算而得到的单个选区或多个选区。

3.4.1 通过“色彩范围”命令自定颜色选区

“色彩范围”是一个利用图像中的颜色变化关系来制作选择区域的命令，此命令根据选取色彩的相似程度，在图像中提取相似的色彩区域而生成选区。

	素材文件	光盘 \ 素材 \ 第 3 章 \ 白云 .jpg
	效果文件	光盘 \ 效果 \ 第 3 章 \ 白云 .jpg
	视频文件	光盘 \ 视频 \ 第 3 章 \3.4.1 通过“色彩范围”命令自定颜色选区 .mp4

步骤 01 按【Ctrl + O】组合键，打开一幅素材图像，如图3-63所示。

步骤 02 单击“选择”|“色彩范围”命令，如图3-64所示。

图 3-63 打开素材图像

选择(S) 滤镜(T) 3D(D) 视图(V)
全部(A) Ctrl+A
取消选择(D) Ctrl+D
重新选择(E) Shift+Ctrl+D
反选(I) Shift+Ctrl+I
所有图层(L) Alt+Ctrl+A
取消选择图层(S)
查找图层 Alt+Shift+Ctrl+F
隔离图层
色彩范围(C)...
焦点区域(U)...
选择并遮住(K)... Alt+Ctrl+R
修改(M)
扩大选取(G)
选取相似(R)

图 3-64 单击“色彩范围”命令

步骤 03 弹出“色彩范围”对话框，设置“颜色容差”为130，选中“选择范围”单选按钮，如图3-65所示。

步骤 04 单击“色彩范围”对话框中的“添加到取样”按钮，将鼠标指针移至蓝天处并单击鼠标左键，即可选中相应图形的部分图像，如图3-66所示，单击“确定”按钮。

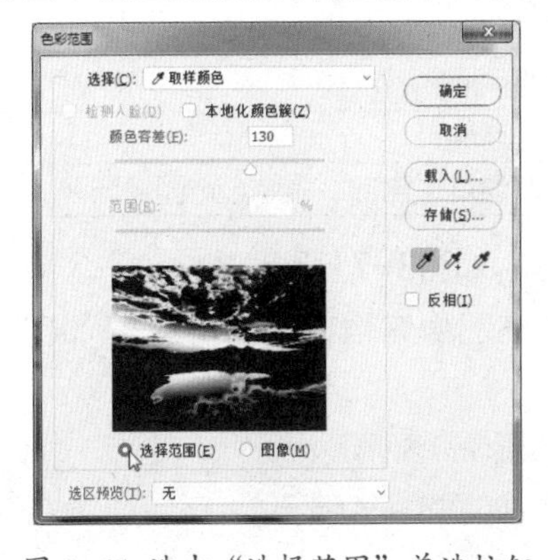

图 3-65 选中“选择范围”单选按钮

图 3-66 选中部分图像

步骤 05 执行上述操作后，即可选中图像编辑窗口中的蓝天以及倒影区域图像，如图3-67所示。

步骤06 单击“图像”|“调整”|“色彩平衡”命令，如图3-68所示。

图 3-67 选中蓝天与倒影区域图像

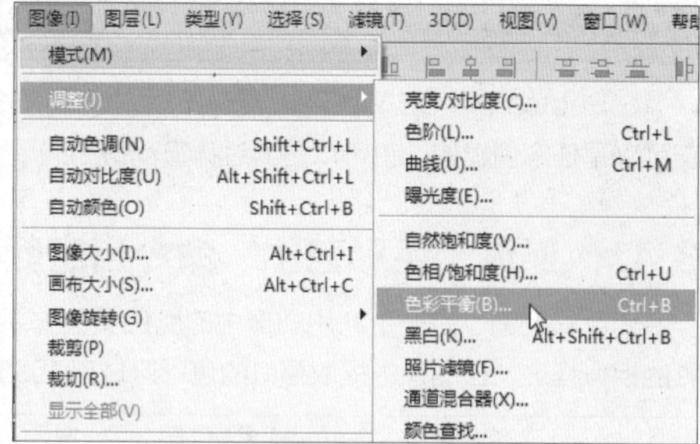

图 3-68 单击“色彩平衡”命令

步骤07 弹出“色彩平衡”对话框，设置“色阶”分别为 - 44、+ 26、+ 44，如图3-69所示，单击“确定”按钮。

步骤08 执行上述操作后，即可调整图像色调，按【Ctrl + D】组合键，取消选区，效果如图3-70所示。

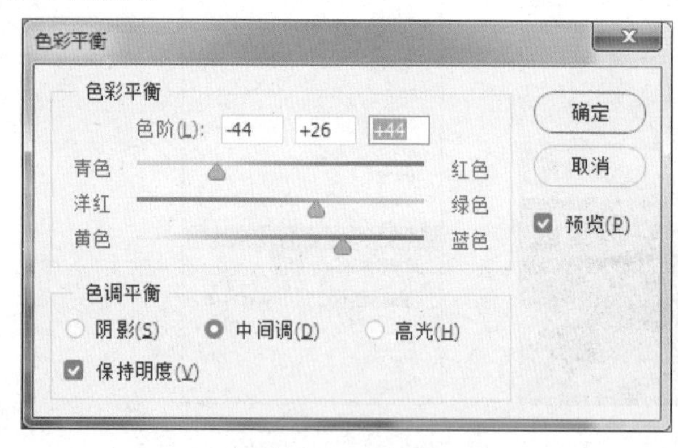

图 3-69 设置色阶

图 3-70 取消选区

3.4.2 通过“全部”命令全选图像选区

在 Photoshop CC 2017 中，用户在编辑图像时，若像素图像比较复杂或者需要对整幅图像进行调整，则可以通过“全部”命令对图像进行调整。

	素材文件	光盘 \ 素材 \ 第 3 章 \ 蝴蝶画 .jpg
	效果文件	光盘 \ 效果 \ 第 3 章 \ 蝴蝶画 .jpg
	视频文件	光盘 \ 视频 \ 第 3 章 \3.4.2 通过“全部”命令全选图像选区 .mp4

步骤01 按【Ctrl + O】组合键，打开一幅素材图像，如图3-71所示。

步骤02 在工具箱中选取矩形选框工具，然后在图像编辑窗口中创建一个矩形选区，如图3-72所示。

步骤03 单击“图像”|“调整”|“反相”命令，如图3-73所示。

步骤04 执行上述操作后，即可反相选区内的图像，如图3-74所示。

步骤05 单击“选择”|“全部”命令，如图3-75所示。

步骤06 执行上述操作后，即可选择全图，效果如图3-76所示。

图 3-71 打开素材图像

图 3-72 创建矩形选区

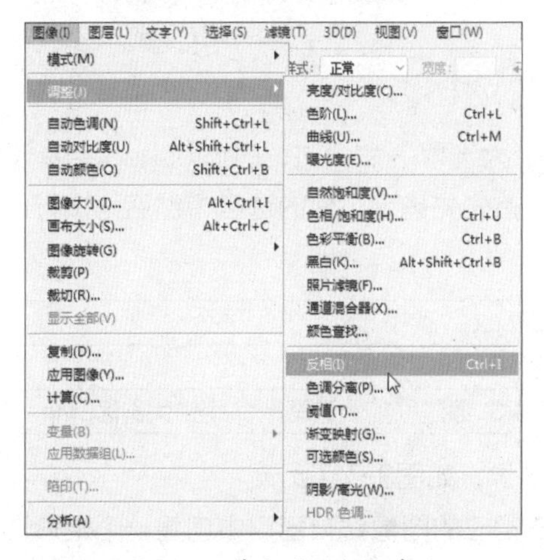

图 3-73 单击“反相”命令

图 3-74 反相选区

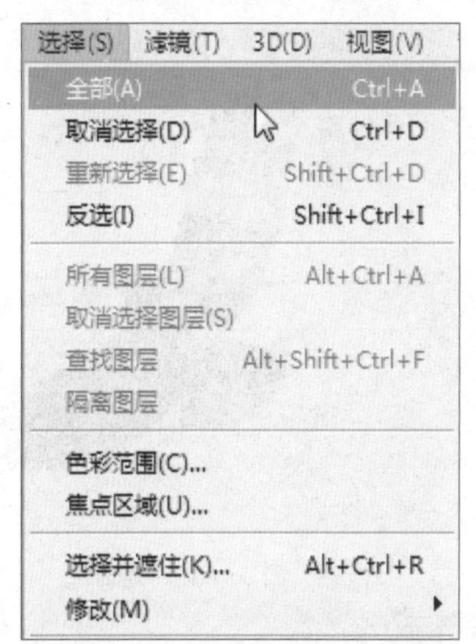

图 3-75 单击“全部”命令

图 3-76 选择全图

步骤 07 单击“图像”|“调整”|“反相”命令，如图3-77所示。

步骤 08 执行上述操作后，即可反相图像，效果如图3-78所示。

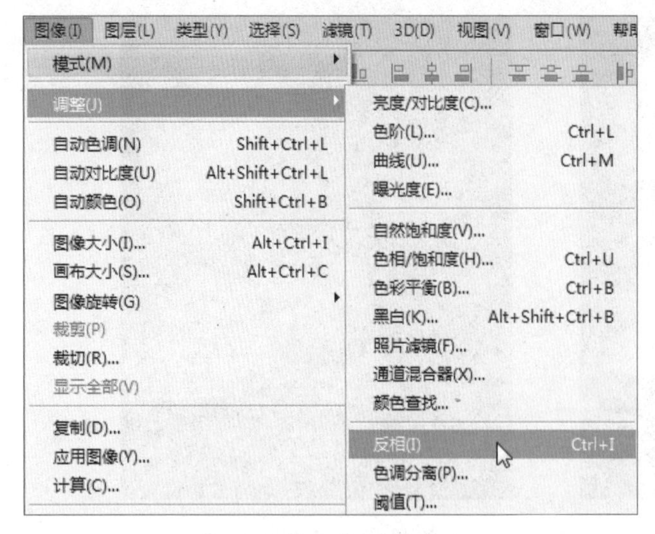

图 3-77 单击“反相”命令

图 3-78 反相图像

3.4.3 通过“扩大选取”命令扩大选区

在 Photoshop CC 2017 中，用户选择“扩大选取”命令时，Photoshop 会基于魔棒工具属性栏中的“容差”值来决定选区的扩展范围。首先先确定小块的选区，然后再执行此命令来选取相邻的像素。

	素材文件	光盘 \ 素材 \ 第 3 章 \ 鹰 .jpg、秋千 .jpg
	效果文件	光盘 \ 效果 \ 第 3 章 \ 秋千 .psd
	视频文件	光盘 \ 视频 \ 第 3 章 \3.4.3 通过“扩大选取”命令扩大选区 .mp4

步骤01 按【Ctrl + O】组合键，打开两幅素材图像，如图3-79所示。

步骤02 在工具箱中选取矩形选框工具，然后在相应的图像编辑窗口中创建一个矩形选区，如图3-80所示。

图 3-79 打开素材图像

图 3-80 创建选区

步骤03 单击“选择”|“扩大选取”命令，如图3-81所示。

步骤04 执行上述操作后，即可扩大选区范围，如图3-82所示。

步骤05 选取移动工具，移动选区内的图像至相应的图像编辑窗口中，如图3-83所示。

步骤06 执行上述操作后，调整图像至合适位置，效果如图3-84所示。

选择(S) 滤镜(T) 3D(D) 视图(V)
全部(A) Ctrl+A
取消选择(D) Ctrl+D
重新选择(E) Shift+Ctrl+D
反选(I) Shift+Ctrl+I
所有图层(L) Alt+Ctrl+A
取消选择图层(S)
查找图层 Alt+Shift+Ctrl+F
隔离图层
色彩范围(C)...
焦点区域(U)...
选择并遮住(K)... Alt+Ctrl+R
修改(M)
扩大选取(G)
选取相似(R)

图 3-81 单击“扩大选取”命令

图 3-82 扩大选区

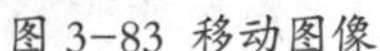

图 3-83 移动图像

图 3-84 调整图像至合适位置

3.4.4 通过“选取相似”命令创建相似选区

在 Photoshop CC 2017 中，“选取相似”命令是针对图像中所有颜色相近的像素，此命令在有大面积实色的情况下非常有用。

	素材文件	光盘 \ 素材 \ 第 3 章 \ 黄花 .jpg
	效果文件	光盘 \ 效果 \ 第 3 章 \ 黄花 .jpg
	视频文件	光盘 \ 视频 \ 第 3 章 \3.4.4 通过“选取相似”命令创建相似选区 .mp4

步骤 01 按【Ctrl+O】组合键，打开一幅素材图像，如图3-85所示。

步骤 02 选取魔棒工具，在图像编辑窗口中创建一个选区，如图3-86所示。

步骤 03 连续单击3次“选择”|“选取相似”命令，如图3-87所示。

步骤 04 执行上述操作后，即可选取相似范围，如图3-88所示。

步骤 05 单击“图像”|“调整”|“色相/饱和度”命令，如图3-89所示。

步骤 06 弹出“色相/饱和度”对话框，分别设置“色相”和“饱和度”为-20、30，如图3-90所示。

图 3-85 打开素材图像

图 3-86 创建选区

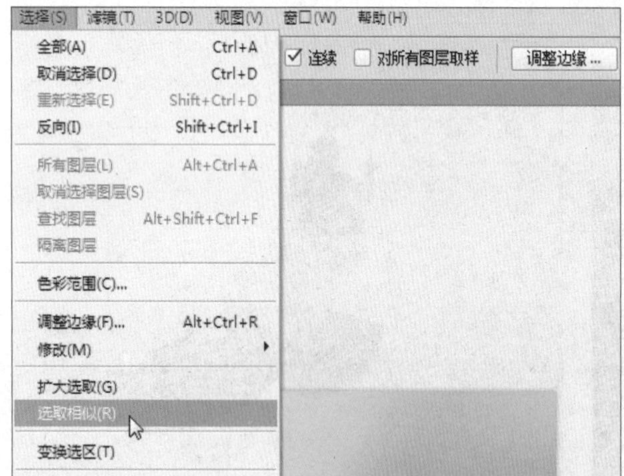

图 3-87 单击“选取相似”命令

图 3-88 选取相似范围

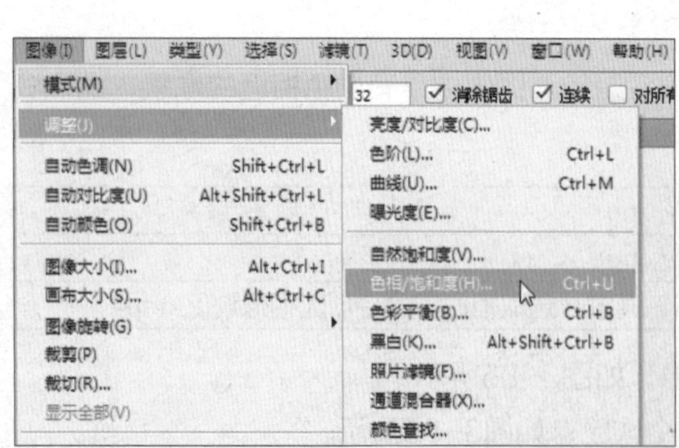

图 3-89 单击“色相 / 饱和度”命令

图 3-90 设置色相 / 饱和度

步骤07 单击“确定”按钮，即可调整图像色相，如图3-91所示。

步骤08 按【Ctrl+D】组合键，取消选区，效果如图3-92所示。

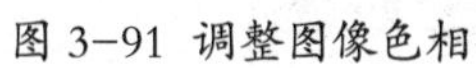

图 3-91 调整图像色相

图 3-92 取消选区

04

Chapter

管理与编辑图像选区

学前提示

用户在使用Photoshop CC 2017进行图像处理时，为了使编辑的图像更加精确，经常要对已经创建的选区进行修改，使之更符合设计要求。本章主要介绍管理、编辑、修改以及应用选区的操作方法，以供读者掌握。

本章教学目标

- 管理选区
- 编辑图像选区
- 修改图像选区

学完本章后你会做什么

- 掌握管理选区的操作方法，包括移动选区、存储选区等
- 掌握编辑图像选区的操作方法，包括变换选区、剪切选区图像等
- 掌握修改图像选区的操作方法，包括移动、清除选区内图像等

视频演示

4.1 管理选区

选区具有灵活操作性，可多次对选区进行编辑操作，以便得到满意的选区状态。用户在创建选区时，可以对选区进行多项修改，如移动选区、取消选区、重选选区、储存和载入选区等，下面将分别进行介绍。

4.1.1 移动选区操作

移动选区可以使用任何一种选框工具，是图像处理中最常用的操作方法，适当地对选区的位置进行调整，可以使图像更符合设计的需求。

	素材文件	光盘 \ 素材 \ 第 4 章 \ 花 .jpg
	效果文件	无
	视频文件	光盘 \ 视频 \ 第 4 章 \4.1.1 移动选区操作 .mp4

步骤01 按【Ctrl+O】组合键，打开一幅素材图像，如图4-1所示。

步骤02 选取工具箱中的椭圆选框工具，如图4-2所示。

图 4-1 素材图像

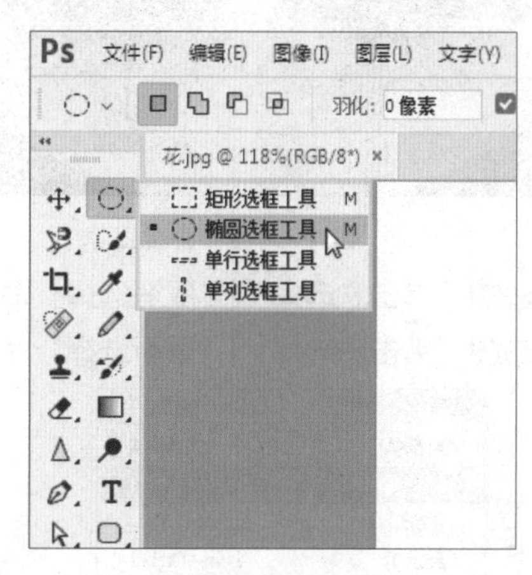

图 4-2 选取椭圆选框工具

步骤03 在图像区中的适当位置处创建一个椭圆选区，如图4-3所示。

步骤04 拖曳鼠标指针至图像上的椭圆选区内，鼠标指针呈形状，单击鼠标左键并向左拖曳，即可移动椭圆选区，如图4-4所示。

图 4-3 创建椭圆选区

图 4-4 移动椭圆选区

4.1.2 取消/重选选区操作

用户在编辑图像时，可以取消不需要的选区。当选区被取消后，可以使用“重选选择”命令来重新选取选区。

	素材文件	光盘 \ 素材 \ 第 4 章 \ 精致茶壶 .jpg
	效果文件	无
	视频文件	光盘 \ 视频 \ 第 4 章 \4.1.2 取消 / 重选选区操作 .mp4

步骤 01 按【Ctrl + O】组合键，打开一幅素材图像，如图4-5所示。

步骤 02 选取矩形选框工具，在图像编辑窗口中创建一个选区，如图4-6所示。

图 4-5 打开素材图像

图 4-6 创建选区

步骤 03 单击“选择”|“取消选择”命令，如图4-7所示，取消选区。

步骤 04 单击“选择”|“重新选择”命令，即可重新选择选区，如图4-8所示。

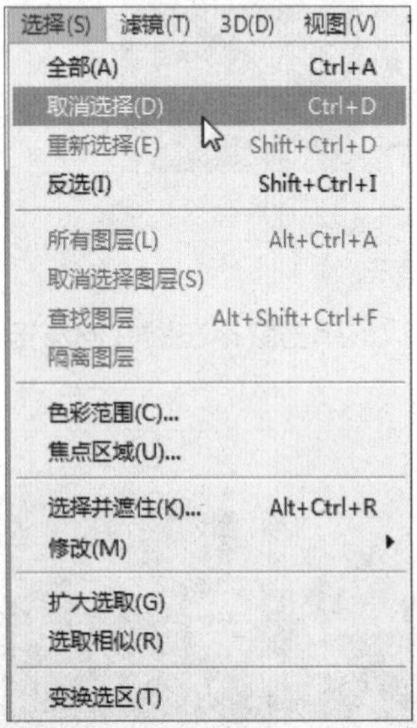

图 4-7 单击“取消选择”命令

图 4-8 重选选区

专家提醒

“取消选择”命令相对应的快捷键为【Ctrl + D】组合键；“重新选择”命令相对应的快捷键为【Ctrl + Shift + D】组合键。

4.1.3 存储选区操作

在创建选区后，为了防止错误操作而造成选区丢失，或者后面制作其他效果时还需要改选区，用户可以将该选区保存。单击菜单栏中的“选择”|“存储选区”命令，弹出“存储选区”对话框，如图 4–9 所示，在弹出的对话框中设置选区的名称等选项，单击“确定”按钮后即可存储选区，储存选区对话框的各项介绍如表 4–1 所示。

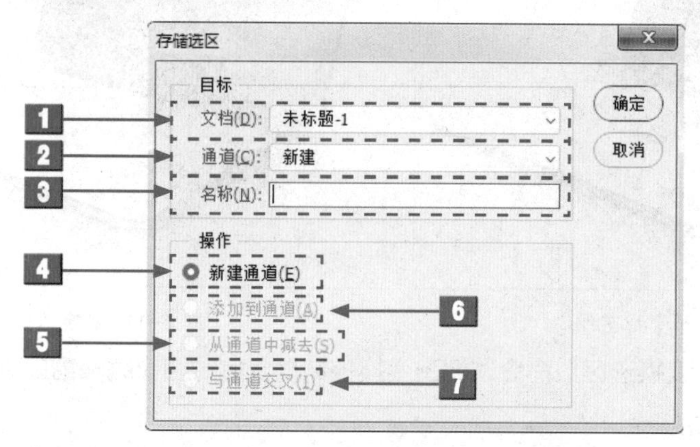

图 4–9 “存储选区”对话框

表 4–1 储存选区面板各项介绍

标号	名称	介绍
1	文档	可以选择保存选区的目标文件，默认情况下选区保存在当前文档中，也可以选择将选区保存在一个新建的文档中。
2	通道	可以选择将选区保存到一个新建的通道，或保存到其他 Alpha 通道中。
3	名称	设置存储的选择区域在通道中的名称。
4	新建通道	选中该单选按钮，可以将当前选区存储在新通道中。
5	从通道中减去	选中该单选按钮，可以从目标通道内的现有选区中减去当前的选区。
6	添加到通道	选中该单选按钮，可以将选区添加到目标通道的现有选区中。
7	与通道交叉	选中该单选按钮，可以从与当前选区和目标通道中的现有选区交叉的区域中存储为一个选区。

4.2 编辑图像选区

在编辑图像时，各种操作只对当前选区内的图像有效，用户可以根据需要编辑选区图像，如变换、剪切、拷贝和粘贴选区图像等操作。

4.2.1 变换选区操作

使用“变换选区”命令可以直接改变选区的形状，而不会对选区的内容进行更改。

	素材文件	光盘 \ 素材 \ 第 4 章 \ 电脑 .jpg
	效果文件	无
	视频文件	光盘 \ 视频 \ 第 4 章 \4.2.1 变换选区操作 .mp4

步骤01 按【Ctrl+O】组合键，打开一幅素材图像，如图4-10所示。

步骤02 选取矩形选框工具，在图像中创建一个选区，如图4-11所示。

图 4-10 打开素材图像

图 4-11 创建选区

步骤03 单击"选择"|"变换选区"命令，调出变换控制框，此时图像编辑窗口中的图像显示如图4-12所示。

步骤04 按住【Ctrl】键的同时拖曳各控制柄，即可变换选区，按【Enter】键确认变换操作，如图4-13所示。

图 4-12 调出变换控制框

图 4-13 变换选区后的效果

专家提醒

变换选区时，对于选区内的图像没有任何影响，当执行"变换"命令时，则会将选区内的图像一起变换。

4.2.2 剪切选区图像操作

若用户需要将图像中的全部或部分区域进行移动，可进行剪切操作。

	素材文件	光盘\素材\第 4 章\电视广告 1.jpg
	效果文件	光盘\效果\第 4 章\电视广告 1.jpg
	视频文件	光盘\视频\第 4 章\4.2.2 剪切选区图像操作 .mp4

步骤01 按【Ctrl+O】组合键，打开一幅素材图像，如图4-14所示。

步骤 02 选取矩形选框工具，在图像中创建一个选区，如图4-15所示。

图 4-14 打开素材图像

图 4-15 创建选区

步骤 03 在菜单栏中，单击“编辑”|“剪切”命令，如图4-16所示。

步骤 04 执行操作后，即可剪切选区内的图像，图像显示效果如图4-17所示。

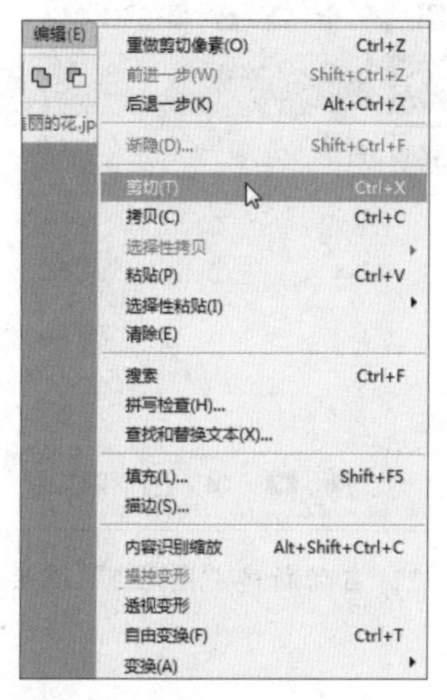

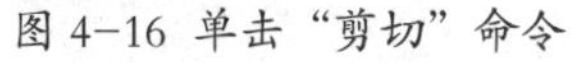

图 4-16 单击“剪切”命令

图 4-17 剪切选区后的效果

4.2.3 拷贝和粘贴选区图像操作

选择图像编辑窗口中需要的区域后，用户可将选区内的图像复制到剪贴板中进行粘贴，以拷贝选区内的图像。

	素材文件	光盘 \ 素材 \ 第 4 章 \ 沙发与狗 .jpg
	效果文件	光盘 \ 效果 \ 第 4 章 \ 沙发与狗 .psd
	视频文件	光盘 \ 视频 \ 第 4 章 \4.2.3 拷贝和粘贴选区图像操作 .mp4

步骤 01 按【Ctrl+O】组合键，打开一幅素材图像，如图4-18所示。

步骤 02 单击“选择”|“全部”命令，选择全部图像，如图4-19所示。

步骤 03 在菜单栏中，单击“编辑”|“拷贝”命令，如图4-20所示，拷贝选区图像。

步骤 04 单击“编辑”|“粘贴”命令，粘贴图像，并自动新建“图层1”图层，如图4-21所示。

步骤 05 单击“编辑”|“变换”|“水平翻转”命令，翻转图像，如图4-22所示。

步骤 06 移动图像至左侧边缘处，单击“图像”|“显示全部”命令，即可显示全部图像，显示效果如图4-23所示。

图 4-18 打开素材图像

图 4-19 全选图像

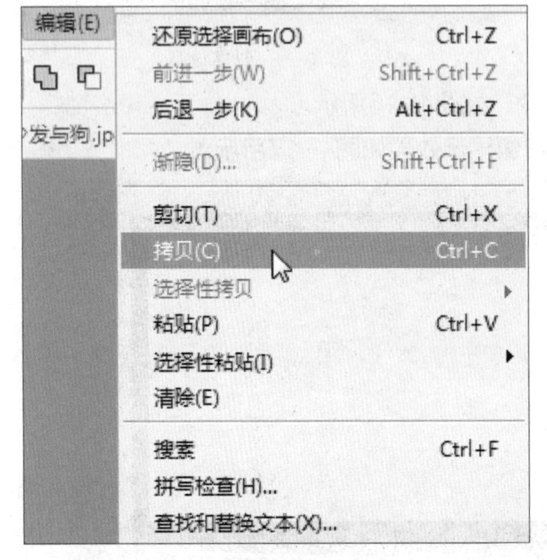

图 4-20 单击“拷贝”命令

图 4-21 自动新建“图层 1”图层

图 4-22 翻转图像

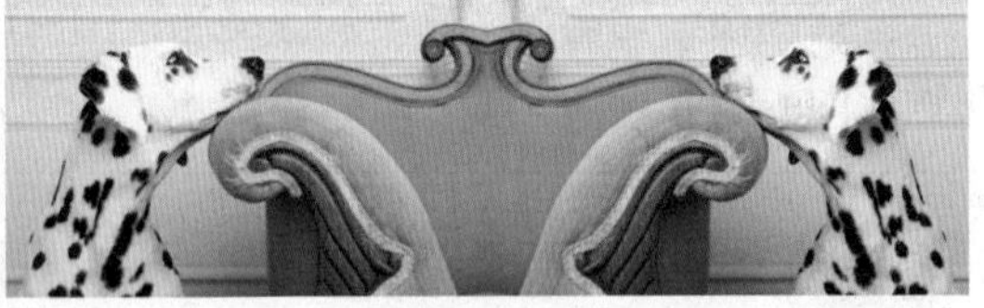

图 4-23 调整图像后的效果

4.2.4 在选区内贴入图像操作

使用“拷贝”命令可以将选区内的图像复制到剪贴板中。使用“贴入”命令，可以将剪贴板中的图像粘贴到同一图像或不同图像的相应位置，并生成一个蒙版图层。

	素材文件	光盘 \ 素材 \ 第 4 章 \ 黑框 .jpg、画 .jpg
	效果文件	光盘 \ 效果 \ 第 4 章 \ 黑框 .psd
	视频文件	光盘 \ 视频 \ 第 4 章 \4.2.4 在选区内贴入图像操作 .mp4

步骤 01 按【Ctrl+O】组合键，打开两幅素材图像，如图4-24所示。

步骤 02 选择相应图像为当前编辑窗口，并全选图像，如图4-25所示。

图 4-24 打开素材图像

图 4-25 全选图像

步骤 03 在菜单栏中，单击“编辑”|“拷贝”命令，如图4-26所示，拷贝选区图像。

步骤 04 选取矩形选框工具，在相应图像编辑窗口中创建选区，单击“编辑”|“粘贴”命令，粘贴图像，如图4-27所示。

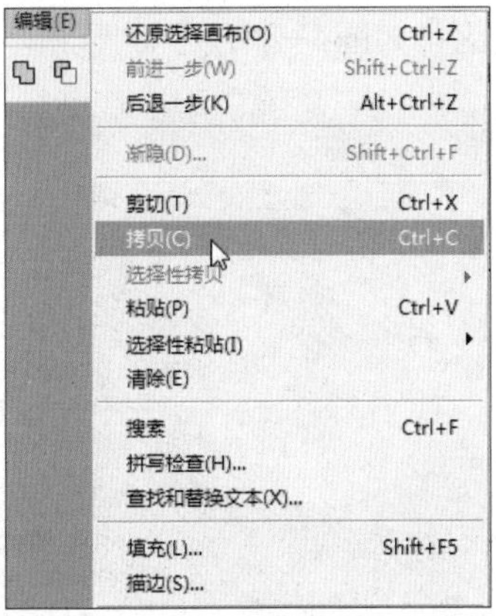

图 4-26 单击“拷贝”命令

图 4-27 粘贴选区图像

步骤 05 选取“黑框”图像中的“图层1”图层，单击“编辑”|“变换”|“扭曲”命令，如图4-28所示。

步骤 06 调整图像的大小和位置，在图像内双击确认操作即可，其图像效果如图4-29所示。

图 4-28 单击“扭曲”命令

图 4-29 调整图像后的效果

4.3 修改图像选区

用户在创建选区时，可以对选区进行多项修改。本节主要介绍移动选区内图像、清除选区内图像、羽化选区、描边选区以及填充选区的基本操作。

4.3.1 移动选区内图像操作

移动图像操作除了可以调整选区图像的位置外，也可以用于在图像编辑窗口之间复制图层或选区图像。当在背景图层中移动选区图像时，移动后留下的空白区域将以背景色填充。当在普通图层中移动选区图像时，移动后留下的空白区域将变为透明，从而显示下方图层的图像。

	素材文件	光盘 \ 素材 \ 第 4 章 \ 海底世界（a）.jpg、海底世界（b）.jpg
	效果文件	光盘 \ 效果 \ 第 4 章 \ 海底世界 .psd
	视频文件	光盘 \ 视频 \ 第 4 章 \4.3.1 移动选区内图像操作 .mp4

步骤 01 按【Ctrl + O】组合键，打开两幅素材图像，如图4-30所示。

步骤 02 选取椭圆选框工具，在“海底世界”窗口中创建一个选区，如图4-31所示。

图 4-30 打开素材图像

图 4-31 创建选区

步骤 03 选取椭圆选框工具，移动选区至“海底世界（b）”图像编辑窗口中，如图4-32所示。

步骤 04 选取移动工具，拖曳“海底世界（b）”选区的图像至“海底世界（a）”图像编辑窗口中，如图4-33所示。

图 4-32 移动选区

图 4-33 移动选区内的图像

步骤05 展开“图层”面板，设置图层混合模式为“明度”，如图4-34所示。

步骤06 执行操作后，即可调整图像的混合模式，效果如图4-35所示。

图 4-34 设置图层混合模式

图 4-35 调整图像混合模式效果

步骤07 设置“图层1”图层的“不透明度”为80%，如图4-36所示。

步骤08 执行操作后，即可调整图像的不透明度，效果如图4-37所示。

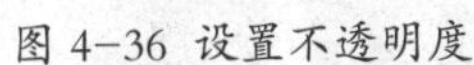

图 4-36 设置不透明度

图 4-37 设置图层的不透明度

专家提醒

在移动选区内图像的过程中，按住【Ctrl】键和方向键来移动选区，可以使图像向相应方向移动 1 个像素。

4.3.2 清除选区内图像操作

在 Photoshop CC 2017 中，可以使用“清除”命令清除选区内的图像。如果在背景图层中清除选区图像，将会在清除的图像区域内填充背景色；如果在其他图层中清除图像，将得到透明区域。

	素材文件	光盘 \ 素材 \ 第 4 章 \ 彩色瓶子 .jpg
	效果文件	光盘 \ 效果 \ 第 4 章 \ 彩色瓶子 .jpg
	视频文件	光盘 \ 视频 \ 第 4 章 \4.3.2 清除选区内图像操作 .mp4

步骤01 按【Ctrl+O】组合键，打开一幅素材图像，如图4-38所示。

步骤02 选取多边形套索工具，在图像中创建一个选区，如图4-39所示。

图 4-38 素材图像

图 4-39 创建选区

步骤 03 在菜单栏中，单击“编辑”|“清除”命令，如图4-40所示。

步骤 04 执行上述操作后，即可清除选区内的图像，按【Ctrl+D】组合键，取消选区，如图4-41所示。

图 4-40 单击“清除”命令

图 4-41 清除选区内的图像后的效果

4.3.3 羽化边界选区操作

使用“边界”命令可以得到具有一定羽化效果的选区，因此在进行填充或描边等操作后可得到柔边效果的图像，但是“边界选区”对话框中的“宽度”值不能过大，否则会出现明显的马赛克边缘效果。

	素材文件	光盘\素材\第 4 章\相框 .jpg
	效果文件	光盘\效果\第 4 章\相框 .jpg
	视频文件	光盘\视频\第 4 章\4.3.3 边界选区操作 .mp4

步骤 01 按【Ctrl+O】组合键，打开一幅素材图像，如图4-42所示。

步骤 02 选取椭圆选框工具，在图像中创建选区，如图4-43所示。

步骤 03 单击“选择”|“修改”|“边界”命令，如图4-44所示。

步骤 04 弹出“边界选区”对话框，设置“宽度”为20像素，如图4-45所示。

图 4-42 素材图像

图 4-43 创建选区

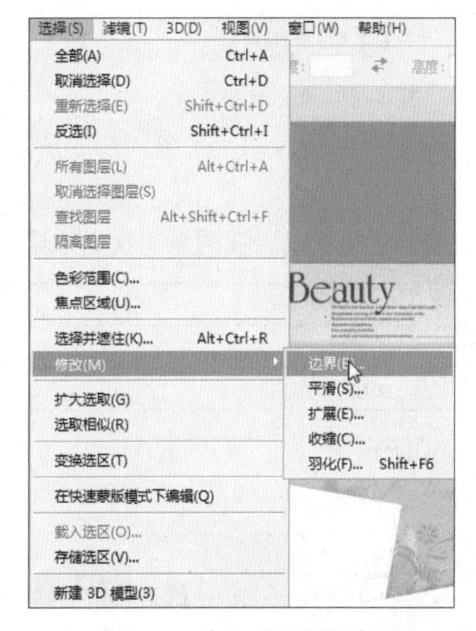

图 4-44 单击“边界”命令

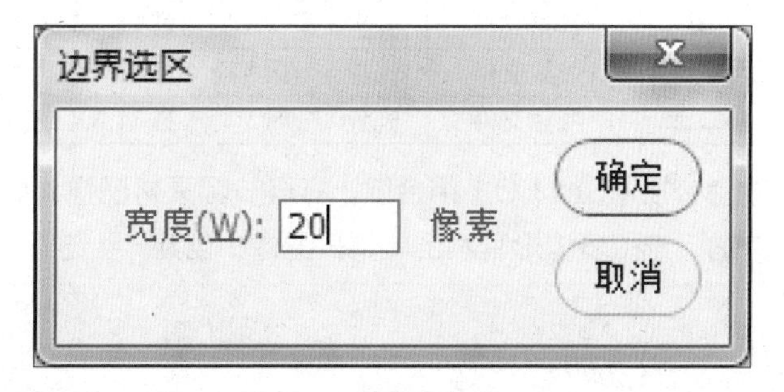

图 4-45 设置参数值

步骤 05 单击“确定”按钮，即可将当前选区扩展20像素，如图4-46所示。

步骤 06 在菜单栏中，单击“编辑”|“填充”命令，如图4-47所示。

图 4-46 扩展选区像素后的效果

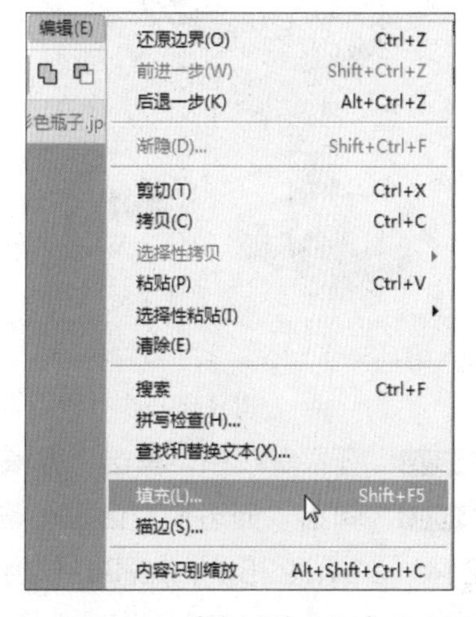

图 4-47 单击“填充”命令

步骤07 弹出“填充”对话框，设置“内容”为“背景色”，如图4-48所示。

步骤08 单击“确定”按钮，即可填充边界选区对象，单击“选择”|“取消选择”命令，取消选区，填充效果如图4-49所示。

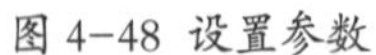
图 4-48 设置参数

图 4-49 填充效果

4.3.4 描边选区操作

使用“描边”命令可以为选区中的图像添加不同颜色和宽度的边框，以增强图像的视觉效果。

	素材文件	光盘 \ 素材 \ 第 4 章 \ 唯美照片 .jpg
	效果文件	光盘 \ 效果 \ 第 4 章 \ 唯美照片 .jpg
	视频文件	光盘 \ 视频 \ 第 4 章 \4.3.4 描边选区操作 .mp4

步骤01 按【Ctrl+O】组合键，打开一幅素材图像，如图4-50所示。

步骤02 选取多边形套索工具，在图像中创建一个选区，如图4-51所示。

图 4-50 素材图像

图 4-51 创建一个选区

步骤03 在菜单栏中，单击“编辑”|“描边”命令，如图4-52所示。

步骤04 弹出“描边”对话框，设置“宽度”为15像素、“颜色”为紫色（RGB参数值分别为244、214、225），如图4-53所示。

步骤05 单击“确定”按钮，即可描边选区图像，如图4-54所示。

步骤 06 按【Ctrl+D】组合键，取消选区，如图4-55所示。

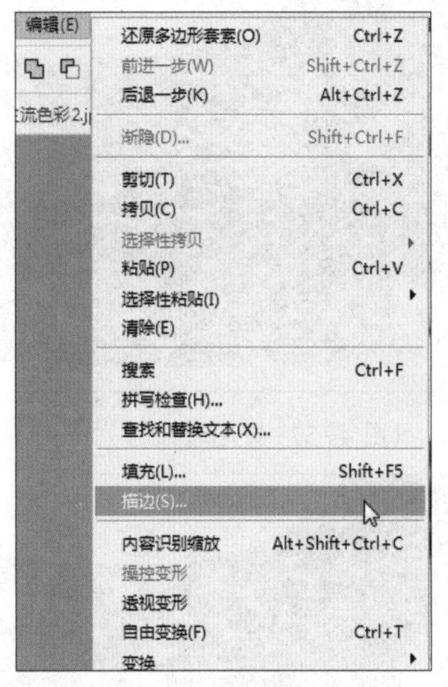

图 4-52 单击“描边”命令

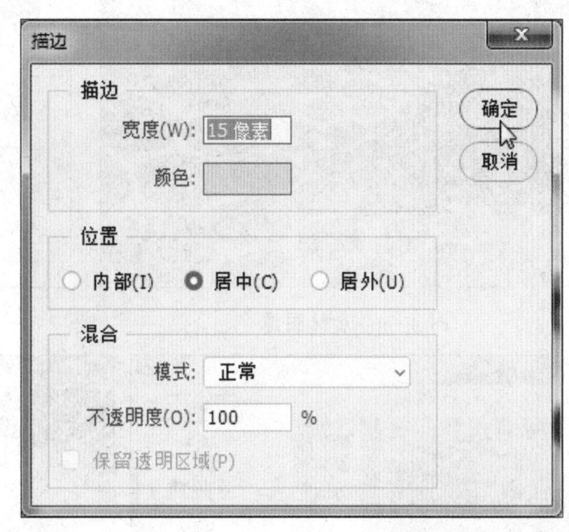

图 4-53 “描边”对话框

图 4-54 描边选区后的效果

图 4-55 取消选区

4.3.5 填充选区操作

使用“填充”命令，可以只在指定选区内填充相应的颜色。

	素材文件	光盘 \ 素材 \ 第 4 章 \ 彩色斑点 .jpg
	效果文件	光盘 \ 效果 \ 第 4 章 \ 彩色斑点 .psd
	视频文件	光盘 \ 视频 \ 第 4 章 \4.3.5 填充选区操作 .mp4

步骤 01 按【Ctrl+O】组合键，打开一幅素材图像，如图4-56所示。

步骤 02 选取魔棒工具，在图像中创建选区，如图4-57所示。

步骤 03 单击前景色色块，弹出“拾色器（前景色）”对话框，在其中设置RGB参数值分别为2、160、234，如图4-58所示。

步骤 04 单击“确定”按钮，按【Alt+Delete】组合键填充前景色，按【Ctrl+D】组合键，取消选区，效果如图4-59所示。

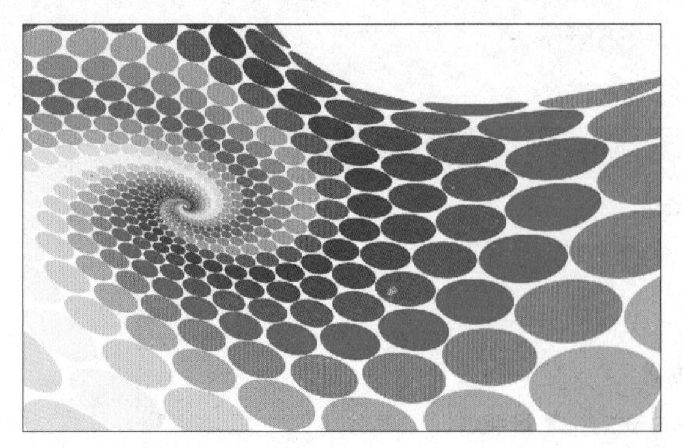

图 4-56 素材图像

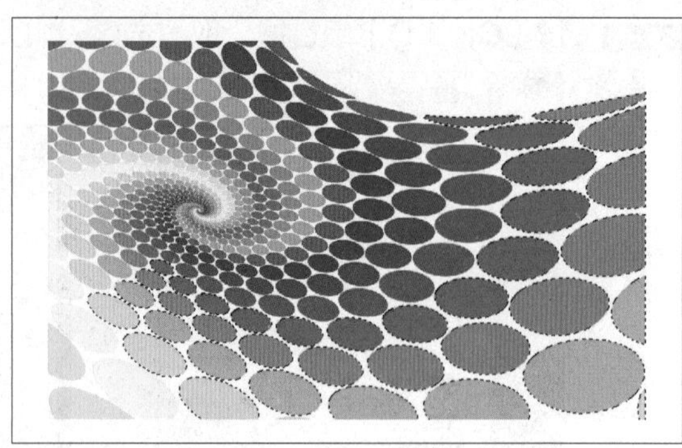

图 4-57 创建选区

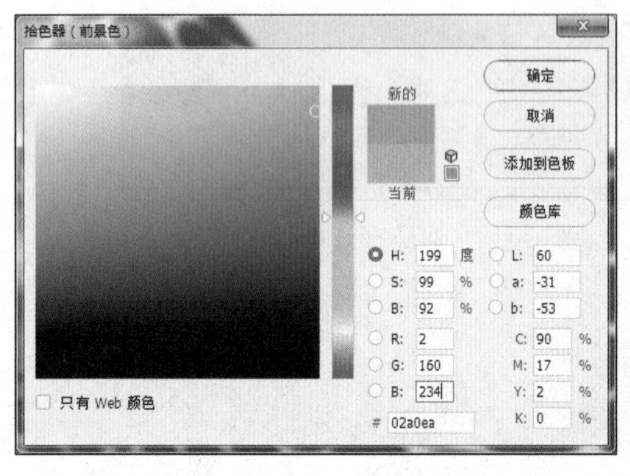

图 4-58 设置参数

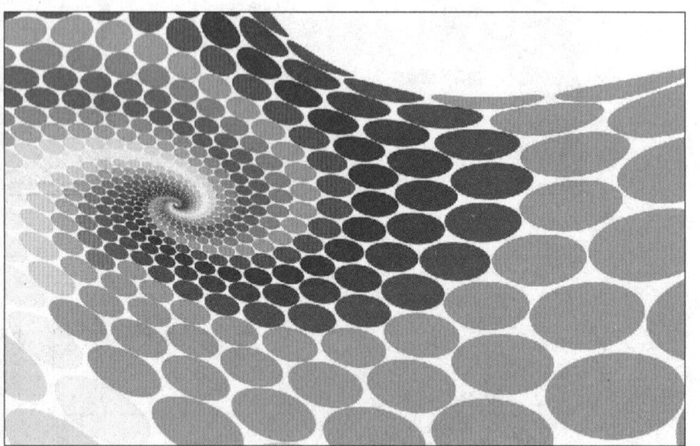

图 4-59 填充选区后的效果

05

Chapter

填充图像颜色与图案

学前提示

使用填充工具可以快速、便捷地对选中的图像区域进行填充，而填充工具都集中在渐变工具组中，渐变工具常用来对图像进行多种渐变色的填充，油漆桶工具则是对图像进行纯色和图案的填充。

本章教学目标

- 设置颜色
- 设置填充颜色
- 设置填充图案

学完本章后你会做什么

- 掌握设置前景色和背景色，以及拾色器的方法
- 掌握设置填充颜色的方法，如对“填充”命令、吸管工具的运用
- 掌握设置填充图案的方法，如对“填充”命令、修复图案的操作

视频演示

5.1 设置颜色

当使用画笔、渐变以及文字等工具进行填充、描边以及修饰图像等操作时，可以先对颜色进行指定。Photoshop CC 2017 提供了非常出色的颜色选择工具，可以帮助用户找到需要的任何色彩。

5.1.1 设置前景色与背景色

在 Photoshop 中被用到的图像中的颜色都会在前景色或背景色中表现出来。此外，在应用一些具有特殊效果时，也会用到前景色和背景色。设置前景色和背景色时利用工具箱下方的两个色块，前景色为黑色，背景色为白色，如图 5-1 所示，各图标含义如表 5-1 所示。

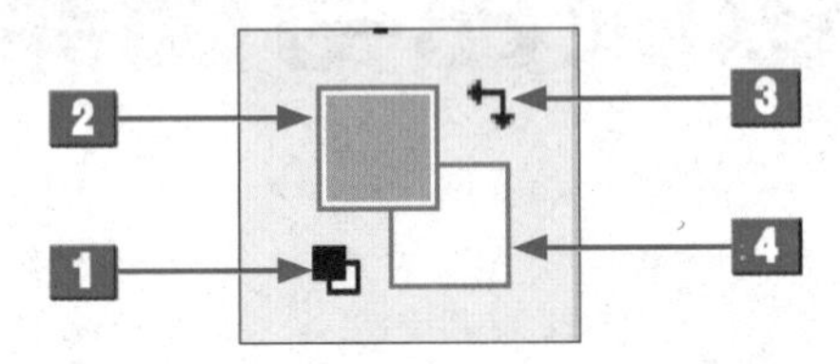

图 5-1 前景色和背景色

表 5-1 前景色与背景色图标含义

标号	名称	介绍
1	默认前景色和背景色	单击该按钮，即可将当前前景色和背景色调整到默认状态的前景色和背景色效果状态。
2	设置前景色	该色块中显示的是当前所使用的前景色。单击该色块，弹出“拾色器（前景色）”对话框，对前景色进行设置即可。
3	切换前景色和背景色	单击该按钮，可以讲前景色和背景色互换。
4	设置背景色	该色块中显示的当前所使用的背景颜色。单击该色块，弹出“拾色器（背景色）”对话框，在其中对背景色进行设置即可。

5.1.2 设置拾色器

单击工具箱中的前景色图标，打开“拾色器（前景色）”对话框，如图 5-2 所示，“拾色器（前景色）”对话框中各项详细介绍，如表 5-2 所示。

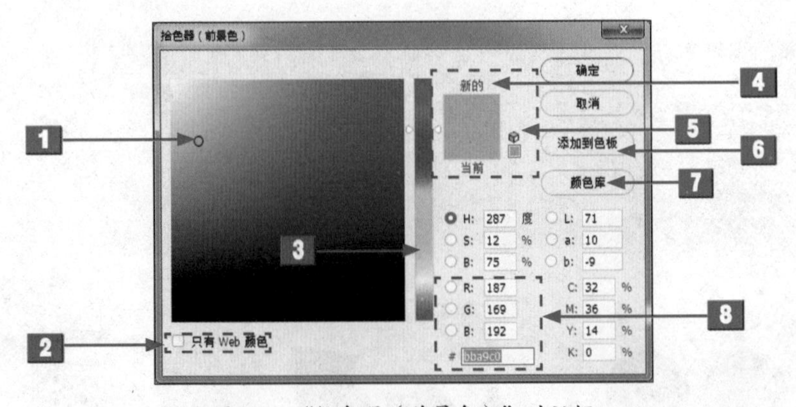

图 5-2 “拾色器（前景色）”对话框

表 5-2 “拾色器（前景色）”对话框各项介绍

标号	名称	介绍
1	色域 / 拾取的颜色	在“色域”中拖动鼠标可以改变当前拾取的颜色。
2	只有 Web 颜色	选中该复选框，表示只在色域中显示 Web 安全色。
3	颜色滑块	拖动颜色滑块可以调整颜色的范围。
4	新的 / 当前	“新的”颜色块中显示的是当前设置的颜色，“当前”颜色块中显示的是上一次使用的颜色。
5	警告：不是 Web 安全颜色	表示当前设置的颜色不能在网上准确显示，单击警告下面的小方块，可以将颜色替换为与其最为接近的 Web 安全颜色。
6	添加到色板	单击该按钮，可以将当前设置的颜色添加到“色板”面板中。
7	颜色库	单击该按钮，可以切换到“颜色库”中。
8	颜色值	该选项区中显示了当前设置颜色的颜色值，也可以输入颜色值来精确定义颜色。

5.2 设置填充颜色

使用填充工具可以便捷地对选中的图像区域进行填充。本节将详细介绍运用“填充”命令、油漆桶工具、吸管工具和渐变工具填充颜色的操作方法。

5.2.1 运用“填充”命令填充颜色

填充指的是在被编辑的图像文件中，可以对整体或局部使用单色、多色或复杂的图案进行覆盖，Photoshop CC 2017 中的“填充”命令功能非常强大。

素材文件	光盘 \ 素材 \ 第 5 章 \ 彩色杯子 .jpg
效果文件	光盘 \ 效果 \ 第 5 章 \ 彩色杯子 .jpg
视频文件	光盘 \ 视频 \ 第 5 章 \5.2.1 运用“填充”命令填充颜色 .mp4

步骤 01 按【Ctrl＋O】组合键，打开一幅素材图像，如图5-3所示。

步骤 02 选取魔棒工具，在图像编辑窗口中创建一个选区，如图5-4所示。

图 5-3 素材图像

图 5-4 创建一个选区

步骤 03 单击背景色色块，弹出“拾色器（背景色）”对话框，在其中设置RGB参数值分别为253、246、142，如图5-5所示。

步骤 04 单击“确定”按钮，单击“编辑”|“填充”命令，弹出“填充”对话框，设置“内容”为“背景色”，如图5-6所示。

图 5-5 设置背景色

图 5-6 设置参数值

步骤 05 单击“确定”按钮，即可运用“填充”命令填充颜色并取消选区，效果如图5-7所示。

图 5-7 填充颜色后的效果

专家提醒

通常情况下，在运用该命令进行填充操作前，需要创建一个合适的选区，若当前图像中不存在选区，则填充效果将作用于整幅图像，此外该命令对“背景”图层无效。

5.2.2 运用油漆桶工具填充颜色

使用油漆桶工具可以快速、便捷地为图像填充颜色，填充的颜色以前景色为准。

	素材文件	光盘 \ 素材 \ 第 5 章 \ 箭头 .jpg
	效果文件	光盘 \ 效果 \ 第 5 章 \ 箭头 .psd
	视频文件	光盘 \ 视频 \ 第 5 章 \5.2.2 运用油漆桶工具填充颜色 .mp4

步骤 01 按【Ctrl+O】组合键，打开一幅素材图像，如图5-8所示。

步骤 02 选取磁性套索工具，在图像中创建一个选区，如图5-9所示。

图 5-8 素材图像

图 5-9 创建选区

步骤 03 单击工具箱下方的前景色色块，如图5-10所示。

步骤 04 弹出“拾色器（前景色）”对话框，设置RGB参数值分别为9、111、219，如图5-11所示。

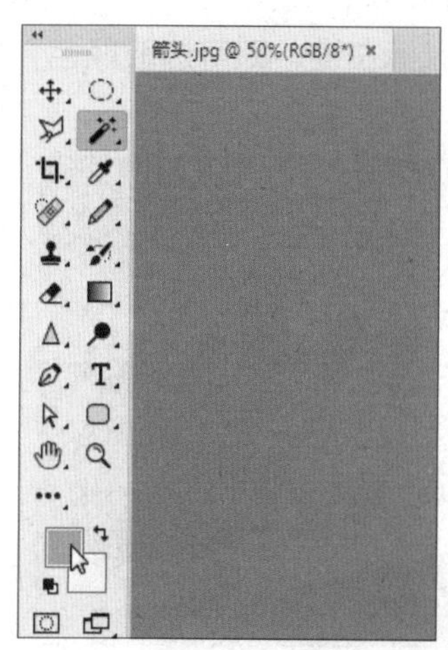

图 5-10 单击前景色块

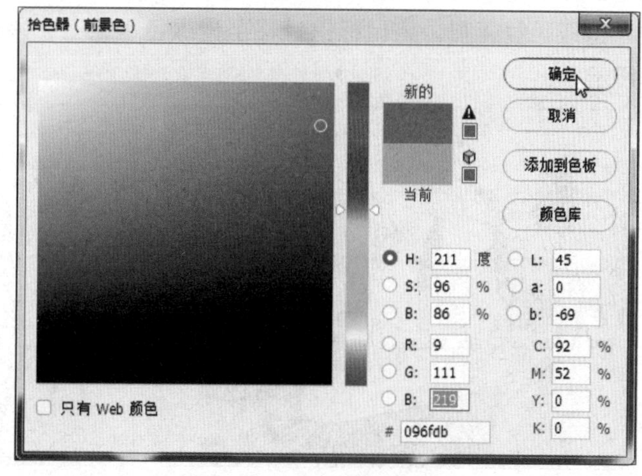

图 5-11 设置参数值

步骤 05 单击“确定”按钮，即可更改前景色，选取工具箱中的油漆桶工具，在选区中单击鼠标左键，即可填充颜色，如图5-12所示。

图 5-12 使用油漆桶工具填充颜色后的效果

专家提醒

油漆桶工具与"填充"命令非常相似，主要用于在图像或选区中填充颜色或图案，但油漆桶工具在填充前会对鼠标单击位置的颜色进行取样，从而常用于填充颜色相同或相似的图像区域。

5.2.3 运用吸管工具填充颜色

用户在 Photoshop CC 2017 中处理图像时，经常需要从图像中获取颜色，例如需要修补图像中的某个区域的颜色，通常要从该区域附近找出相近的颜色，然后再用该颜色处理需要修补的区域，此时就需要用到吸管工具。

	素材文件	光盘 \ 素材 \ 第 5 章 \ 购物 .jpg
	效果文件	光盘 \ 效果 \ 第 5 章 \ 购物 .psd
	视频文件	光盘 \ 视频 \ 第 5 章 \5.2.3 运用吸管工具填充颜色 .mp4

步骤 01 按【Ctrl+O】组合键，打开一幅素材图像，如图5-13所示。

步骤 02 选取吸管工具，将鼠标指针移至青绿色手镯上，单击鼠标左键，即可选取颜色，如图5-14所示。

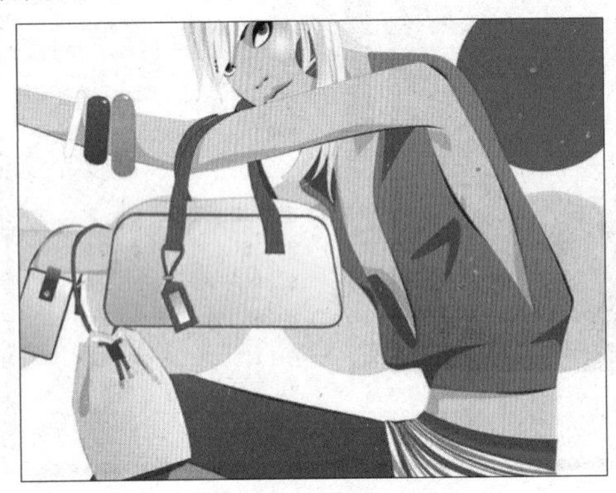

图 5-13 素材图像

图 5-14 选取颜色

步骤 03 选取魔棒工具，在素材图像的人物上衣图像区域单击鼠标左键，创建选区，如图5-15所示。

步骤 04 按【Alt+Delete】组合键，填充背景色，按【Ctrl+D】组合键，取消选区，如图5-16所示。

图 5-15 创建选区

图 5-16 填充颜色后的效果

专家提醒

除了可以直接选取吸管工具外，按【I】快捷键也可以选取吸管工具。

5.2.4 运用渐变工具填充渐变色

运用渐变工具可以对所选定的图像进行多种颜色的混合填充，从而达到增强图像的视觉效果的目的。

	素材文件	光盘 \ 素材 \ 第 5 章 \ 多彩毛巾 .psd
	效果文件	光盘 \ 效果 \ 第 5 章 \ 多彩毛巾 .psd
	视频文件	光盘 \ 视频 \ 第 5 章 \5.2.4 运用渐变工具填充渐变色 .mp4

步骤 01 按【Ctrl＋O】组合键，打开一幅素材图像，如图5-17所示。

步骤 02 设置前景色为绿色（RGB参数值分别为150、255、180），背景色为白色，如图5-18所示。

图 5-17 素材图像

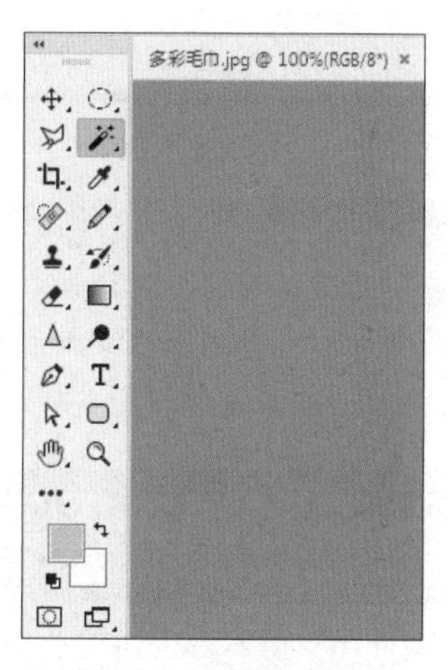

图 5-18 设置颜色值

步骤 03 选取工具箱中的渐变工具，如图5-19所示。

步骤 04 在工具属性栏中，单击“点按可编辑渐变”色块，如图5-20所示。

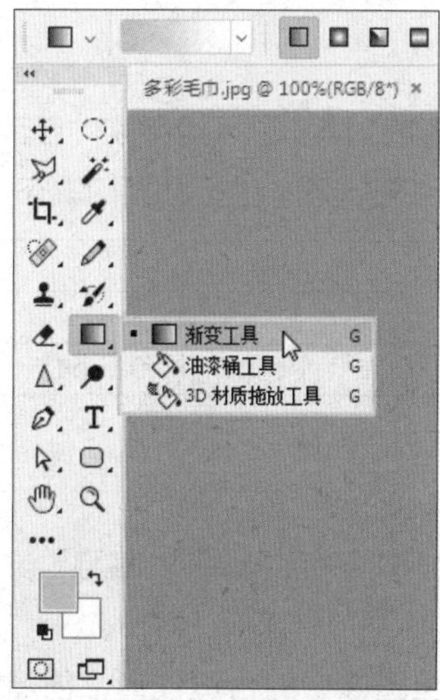

图 5-19 选取渐变工具

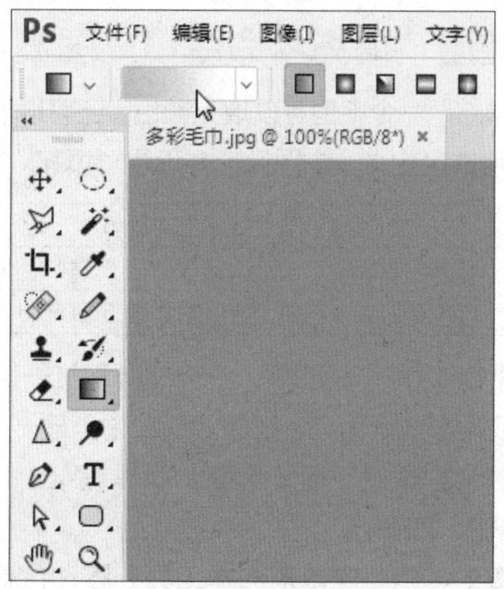

图 5-20 单击相应色块

步骤05 弹出“渐变编辑器”对话框，设置“预设”为“前景色到背景色渐变”，如图5-21所示。

步骤06 单击“确定”按钮，将鼠标指针移至图像编辑窗口的合适位置，拖曳鼠标，即可为图像填充渐变颜色，效果如图5-22所示。

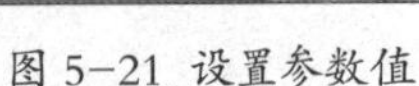

图 5-21 设置参数值

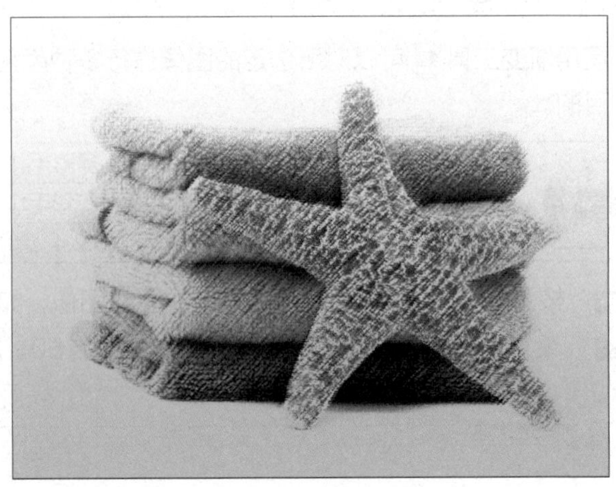

图 5-22 填充渐变色效果

> **专家提醒**
>
> “渐变编辑器”对话框中的“位置”文本框中显示标记点在渐变效果预览条的位置，用户可以输入数字来改变颜色标记点的位置，也可以直接拖曳渐变颜色带下端的颜色标记点。按【Delete】键可将此颜色标记点删除。

5.3 设置填充图案

简单地说，填充操作可以分为无限制和有限制两种情况，前者就是当前无任何选区或路径的情况下执行的填充操作，此时将对整体图像进行填充；而后者则是通过设置适当的选区或路径来限制填充的范围。

5.3.1 使用“填充”命令填充图案

运用“填充”命令不但可以填充颜色，还可以填充相应的图案，除了运用软件自带的图案外，用户还可以用选区定义一个图像，并设置“填充”对话框中各选项，进行图案的填充。

	素材文件	光盘 \ 素材 \ 第 5 章 \ 相框 .jpg
	效果文件	光盘 \ 效果 \ 第 5 章 \ 相框 .jpg
	视频文件	光盘 \ 视频 \ 第 5 章 \5.3.1 使用“填充”命令填充图案 .mp4

步骤01 按【Ctrl + O】组合键，打开一幅素材图像，如图5-23所示。

步骤02 选取矩形选框工具，在图像窗口中创建一个选区，如图5-24所示。

步骤03 单击“编辑”|“定义图案”命令，弹出“图案名称”对话框，在“名称”文本框中输入“花”，如图5-25所示。

步骤04 选取工具箱中的矩形选框工具，移动鼠标指针至图像中的合适位置，创建选区，如图5-26所示。

图 5-23 素材图像

图 5-24 创建选区

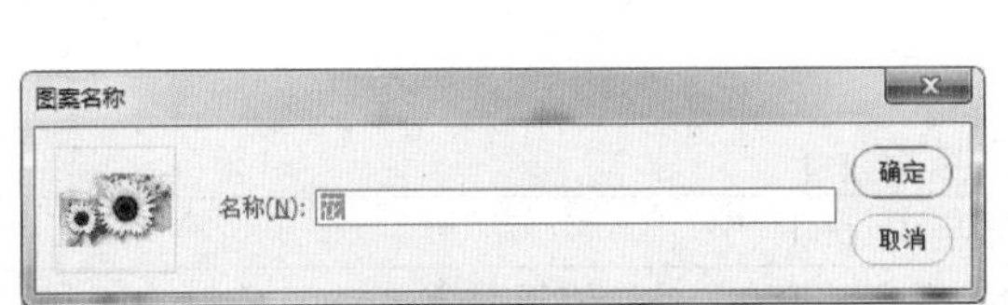

图 5-25 输入名称

图 5-26 创建选区

步骤05 单击“编辑”|“填充”命令，弹出“填充”对话框，在“内容”列表框中选择“图案”选项，如图5-27所示。

步骤06 激活“自定图案”选项，单击其右侧的下拉按钮，展开“图案”拾色器，选择“花”选项，如图5-28所示。

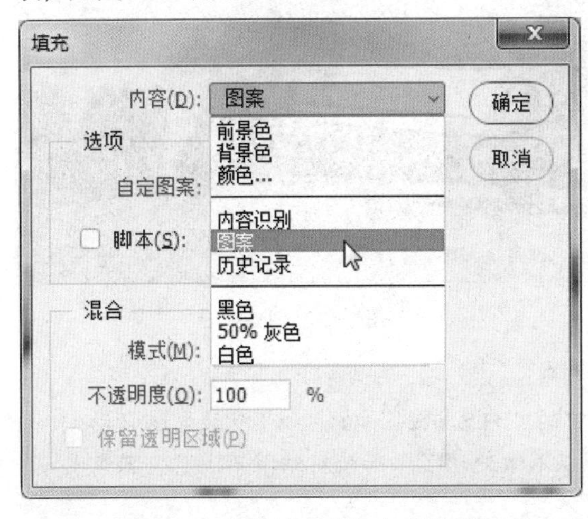

图 5-27 设置“内容”为“图案”

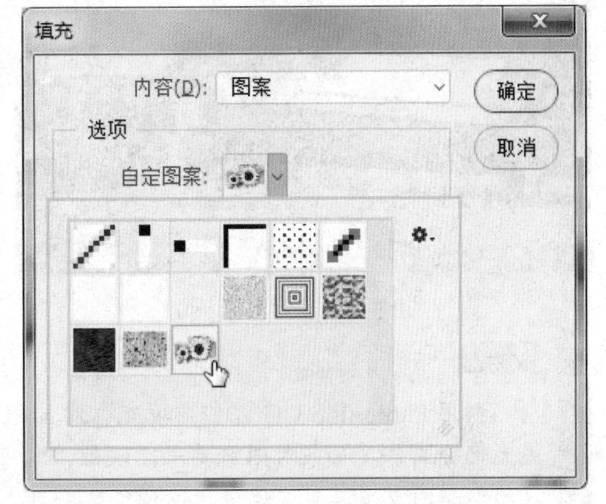

图 5-28 选择“花”选项

步骤07 单击“确定”按钮，即可填充图案，如图5-29所示。

步骤 08　按【Ctrl+D】组合键，取消选区，如图5-30所示。

图 5-29 填充图案

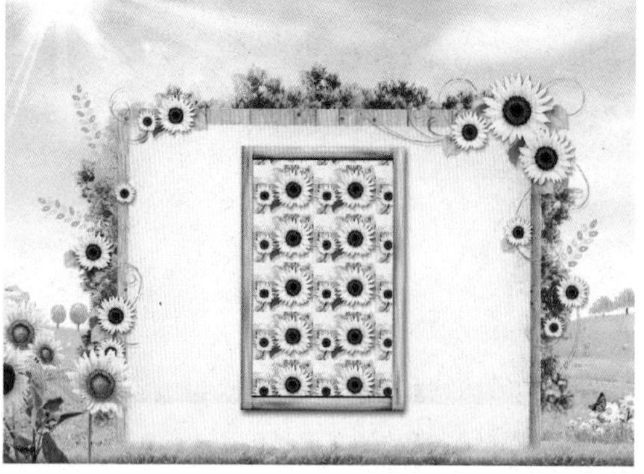

图 5-30 取消选区后的效果

5.3.2 运用“填充”命令修复图像

“填充”对话框中的“内容识别”选项，可以将内容自动填补。运用此功能可以删除相片中某个区域（例如不想要的物体），遗留的空白区域由 Photoshop 自动填补，即使是复杂的背景图像也同样可以识别填充。此功能也适用于填补相片四角的空白。背景也同样可以识别填充。此功能也适用于填补相片四角的空白。

	素材文件	光盘 \ 素材 \ 第 5 章 \ 沙发与人 .jpg
	效果文件	光盘 \ 效果 \ 第 5 章 \ 沙发与人 .psd
	视频文件	光盘 \ 视频 \ 第 5 章 \5.3.2 运用“填充”命令修复图像 .mp4

步骤 01　按【Ctrl+O】组合键，打开一幅素材图像，如图5-31所示。

步骤 02　选取磁性套索工具，在图像编辑窗口中创建选区，如图5-32所示。

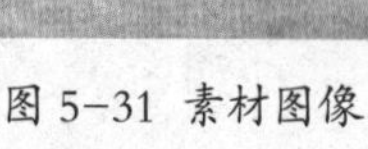

图 5-31 素材图像

图 5-32 创建选区

专家提醒

利用 Photoshop CC 2017 “填充”对话框中的“内容识别”功能，可以让电脑自动完成大部分工作。如果对图像要求比较低，就可以不做处理了。如果对细节不满意，只需要再用仿制图章工具对图像进行细致处理即可。

步骤03 单击“编辑”|“填充”命令，弹出“填充”对话框，设置“内容”为“内容识别”，如图5-33所示。

步骤04 单击“确定”按钮，即可填充图像并取消选区，效果如图5-34所示。

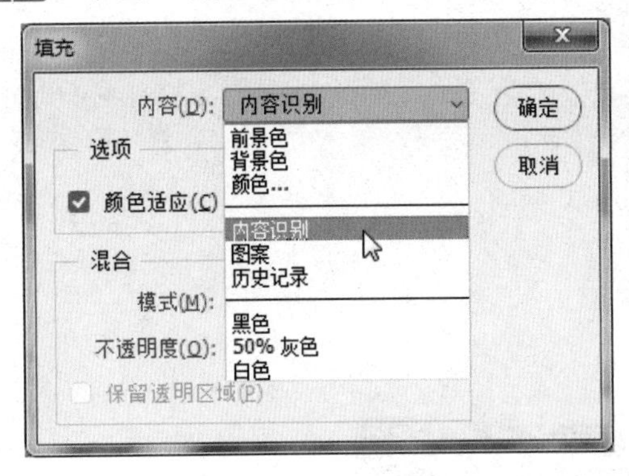

图 5-33 “填充”对话框

图 5-34 图像效果

06 Chapter

调整图像色彩与色调

学前提示

Photoshop CC 2017拥有多种强大的颜色调整功能，使用“曲线”、“色阶”等命令可以轻松调整图像的色相、饱和度、对比度和亮度，修正有色彩平衡、曝光不足或过度等缺陷的图像。本章主要介绍颜色的基本属性以及图像色调高级调整等操作方法。

本章教学目标

- 转换图像颜色模式
- 自动校正图像色彩/色调
- 调整图像色彩/色调

学完本章后你会做什么

- 掌握将图像转换为位图模式、RGB模式、CMYK模式等内容
- 掌握使用“自动色调”、“自动颜色”等命令调整图像色彩的方法
- 掌握使用“亮度/对比度”、“色阶”等命令调整图像色彩的方法

视频演示

6.1 转换图像颜色模式

Photoshop 可以支持多种图像颜色模式，在设计与输出作品的过程中，应当根据其用途与要求，转换图像的颜色模式。

6.1.1 将图像转换为位图模式

位图模式下的图像由黑、白两色组成，没有中间层次，又叫黑白图像。彩色图像转换为该模式后，色相和饱和度信息都会被删除，只保留亮度信息。

	素材文件	光盘 \ 素材 \ 第 6 章 \ 椅子 .jpg
	效果文件	光盘 \ 效果 \ 第 6 章 \ 椅子 .psd
	视频文件	光盘 \ 视频 \ 第 6 章 \6.1.1 将图像转换为位图模式 .mp4

步骤 01 按【Ctrl + O】组合键，打开一幅素材图像，如图6-1所示。

步骤 02 单击“图像”|“模式”|“位图”命令，如图6-2所示。

图 6-1 素材图像

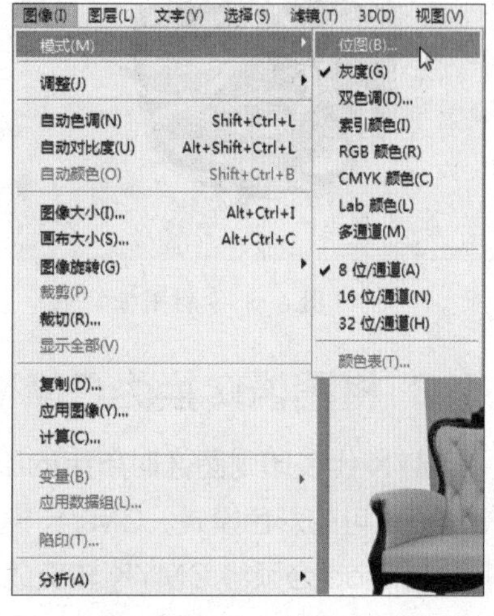

图 6-2 单击“位图”命令

步骤 03 弹出“位图”对话框，设置“使用”为“图案仿色”，如图6-3所示。

步骤 04 单击“确定”按钮，即可转换图像为位图模式，如图6-4所示。

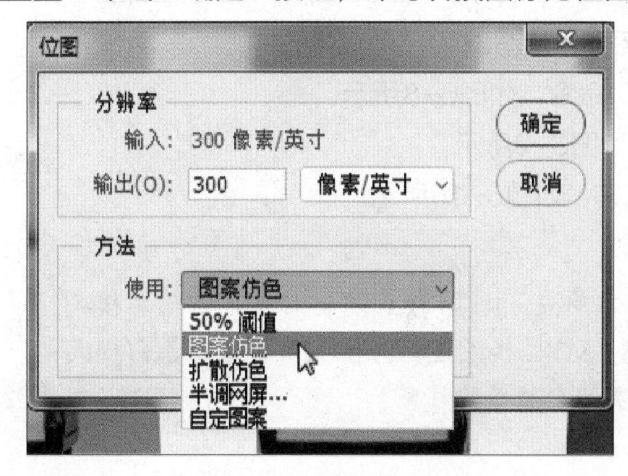

图 6-3 “位图”对话框

图 6-4 转换图像为位图模式

6.1.2 将图像转换为RGB模式

RGB 颜色模式是目前应用最广泛的颜色模式之一，该模式由 3 个颜色通道组成，即红、绿、蓝 3 个通道。用 RGB 模式处理图像比较方便，且文件较小。

	素材文件	光盘 \ 素材 \ 第 6 章 \ 吊坠 .psd
	效果文件	光盘 \ 效果 \ 第 6 章 \ 吊坠 .psd
	视频文件	光盘 \ 视频 \ 第 6 章 \6.1.2 将图像转换为 RGB 模式 .mp4

步骤01 按【Ctrl+O】组合键，打开一幅素材图像，如图6-5所示。

步骤02 单击“图像”|“模式”|“RGB颜色”命令，转换图像为RGB颜色模式，如图6-6所示。

图 6-5 素材图像

图 6-6 图像转换成 RGB 模式

6.1.3 将图像转换为CMYK模式

CMYK 代表印刷图像时所用的印刷四色，分别是青、洋红、黄、黑，CMYK 颜色模式是打印机唯一认可的彩色模式。CMYK 模式虽然能免除色彩方便的不足，但是运算速度很慢，这是因为 Photoshop 必须将 CMYK 转变成屏幕的 RGB 色彩值。

	素材文件	光盘 \ 素材 \ 第 6 章 \ 音乐交响曲 .jpg
	效果文件	光盘 \ 效果 \ 第 6 章 \ 音乐交响曲 .jpg
	视频文件	光盘 \ 视频 \ 第 6 章 \6.1.3 将图像转换为 CMYK 模式 .mp4

步骤01 按【Ctrl+O】组合键，打开一幅素材图像，如图6-7所示。

步骤02 单击“图像”|“模式”|“CMYK颜色”命令，如图6-8所示。

步骤03 弹出信息提示框，单击“确定”按钮，如图6-9所示。

步骤04 执行操作后，即可转换图像为CMYK模式，如图6-10所示。

专家提醒

CMYK 模式与 RGB 模式有一个很大的不同点，RGB 模式是一种发光的色彩模式，类似自然界的太阳，可以自己放射光亮；而 CMYK 模式是一种依靠反射光的色彩模式，读取它所传递的信息需要借助外界光源，它类似自然界的月亮。

图 6-7 素材图像

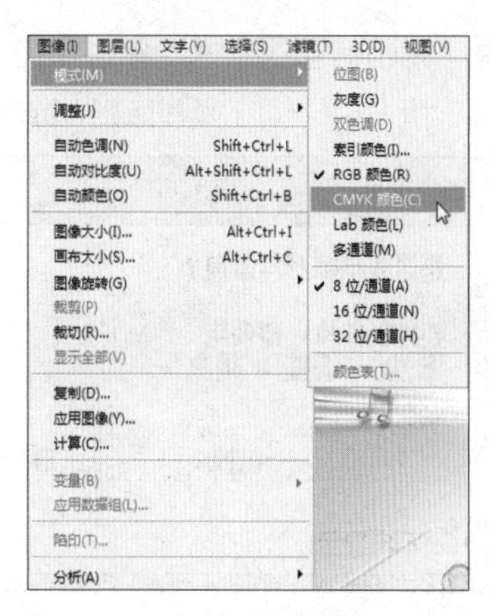

图 6-8 单击“CMYK 颜色”命令

图 6-9 单击“确定”按钮

图 6-10 转换图像为 CMYK 模式

6.1.4 将图像转换为灰度模式

灰度模式的图像不包含颜色，彩色图像转换为该模式后，色彩信息都会被删除。灰度图像的每个像素有一个 0（黑色）~ 255（白色）之间的亮度值。

	素材文件	光盘 \ 素材 \ 第 6 章 \ 主体 .jpg
	效果文件	光盘 \ 效果 \ 第 6 章 \ 主体 .jpg
	视频文件	光盘 \ 视频 \ 第 6 章 \6.1.4 将图像转换为灰度模式 .mp4

步骤 01 按【Ctrl + O】组合键，打开一幅素材图像，如图6-11所示。

步骤 02 单击“图像”|“模式”|“灰度”命令，如图6-12所示。

图 6-11 素材图像

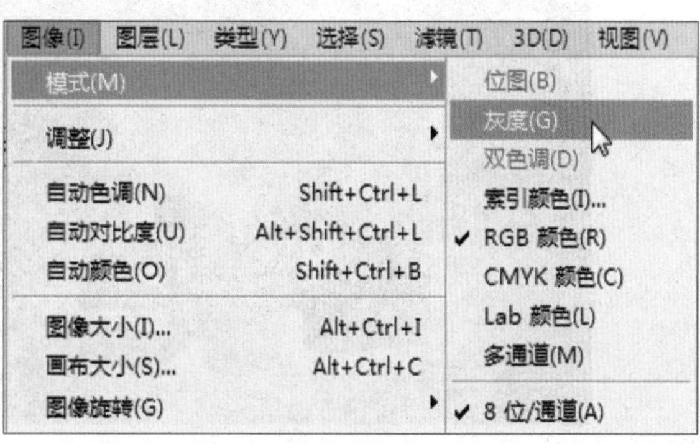

图 6-12 单击“灰度”命令

步骤 03 弹出信息提示框，单击“扔掉”按钮，如图6-13所示。

步骤 04 执行操作后，即可转换图像为灰度模式，如图 6-14 所示。

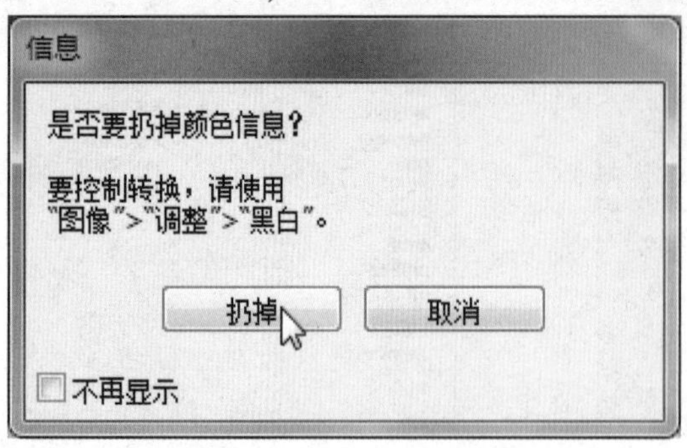

图 6-13 单击“扔掉”按钮

图 6-14 转换图像为灰度模式

专家提醒

将彩色图像转换为灰度模式时，所有的颜色信息都将被删除。虽然 Photoshop 允许将灰度模式的图像再转换为彩色模式，但是原来以删除的颜色信息不能再恢复。

6.2 自动校正图像色彩/色调

商品图像拍摄出来，颜色会有一些偏差问题，在运用 Photoshop 进行商品图像后期处理时，可以运用以下方式进行调整。

6.2.1 使用“自动色调”命令调整商品图像亮度

在制作商品图像后期处理时，由于拍摄问题使商品图像整体偏暗，这时可使用“自动色调”命令调亮商品图像。下面介绍通过“自动色调”调整商品图像色调的具体操作方法。

	素材文件	光盘 \ 素材 \ 第 6 章 \ 字幕 .jpg
	效果文件	光盘 \ 效果 \ 第 6 章 \ 字幕 .jpg
	视频文件	光盘 \ 视频 \ 第 6 章 \6.2.1 使用“自动色调”命令调整商品图像亮度 .mp4

步骤 01 按【Ctrl + O】组合键，打开商品图像素材，如图6-15所示。

步骤 02 在菜单栏中单击“图像”|“自动色调”命令，如图6-16所示。

图 6-15 打开素材图像

图 6-16 单击“自动色调”命令

步骤 03 执行上述操作后，即可自动调整图像明暗，效果如图6-17所示。

步骤 04 重复上述操作，将图像调整至合适色调，效果如图6-18所示。

图 6-17 自动调整图像明暗

图 6-18 最终效果

> 专家提醒
>
> “自动色调”命令能根据图像整体颜色的明暗程度进行自动调整，使得亮部与暗部的颜色按一定的比例分布。

6.2.2 使用“自动颜色”命令校正商品图像偏色

在处理商品图像时，由于拍摄光线的问题，经常会使拍摄的商品图像颜色出现偏色，这时可使用“自动颜色”命令来校正商品图像偏色。“自动颜色”命令可以自动识别图像中的实际阴影、中间调和高光，从而自动更正图像的颜色。下面介绍通过“自动颜色”校正商品图像偏色的具体操作方法。

	素材文件	光盘 \ 素材 \ 第 6 章 \ 背影 .jpg
	效果文件	光盘 \ 效果 \ 第 6 章 \ 背影 .jpg
	视频文件	光盘 \ 视频 \ 第 6 章 \6.2.2 使用“自动颜色”命令校正商品图像色偏 .mp4

步骤 01 按【Ctrl + O】组合键，打开商品图像素材，如图 6-19 所示。

步骤 02 在菜单栏中单击“图像”|“自动颜色”命令，即可自动校正图像偏色，效果如图6-20所示。

图 6-19 打开素材图像

图 6-20 自动校正图像偏色

6.2.3 使用“自动对比度”命令调整商品图像对比度

在网店卖家做商品图像处理时，若商品图像色彩层次不够丰富，则可使用“自动对比度”命令来调整商品图像的对比度。下面为读者介绍使用“自动对比度”调整商品图像对比度的具体操作方法。

	素材文件	光盘\素材\第 6 章\靠枕 .jpg
	效果文件	光盘\效果\第 6 章\靠枕 .jpg
	视频文件	光盘\视频\第 6 章\6.2.3 使用“自动对比度”命令调整商品图像对比度 .mp4

步骤 01 按【Ctrl+O】组合键，打开商品图像素材，如图6-21所示。

步骤 02 在菜单栏中单击“图像”|“自动对比度”命令，即可调整图像对比度，如图6-22所示。

图 6-21 打开素材图像

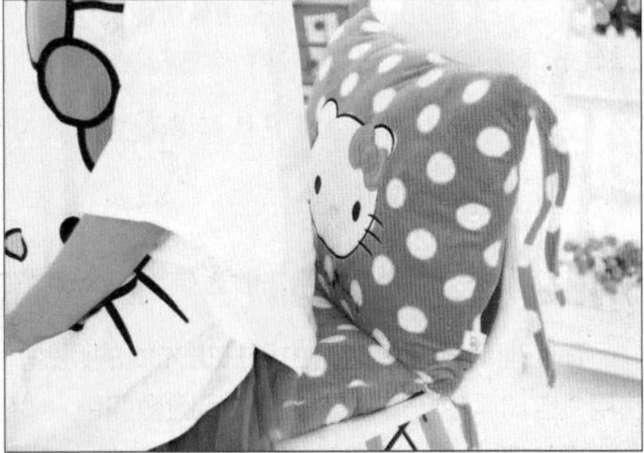

图 6-22 自动调整图像对比度

专家提醒

按【Shift + Ctrl + Alt + L】组合键，也可以执行“自动对比度”命令调整图像色彩。

使用“自动对比度”命令可以自动调整图像中颜色的总体对比度和混合颜色，它将图像中最亮和最暗的像素映射为白色和黑色，使高光显得更亮，而暗调显得更暗，使图像对比度加强，看上去更有立体感，光线效果更加强烈。

6.3 调整图像色彩/色调

图像色彩的基本调整有 4 种常用方法，本节主要介绍“曝光度”命令、“曲线”命令、“色阶”命令以及“亮度 / 对比度”命令调整图像色彩的操作方法。

6.3.1 运用“亮度/对比度”命令调整图像色彩

网店卖家在处理商品图像时，由于拍摄光线和拍摄设备本身原因，使商品图像色彩暗沉，这时可通过“亮度 / 对比度”命令调整商品图像色彩。下面介绍通过“亮度 / 对比度”调整商品图像色彩的具体操作方法。

	素材文件	光盘 \ 素材 \ 第 6 章 \ 巧克力蛋糕 .jpg
	效果文件	光盘 \ 效果 \ 第 6 章 \ 巧克力蛋糕 .jpg
	视频文件	光盘 \ 视频 \ 第 6 章 \6.3.1 运用“亮度 / 对比度”命令调整图像色彩 .mp4

步骤 01 按【Ctrl＋O】组合键，打开商品图像素材，如图6-23所示。

步骤 02 在菜单栏中单击“图像”|“调整”|“亮度/对比度”命令，如图6-24所示。

图 6-23 打开素材图像

图 6-24 单击“亮度 / 对比度”命令

步骤 03 弹出“亮度/对比度”对话框，设置“亮度”为45、“对比度”为32，如图6-25所示。

步骤 04 单击“确定”按钮，即可调整图像的亮度与对比度，效果如图6-26所示。

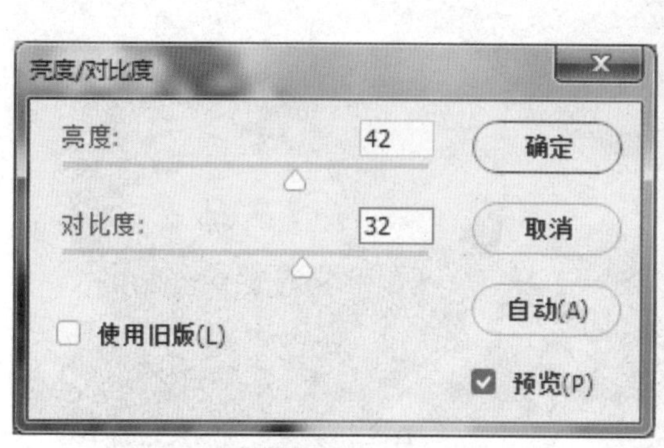

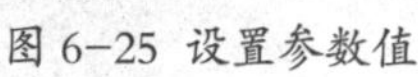

图 6-25 设置参数值

图 6-26 最终效果

6.3.2 运用“色阶”命令调整图像亮度范围

在网店卖家制作商品图像处理时，由于拍摄问题，使商品图像偏暗，这时可通过“色阶”命令调整商品图像亮度范围，提高商品图像亮度。下面介绍通过“色阶”调整商品图像亮度范围的具体操作方法。

	素材文件	光盘 \ 素材 \ 第 6 章 \ 清凉一夏 .jpg
	效果文件	光盘 \ 效果 \ 第 6 章 \ 清凉一夏 .jpg
	视频文件	光盘 \ 视频 \ 第 6 章 \6.3.2 运用“色阶”命令调整图像亮度范围 .mp4

步骤 01 按【Ctrl + O】组合键，打开商品图像素材，如图6-27所示。

步骤 02 在菜单栏中单击“图像”|“调整”|“色阶”命令，如图6-28所示。

图 6-27 打开素材图像

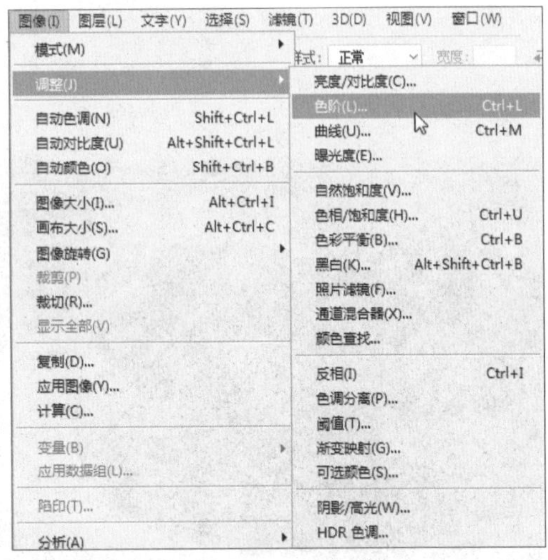

图 6-28 单击“色阶”命令

步骤 03 弹出“色阶”对话框，设置“输入色阶”各参数值分别为0、1.21、255，如图6-29所示。

步骤 04 单击“确定”按钮，即可使用“色阶”命令调整图像的亮度范围，其图像显示效果如图6-30所示。

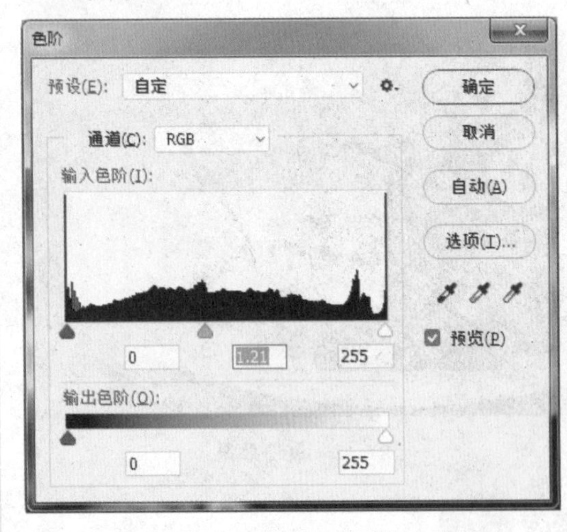

图 6-29 设置“输入色阶”各参数值

图 6-30 最终效果

6.3.3 运用“曲线”命令调整图像整体色调

网店卖家在处理商品图像时，由于光线影响，使拍摄的商品图像色调偏暗，这时可通过“曲线”命令调整商品图像色调。下面介绍通过“曲线”调整商品图像色调的具体操作方法。

	素材文件	光盘 \ 素材 \ 第 6 章 \ 餐桌 .jpg
	效果文件	光盘 \ 效果 \ 第 6 章 \ 餐桌 .jpg
	视频文件	光盘 \ 视频 \ 第 6 章 \6.3.3 运用“曲线”命令调整图像整体色调 .mp4

步骤 01 按【Ctrl+O】组合键，打开商品图像素材，如图6-31所示。

步骤 02 在菜单栏中单击“图像”|“调整”|“曲线”命令，如图6-32所示。

图 6-31 打开素材图像

图 6-32 单击“曲线”命令

步骤 03 执行上述操作后，即可弹出“曲线”对话框，在网格中单击鼠标左键，建立曲线编辑点后，设置“输出”和“输入”值分别为90、158，如图6-33所示。

步骤 04 单击“确定”按钮，即可调整图像的整体色调，此时图像编辑窗口中的图像效果如图6-34所示。

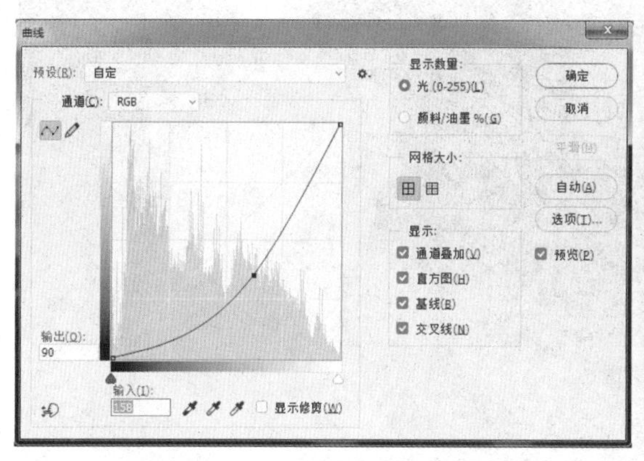

图 6-33 设置参数值

图 6-34 最终效果

6.3.4 运用“曝光度”命令调整图像色调

在商品拍摄过程中，经常会因为曝光过度而导致图像偏白，或因为曝光不足而导致图像偏暗，此时可以通过“曝光度”命令来调整图像的曝光度，使图像曝光达到正常。下面介绍通过曝光度调整商品图像色调的具体操作方法。

	素材文件	光盘 \ 素材 \ 第 6 章 \ 裙子 .jpg
	效果文件	光盘 \ 效果 \ 第 6 章 \ 裙子 . jpg
	视频文件	光盘 \ 视频 \ 第 6 章 \6.3.4 运用“曝光度”命令调整图像色调 .mp4

步骤01 按【Ctrl+O】组合键，打开商品图像素材，如图6-35所示。

步骤02 在菜单栏中单击“图像”|“调整”|“曝光度”命令，如图6-36所示。

图 6-35 打开素材图像

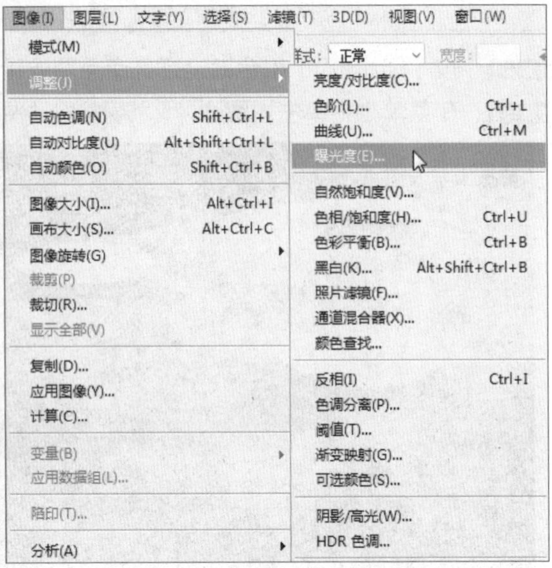

图 6-36 单击“曝光度”命令

步骤03 弹出“曝光度”对话框，设置“曝光度”为1.5、“灰度系数校正”为1，如图6-37所示。

步骤04 单击“确定”按钮，即可调整图像的曝光度，效果如图6-38所示。

图 6-37 设置参数值

图 6-38 最终效果

6.3.5 运用“替换颜色”命令替换图像色调

在拍摄商品图像时，经常因为受拍摄设备影响，导致商品图像和商品本身存在色差，这时可通过“替换颜色”命令替换商品图像颜色。下面介绍通过“替换颜色”命令替换商品图像色调的具体操作方法。

	素材文件	光盘 \ 素材 \ 第 6 章 \ 红色包包 .jpg
	效果文件	光盘 \ 效果 \ 第 6 章 \ 红色包包 .jpg
	视频文件	光盘 \ 视频 \ 第 6 章 \6.3.5 运用“替换颜色”命令替换图像色调 .mp4

步骤 01 按【Ctrl+O】组合键，打开商品图像素材，如图6-39所示。

步骤 02 在菜单栏中单击“图像”|“调整”|“替换颜色”命令，如图6-40所示。

图 6-39 打开素材图像

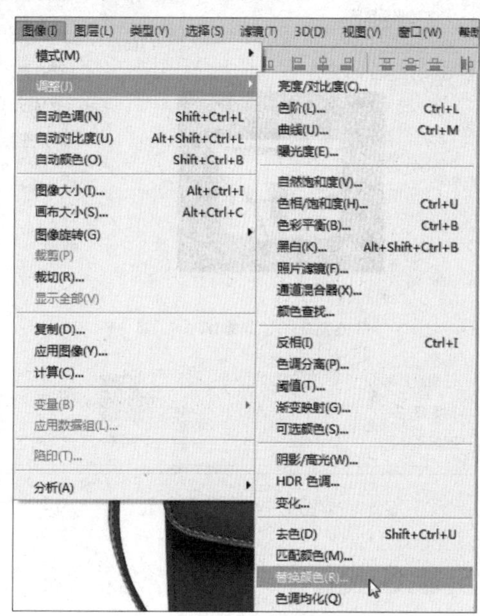

图 6-40 单击“替换颜色”命令

步骤 03 弹出“替换颜色”对话框，在黑色矩形框中适当位置重复单击，选中需要替换的颜色，如图6-41所示。

步骤 04 单击“结果”色块，弹出“拾色器（结果颜色）”对话框，设置RGB参数值分别为233、80、82，如图6-42所示。

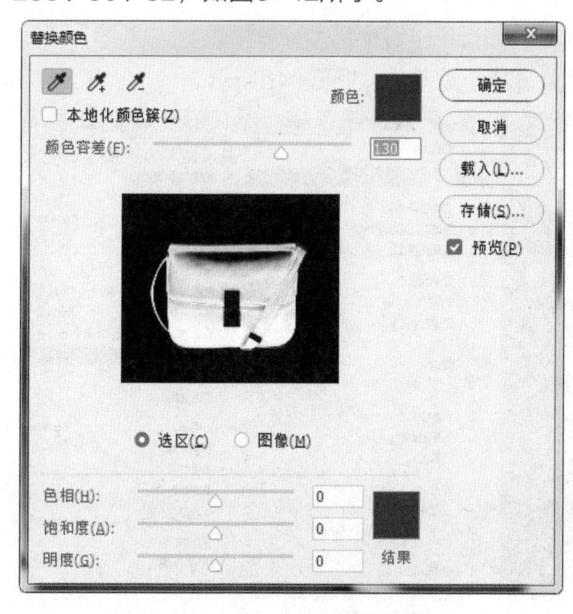

图 6-41 选中需要替换的颜色

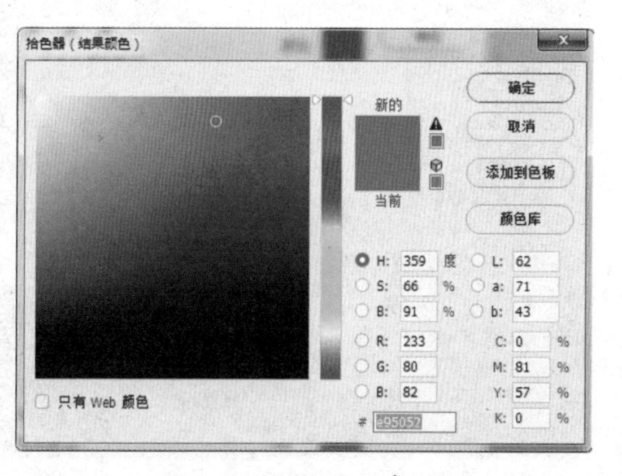

图 6-42 设置 RGB 参数值

步骤 05 单击“确定”按钮，返回“替换颜色”对话框，设置“颜色容差”为100、“色相”为15，如图6-43所示。

步骤 06 单击“确定”按钮，即可替换图像色调，如图6-44所示。

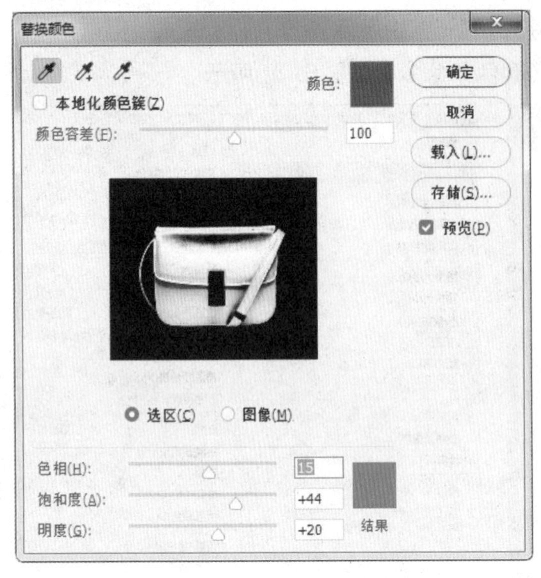

图 6-43 设置参数值

图 6-44 最终效果

6.3.6 运用“照片滤镜”命令过滤图像色调

网店卖家在做商品图片后期处理时，若想改变背景颜色和商品图像色调，这时可通过“照片滤镜”命令来实现。下面介绍通过“照片滤镜”过滤商品图像色调的具体操作方法。

	素材文件	光盘 \ 素材 \ 第 6 章 \ 台灯 .jpg
	效果文件	光盘 \ 效果 \ 第 6 章 \ 台灯 .jpg
	视频文件	光盘 \ 视频 \ 第 6 章 \6.3.6 运用“照片滤镜”命令过滤图像色调 .mp4

步骤 01 按【Ctrl＋O】组合键，打开商品图像素材，如图6-45所示。

步骤 02 在菜单栏中单击“图像”|“调整”|“照片滤镜”命令，如图6-46所示。

图 6-45 打开素材图像

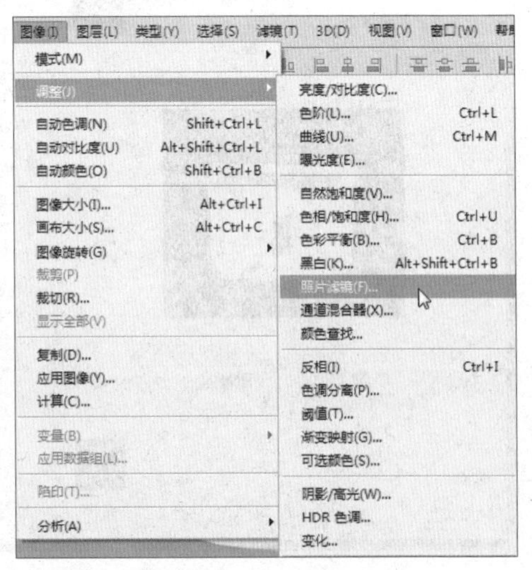

图 6-46 单击“照片滤镜”命令

步骤03 弹出“照片滤镜”对话框，设置“浓度”为60%，如图6-47所示。

步骤04 单击“确定”按钮，即可过滤图像色调，如图6-48所示。

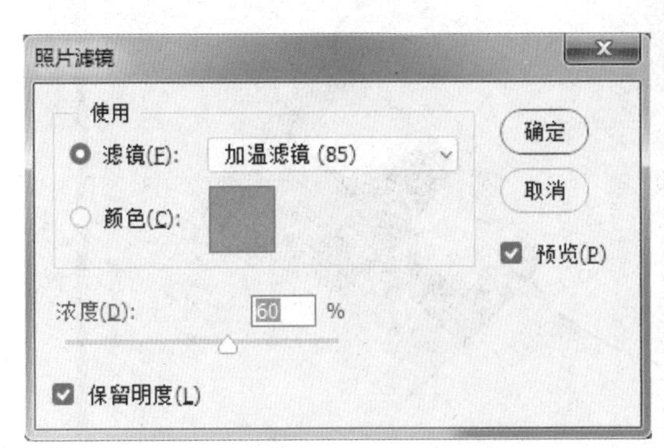

图 6-47 设置参数值

图 6-48 最终效果

6.3.7 运用“通道混合器”命令调整图像色调

网店卖家在做商品图片后期处理时，若想改变背景颜色和商品图像色调，这时可通过“通道混合器”命令来实现。下面介绍通过“通道混合器”调整图像色调的具体操作方法。

	素材文件	光盘 \ 素材 \ 第 6 章 \ 简约包包 .jpg
	效果文件	光盘 \ 效果 \ 第 6 章 \ 简约包包 .jpg
	视频文件	光盘 \ 视频 \ 第 6 章 \6.3.7 运用“通道混合器”命令调整图像色调 .mp4

步骤01 按【Ctrl+O】组合键，打开商品图像素材，如图6-49所示。

步骤02 在菜单栏中单击“图像”|“调整”|“通道混合器”命令，如图6-50所示。

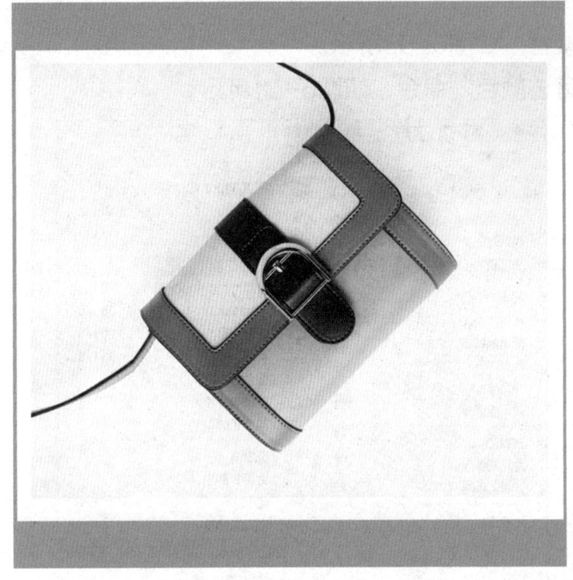

图 6-49 打开素材图像

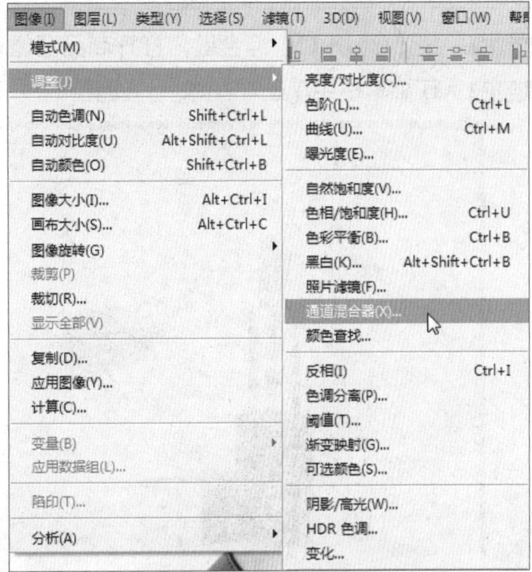

图 6-50 单击“通道混合器”命令

步骤03 弹出“通道混合器”对话框，设置“输出通道”为“红”、“红色”为100%，“绿色”为 - 4%、“蓝色”为2%，如图6-51所示。

步骤04 单击“确定”按钮，即可调整图像色调，如图6-52所示。

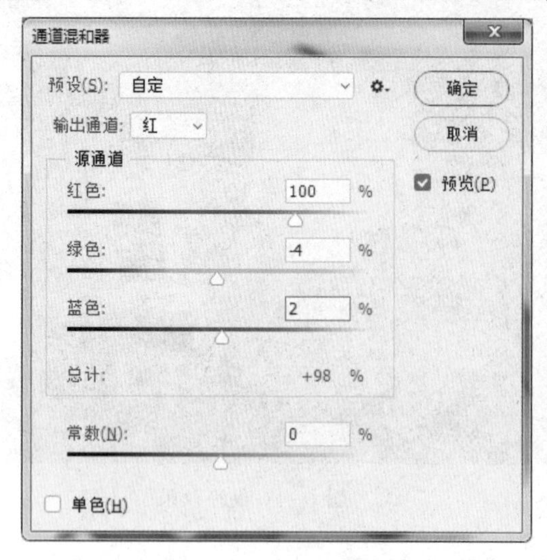

图 6-51 设置参数

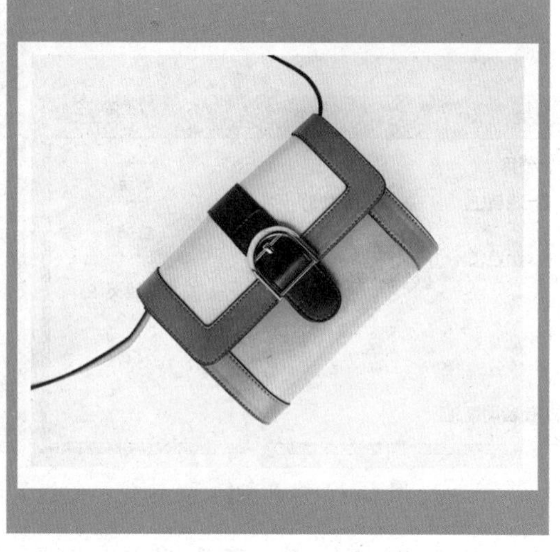

图 6-52 最终效果

6.3.8 运用“可选颜色”命令校正图像颜色平衡

在处理商品图像时，由于光线、拍摄设备等因素，经常会使拍摄的商品图像颜色出现不平衡的情况，这时可使用“可选颜色”命令校正商品图像色彩平衡。下面介绍通过“可选颜色”改变商品图像颜色的具体操作方法。

	素材文件	光盘 \ 素材 \ 第 6 章 \ 口红 .jpg
	效果文件	光盘 \ 效果 \ 第 6 章 \ 口红 .jpg
	视频文件	光盘 \ 视频 \ 第 6 章 \6.3.8 运用“可选颜色”命令校正图像颜色平衡 .mp4

步骤01 按【Ctrl + O】组合键，打开商品图像素材，如图6-53所示。

步骤02 在菜单栏中单击“图像”|“调整”|“可选颜色”命令，如图6-54所示。

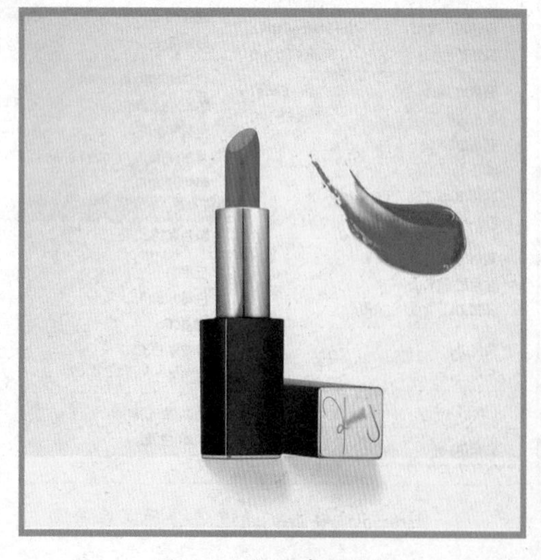

图 6-53 打开素材图像

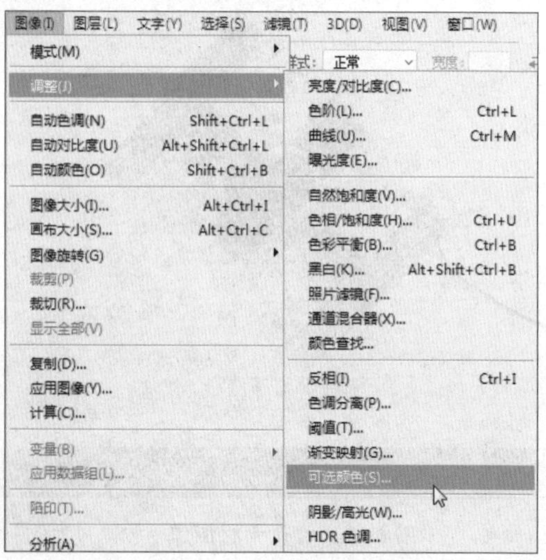

图 6-54 单击“可选颜色”命令

步骤03 弹出“可选颜色”对话框，设置“青色”为 - 3%、“洋红”为 - 31%、“黄色”为 - 82%、“黑色”为20%，如图6-55所示。

步骤04 单击“确定”按钮，即可改变图像颜色，如图6-56所示。

图 6-55 设置参数值

图 6-56 最终效果

6.3.9 使用“黑白”命令去除商品图像颜色

网店卖家在做商品图像后期处理时，若想使商品图像呈现黑白照片效果，这时可通过“黑白”命令来实现。下面介绍通过“黑白”命令去除商品图像颜色的具体操作方法。

	素材文件	光盘 \ 素材 \ 第 6 章 \ 电脑 .jpg
	效果文件	光盘 \ 效果 \ 第 6 章 \ 电脑 .jpg
	视频文件	光盘 \ 视频 \ 第 6 章 \6.3.9 使用“黑白”命令去除商品图像颜色 .mp4

步骤01 按【Ctrl + O】组合键，打开商品图像素材，如图6-57所示。

步骤02 在菜单栏中单击“图像”|“调整”|“黑白”命令，如图6-58所示。

图 6-57 打开素材图像

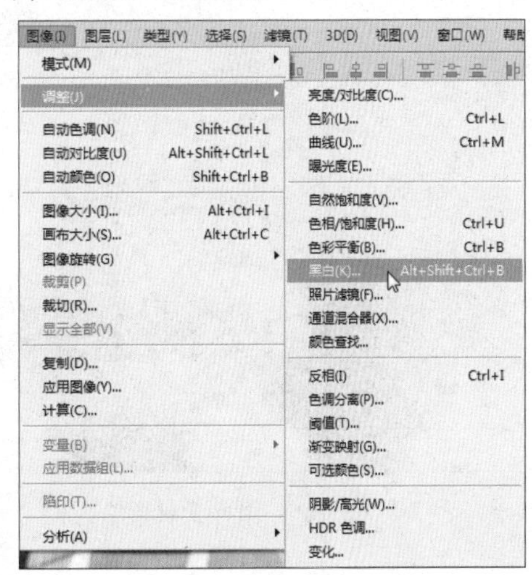

图 6-58 单击“黑白”命令

步骤 03 弹出“黑白”对话框，单击“自动”按钮，得到各部分参数，如图6-59所示。

步骤 04 单击“确定”按钮，即可制作黑白图像，如图6-60所示。

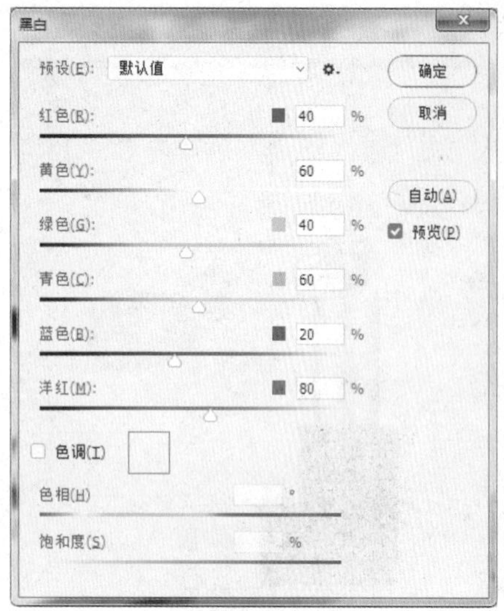

图 6-59 弹出“黑白”对话框

图 6-60 最终效果

6.3.10 使用“去色”命令制作灰度商品图像效果

网店卖家在做商品图片后期处理时，若想使商品图像呈现灰度效果，这时可通过“去色”命令来实现。下面介绍通过“去色”命令制作灰度商品图像效果的具体操作方法。

	素材文件	光盘 \ 素材 \ 第 6 章 \ 盆栽 .jpg
	效果文件	光盘 \ 效果 \ 第 6 章 \ 盆栽 .jpg
	视频文件	光盘 \ 视频 \ 第 6 章 \6.3.10 使用“去色”命令制作灰度商品图像效果 .mp4

步骤 01 按【Ctrl＋O】组合键，打开商品图像素材，如图6-61所示。

步骤 02 在菜单栏中单击“图像”|“调整”|“去色”命令，即可将图像去色成灰色显示，效果如图6-62所示。

图 6-61 打开素材图像

图 6-62 最终效果

6.3.11 使用“自然饱和度”命令调整商品图像饱和度

在商品拍摄过程中，经常会因为受光线、拍摄设备和环境影响，导致商品图像色彩减淡，这时可通过“自然饱和度”命令调整商品图像的饱和度。下面介绍通过自然饱和度调整商品图像饱和度的具体操作方法。

	素材文件	光盘 \ 素材 \ 第 6 章 \ 牛轧糖 .jpg
	效果文件	光盘 \ 效果 \ 第 6 章 \ 牛轧糖 .jpg
	视频文件	光盘\视频\第6章\6.3.11 使用“自然饱和度”命令调整商品图像饱和度.mp4

步骤01 按【Ctrl+O】组合键，打开商品图像素材，如图6-63所示。

步骤02 在菜单栏中单击“图像”|“调整”|“自然饱和度”命令，如图6-64所示。

图 6-63 打开素材图像

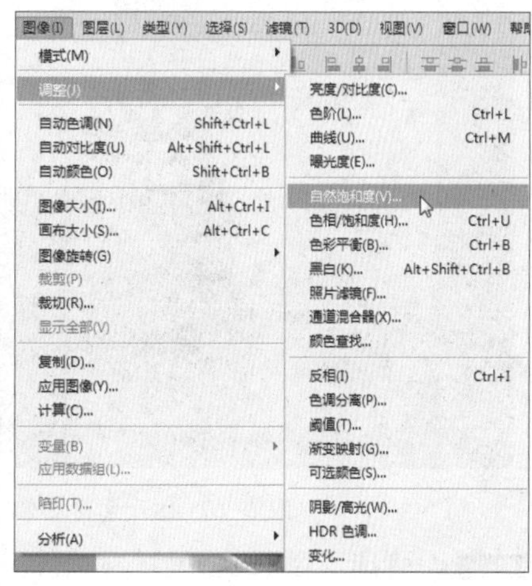

图 6-64 单击“自然饱和度”命令

步骤03 弹出“自然饱和度”对话框，设置“自然饱和度”为25、“饱和度”为14，如图6-65所示。

步骤04 单击“确定”按钮，即可调整图像的饱和度，如图6-66所示。

图 6-65 设置参数值

图 6-66 最终效果

6.3.12 使用“色相/饱和度”命令调整商品图像色相

在商品拍摄过程中，经常会因为受光线、拍摄设备和环境影响，导致商品图像色彩暗淡，这时可通过“色相 / 饱和度”命令调整商品图像的色相。下面介绍通过色相 / 饱和度调整商品图像色调的具体操作方法。

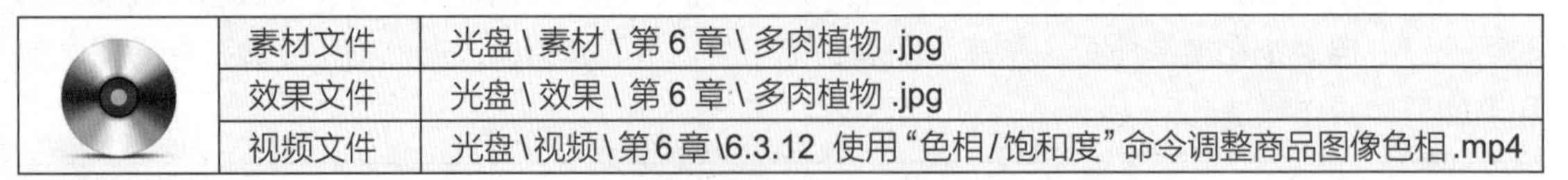

	素材文件	光盘 \ 素材 \ 第 6 章 \ 多肉植物 .jpg
	效果文件	光盘 \ 效果 \ 第 6 章 \ 多肉植物 .jpg
	视频文件	光盘 \ 视频 \ 第 6 章 \6.3.12 使用“色相 / 饱和度”命令调整商品图像色相 .mp4

步骤 01 按【Ctrl + O】组合键，打开商品图像素材，如图6-67所示。

步骤 02 在菜单栏中单击“图像”|“调整”|“色相/饱和度”命令，如图6-68所示。

图 6-67 打开素材图像

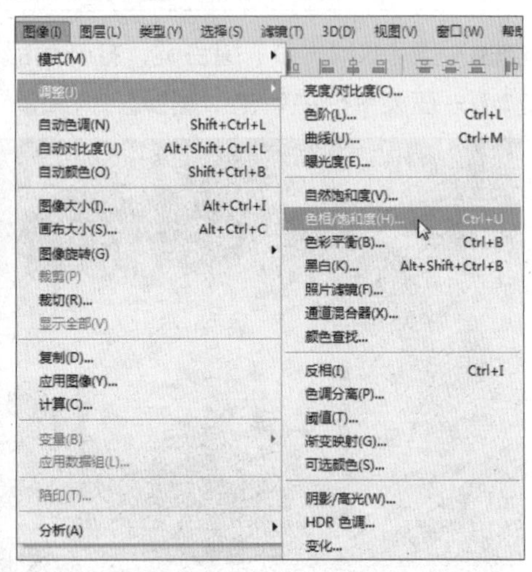

图 6-68 单击“色相 / 饱和度”命令

步骤 03 弹出“色相/饱和度”对话框，设置“色相”为5、“饱和度”为16、“明度”为3，如图6-69所示。

步骤 04 单击“确定”按钮，即可调整图像色相，如图6-70所示。

图 6-69 设置参数值

图 6-70 最终效果

07

Chapter

修饰与润色图像画面

学前提示

Photoshop CC 2017的润色与修饰图像的功能是不可小觑的，它提供了丰富多样的润色与修饰图像的工具，正确、合理地运用各种工具修饰图像，才能制作出完美的图像效果。

本章教学目标

- 初识Photoshop绘图
- 认识绘图工具
- 修复和清除图像
- 调色与修饰图像画面

学完本章后你会做什么

- 了解Photoshop绘图所需的适合的纸张、画笔以及颜色的选择
- 了解画笔工具、“画笔”面板以及画笔的重置和保存等操作
- 掌握运用污点修复画笔工具、修补工具、红眼工具等工具修补图像
- 掌握运用海绵工具、锐化工具、涂抹工具等修饰图像

7.1 初识Photoshop绘图

Photoshop 被人们称为图形图像处理软件，但 Photoshop 自 7.0 版本之后，就大大增强了绘画功能，从而成为一款优秀的图形图像处理及绘图软件。

当今时代，手工绘画已经进步到了计算机绘画，虽然两者的绘画方式产生了巨大的变化，但其流程与思路还是基本相同的。

7.1.1 选择合适的纸张

在手工绘画中，纸的选择是多种多样的，可以在普通白纸上绘画，也可以在宣纸上绘画，还可以在各式的画布上绘画，从而得到风格迥异的绘画作品。在 Photoshop 中进行工作时，也需要一个绘画或作图区域，在通常情况下创建的文档为空白图像，如图 7-1 所示。

图 7-1 空白图像

7.1.2 选择合适的画笔

在手工绘画中，画笔的类型非常多，就毛笔而言，在绘画或书写时，可以选择羊毫笔或狼毫笔，还可以选择大毫、中毫或小毫等。

在 Photoshop 中，除了画笔工具外，还可运用铅笔工具、钢笔工具来进行绘画，同时还可以通过“画笔”面板精确控制画笔的大小，绘制出粗细不同的线条，如图 7-2 所示。

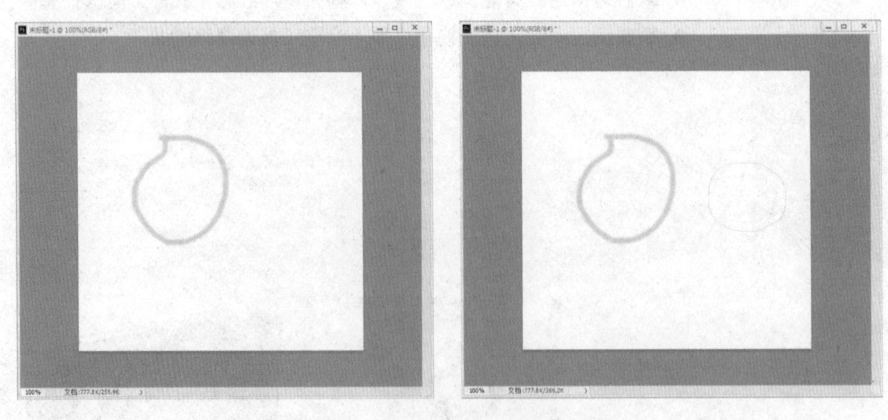

图 7-2 不同画笔大小的图像效果

7.1.3 选择需要的颜色

除了水墨国画运用黑墨外，大多数绘画作品都需要运用五颜六色的颜料或运用调色盘自己调配出需要的颜色，因此在这一个步骤中应该选择合适的颜料。

Photoshop 中颜色的选择不仅在手段上比较丰富，而且颜色的选择范围也广了很多，用户可以在计算机中调配出上百万种不同的颜色，有些颜色之间的差别甚至人眼无法分辨。

7.2 认识绘图工具

在 Photoshop CC 2017 中，最常用的绘图工具有画笔工具、铅笔工具和混合画笔工具，运用它们可以像运用传统手绘的画笔一样，但比传统手绘更为灵活的是可以随意替换画笔大小和绘图前景色。

7.2.1 画笔工具

画笔工具是绘制图形时运用最多的工具之一，利用画笔工具可以绘制边缘柔和的线条，且画笔的大小、边缘柔和的幅度都可以灵活调节。

选择工具箱中的画笔工具，在如图 7-3 所示的画笔工具属性栏中设置相关参数即可进行绘图操作。画笔工具属性栏中相关选项介绍如表 7-1 所示。

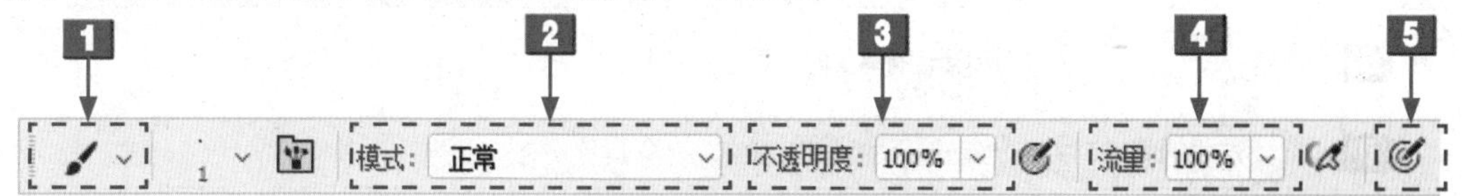

图 7-3 画笔工具属性栏

表 7-1 画笔工具属性栏介绍

标号	名称	介绍
1	点按可打开“画笔预设”选取器	单击该按钮，打开画笔下拉面板，在面板中可以选择笔尖，设置画笔的大小和硬度。
2	模式	在弹出的列表框中，可以选择画笔笔迹颜色与下面像素的混合模式。
3	不透明度	用来设置画笔的不透明度，该值越低，线条的透明度越高。
4	流量	用来设置当鼠标移动到某个区域上方时应用颜色的速率。在某个区域上方涂抹时，如果一直按住鼠标左键，颜色将根据流动的速率增加，直至达到不透明度设置。
5	启用喷枪模式	单击该按钮，可以启用喷枪功能，Photoshop 会根据鼠标左键的单击程度确定画笔线条的填充数量。

7.2.2 认识“画笔”面板

单击“窗口”|“画笔”命令或按【F5】键，可弹出如图 7-4 所示的“画笔”面板。画笔面板各项介绍如表 7-2 所示。

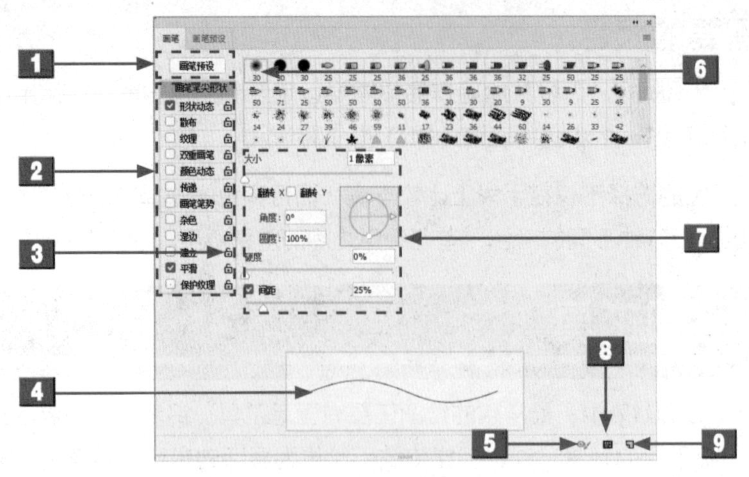

图 7-4 “画笔”面板

表 7-2 画笔面板各项介绍

标号	名称	介绍
1	画笔预设	单击该按钮，可以打开“画笔预设”面板。
2	画笔设置	改变画笔的角度、圆度，以及为其添加纹理、颜色动态等变量。
3	锁定 / 未锁定	锁定或未锁定画笔笔尖形状。
4	画笔描边预览	可预览选择的画笔笔尖形状。
5	切换硬毛刷画笔预设	运用毛刷笔尖时，显示笔尖样式。
6	选中的画笔笔尖	当前选择的画笔笔尖。
7	画笔参数选项	设置画笔各种参数
8	打开预设管理器	可以打开“预设管理器”对话框。
9	创建新画笔	对预设画笔进行调整，可以单击该按钮，将其保存为一个新的预设画笔。

7.2.3 认识管理画笔

在 Photoshop CC 2017 中，画笔工具主要是通过“画笔”面板来实现的，用户熟悉掌握管理画笔的方法，对设计将会大有好处。下面主要向用户介绍重置、保存、删除和载入画笔的操作方法。

1. 画笔的重置

在 Photoshop CC 2017 中，“重置画笔”选项可以清除用户当前所定义的所有画笔类型，并恢复到系统默认设置。

选取工具箱中的画笔工具，移动鼠标指针至工具属性栏中，单击“点按可打开‘画笔预设’选取器”按钮，弹出“画笔预设”选取器，单击右上角的按钮，在弹出的菜单中选择“复位画笔”选项，如图 7-5 所示，执行操作后，将弹出信息提示框，如图 7-6 所示，单击“确定”按钮，将再次弹出信息提示框，单击“追加”按钮，即可追加画笔。“画笔预设”选取器各项的介绍如

表 7-3 所示。

专家提醒

画笔可以将图像转换成笔刷，转换图像时只能以黑白的形式记录。

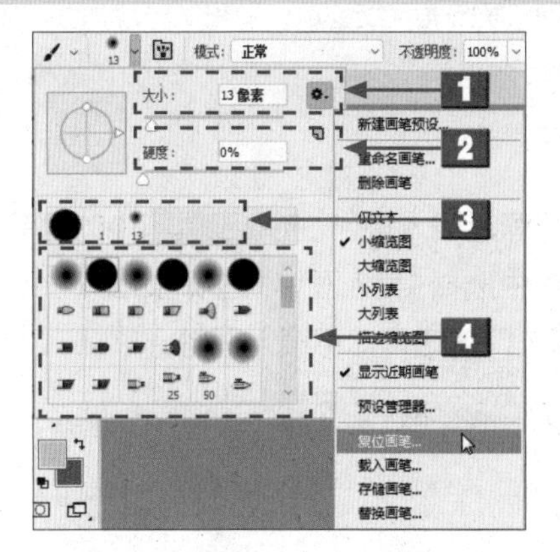

图 7-5 选择“复位画笔”选项

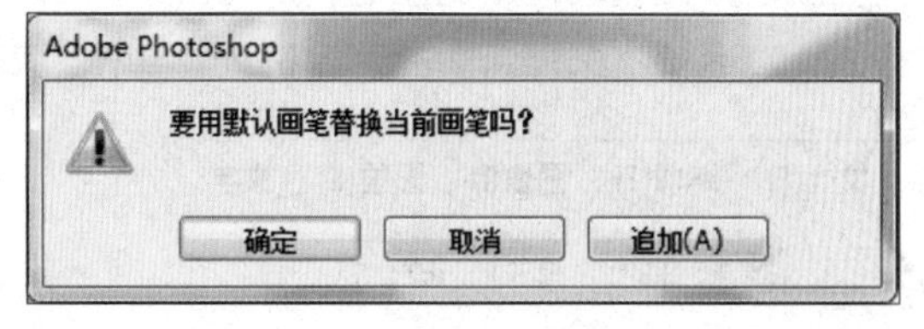

图 7-6 信息提示框

表 7-3 “画笔预设”选取器介绍

标号	名称	介绍
1	大小	拖动滑块或者在文本框中输入数值可以调整画笔的大小。
2	硬度	用来设置画笔笔尖的硬度。
3	从此画笔创建新的预设	单击该按钮，可以弹出“画笔名称”对话框，输入画笔的名称后，单击“确定”按钮，可以将当前画笔保存为一个预设的画笔。
4	笔尖形状	Photoshop 提供了 3 种类型的笔尖：圆形笔尖、毛刷笔尖以及图像样本笔尖。

2. 画笔的保存

保存画笔可以存储当前用户使用的画笔属性及参数，并以文件的方式保存在用户指定的文件夹中，以便在其他计算机中，快速载入使用。

选取工具箱中的画笔工具，移动鼠标指针至工具属性栏中，单击“点按可打开‘画笔预设’选取器”按钮，弹出“画笔预设”选取器，单击右上角的小三角按钮，在弹出的菜单中选择“存储画笔”选项，如图 7-7 所示。执行操作后，弹出“另存为”对话框，如图 7-8 所示，设置保存路径和文件名，单击“保存”按钮，即可保存画笔。

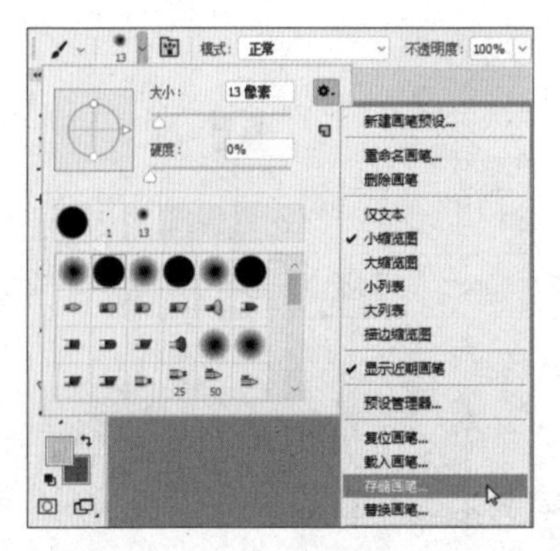

图 7-7 选择“存储画笔”选项

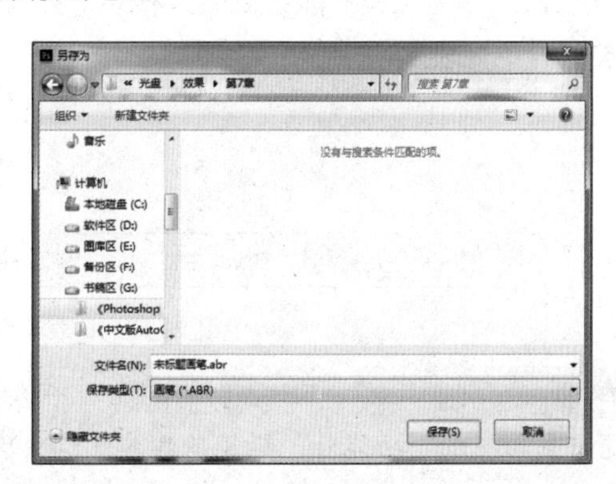

图 7-8 “存储”对话框

3. 画笔的删除

用户可以根据需要对画笔进行删除操作，选取工具箱中的画笔工具，移动鼠标指针至工具属性栏中，单击“点按可打开‘画笔预设’选取器”按钮，弹出“画笔预设”选取器，在其中选择一种画笔，单击鼠标右键，在弹出的快捷菜单中选择“删除画笔”选项，如图 7-9 所示，弹出信息提示框，单击“确定”按钮，即可删除画笔。

4. 画笔的载入

如果“画笔预设”面板中没有需要的画笔，就需要进行画笔载入操作。选取工具箱中的画笔工具，单击属性栏画笔预设选取器中的按钮，在弹出的下拉菜单中选择“载入画笔”选项，如图7-10 所示，弹出“载入”对话框，选择合适的画笔选项，单击“载入”按钮，即可载入画笔。

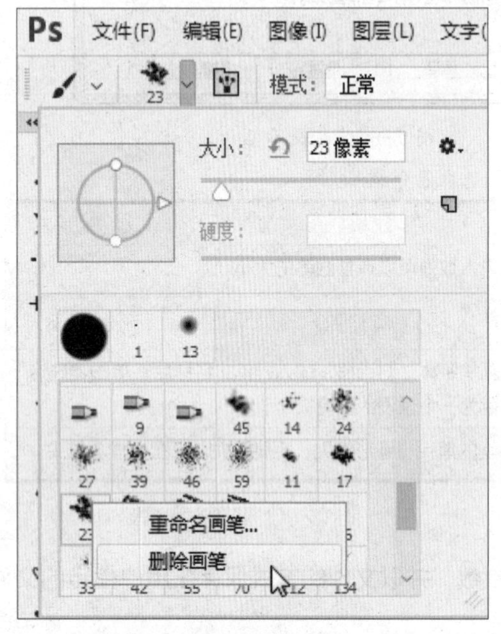

图 7-9 选择“删除画笔”选项

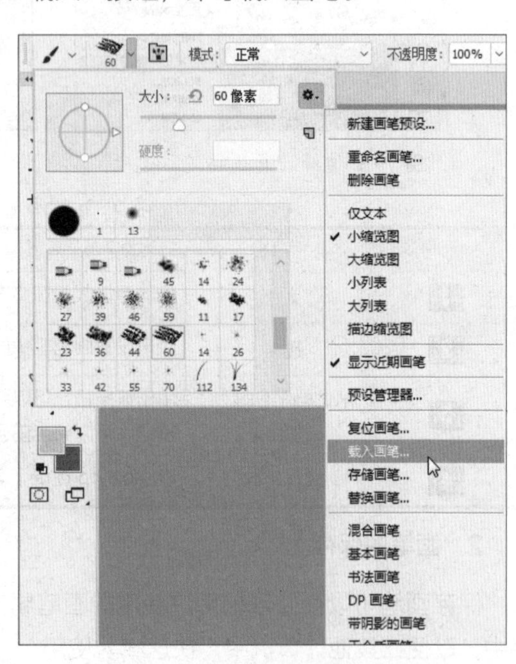

图 7-10 选择“载入画笔”选项

7.2.4 认识铅笔工具

铅笔工具也是运用前景色来绘制线条的，它与画笔工具的区别是：画笔工具可以绘制带有柔边效果的线条，而铅笔工具只能绘制硬边线条。如图 7-11 所示为铅笔工具的工具属性栏，铅笔工具属性栏的介绍如表 7-4 所示。

图 7-11 铅笔工具属性栏

专家提醒

除“自动抹除”功能外，铅笔工具其他选项均与画笔工具相同。

表 7-4 铅笔工具属性栏介绍

标号	名称	介绍
1	自动抹除	开始拖动鼠标时，如果指针的中心在包含前景色的区域上，可将该区域涂抹成背景色；如果指针的中心在不包含前景色的区域上，则可以将该区域涂抹成前景色。

7.3 修复和清除图像

修复和清除工具组包括污点修复画笔工具、修复画笔工具、修补工具、红眼工具和颜色替换工具等，常用于修复图像中的杂色或污斑。

7.3.1 运用污点修复画笔工具

污点修复画笔工具不需要指定采样点，只需要在图像中有杂色或污渍的地方单击鼠标左键，即可修复图像。Photoshop 能够自动分析鼠标单击处及其周围图像的不透明度、颜色与质感，进行采样与修复操作。选取污点修复画笔工具，其属性栏如图 7-12 所示。

图 7-12 污点修复画笔工具属性栏

	素材文件	光盘 \ 素材 \ 第 7 章 \ 时尚购物 .jpg
	效果文件	光盘 \ 效果 \ 第 7 章 \ 时尚购物 .jpg
	视频文件	光盘 \ 视频 \ 第 7 章 \7.3.1 运用污点修复画笔工具 .mp4

步骤 01 按【Ctrl + O】组合键，打开一幅素材图像，如图7-13所示。

步骤 02 选取工具箱中的污点修复画笔工具，如图7-14所示。

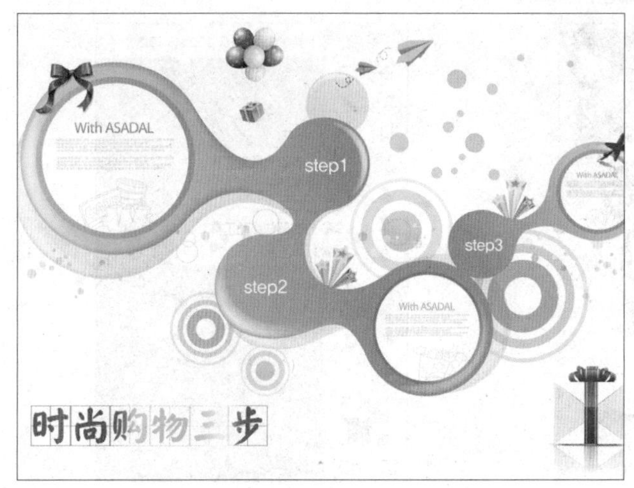

图 7-13 打开素材图像

图 7-14 选取污点修复画笔工具

步骤 03 移动鼠标指针至图像中合适的图形处，单击鼠标左键并拖曳进行涂抹，涂抹过的区域呈黑色显示，如图7-15所示。

步骤 04 释放鼠标左键，即可运用污点修复画笔工具修复图像，其图像效果如图7-16所示。

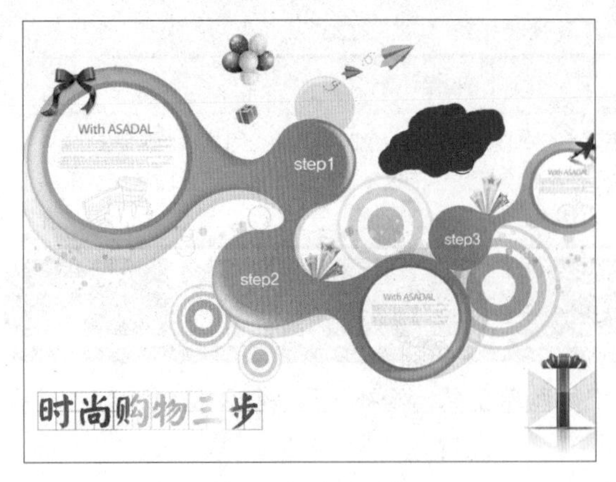

图 7-15 涂抹图像

图 7-16 运用污点修复画笔工具修复

7.3.2 运用修复画笔工具修复图像

修复画笔工具在修饰小部分图像时会经常用到。在运用修复画笔工具时，应先取样，然后将选取的图像填充到要修复的目标区域，使修复的区域和周围的图像相融合，还可以将所选择的图案应用到要修复的图像区域中。选取修复画笔工具，其属性栏如图 7-17 所示。

图 7-17 修复画笔工具属性栏

	素材文件	光盘 \ 素材 \ 第 7 章 \ 时尚饰品 .jpg
	效果文件	光盘 \ 效果 \ 第 7 章 \ 时尚饰品 .jpg
	视频文件	光盘 \ 视频 \ 第 7 章 \7.3.2 运用修复画笔工具修复图像 .mp4

步骤 01 单击“文件” | “打开”命令，打开一幅素材图像，如图7-18所示。

步骤 02 选取工具箱中的修复画笔工具，如图7-19所示。

图 7-18 打开素材图像

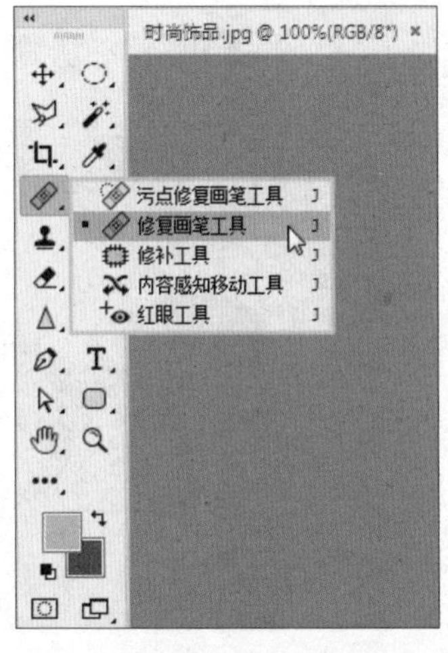

图 7-19 选取修复画笔工具

步骤 03 将鼠标指针移至图像编辑窗口中的空白处，按住【Alt】键的同时单击鼠标左键进行取样，如图7-20所示。

步骤 04 释放鼠标左键，将鼠标指针移至污渍处，按住鼠标左键并拖曳，至合适位置后释放鼠标，即可修复图像，如图7-21所示。

图 7-20 进行取样

图 7-21 修复图像效果

7.3.3 运用修补工具修补图像

通过修补工具可以用其他区域或图案中的像素来修复选区内的图像。与修复画笔工具一样，修补工具会将样本像素的纹理、光照和阴影与源像素进行匹配。选取修补工具，其属性栏如图 7-22 所示。

图 7-22 修补工具属性栏

	素材文件	光盘 \ 素材 \ 第 7 章 \ 蓝色墙面 .jpg
	效果文件	光盘 \ 效果 \ 第 7 章 \ 蓝色墙面 .jpg
	视频文件	光盘 \ 视频 \ 第 7 章 \7.3.3 运用修补工具修补图像 .mp4

步骤01 按【Ctrl＋O】组合键，打开一幅素材图像，如图7-23所示。

步骤02 选取工具箱中的修补工具，如图7-24所示。

图 7-23 打开素材图像

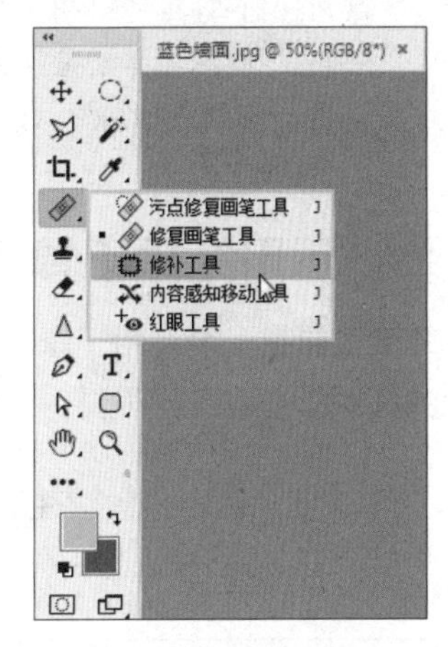

图 7-24 选取修补工具

步骤03 移动鼠标指针至图像编辑窗口中，在需要修补的位置单击鼠标左键并拖曳，创建一个选区，如图7-25所示。

步骤04 单击鼠标左键并拖曳选区至图像颜色相近的位置，如图7-26所示。

图 7-25 创建选区

图 7-26 单击拖曳鼠标

步骤 05 释放鼠标左键，即可完成修补操作。单击“选择”|“取消选择”命令，取消选区，效果如图7-27所示。

图 7-27 修补图像效果

专家提醒

运用修补工具可以用其他区域或图案中的像素来修复选中的区域，与修复画笔工具相同，修补工具会将样本像素的纹理、光照和阴影与源像素进行匹配，还可以运用修补工具来仿制图像的隔离区域。

7.3.4 运用红眼工具去除红眼

红眼工具是一个专用于修饰数码照片的工具，在 Photoshop CC 2017 中常用于去除人物照片中的红眼。选取红眼工具，其属性栏如图 7-28 所示。

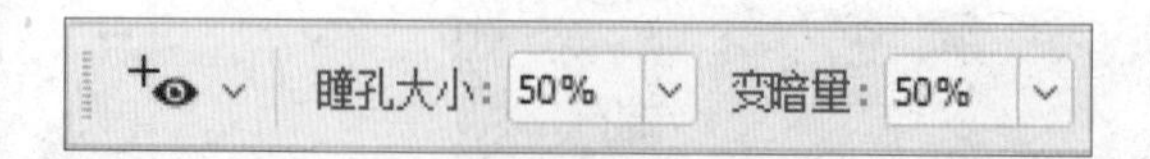

图 7-28 红眼工具属性栏

	素材文件	光盘 \ 素材 \ 第 7 章 \ 红眼 .jpg
	效果文件	光盘 \ 效果 \ 第 7 章 \ 红眼 .jpg
	视频文件	光盘 \ 视频 \ 第 7 章 \7.3.4 运用红眼工具去除红眼 .mp4

步骤 01 按【Ctrl+O】组合键，打开一幅素材图像，如图7-29所示。

步骤02 选取工具箱中的红眼工具，如图7-30所示。

图 7-29 打开素材图像

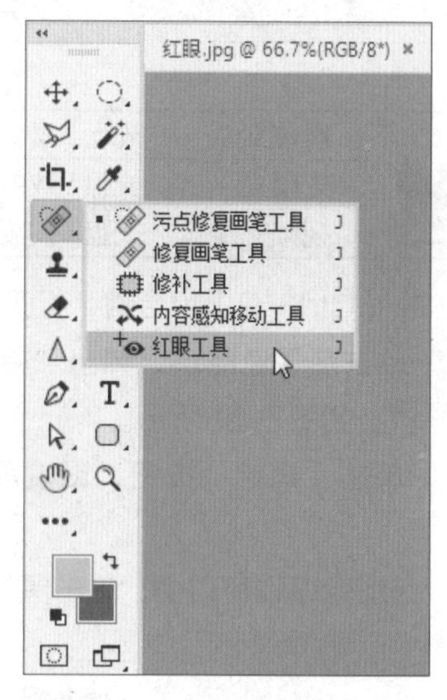

图 7-30 选取红眼工具

步骤03 移动鼠标指针至图像编辑窗口中，在人物的眼睛上单击鼠标左键，即可去除红眼，如图7-31所示。

步骤04 用与上同样的方法，在眼睛部位单击鼠标左键，修正另一只眼睛，效果如图7-32所示。

图 7-31 去除红眼

图 7-32 去除另一只红眼

专家提醒

红眼工具可以说是专门为去除照片中的红眼而设立的，但需要注意的是，这并不代表该工具只能对照片中的红眼进行处理，对于其他较为细小的东西，用户同样可以运用该工具来修改色彩。

7.3.5 运用颜色替换工具替换颜色

颜色替换工具位于绘图工具组，它能在保留图像原有材质纹理与明暗的基础上，用前景色替换图像中的颜色。选取颜色替换工具，其属性栏如图 7-33 所示。

图 7-33 颜色替换工具属性栏

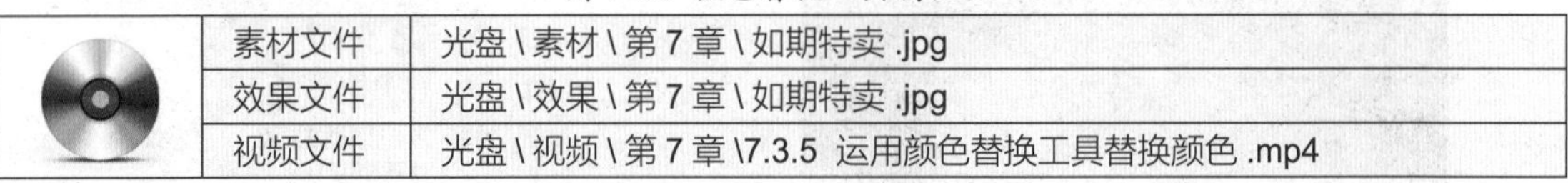

	素材文件	光盘 \ 素材 \ 第 7 章 \ 如期特卖 .jpg
	效果文件	光盘 \ 效果 \ 第 7 章 \ 如期特卖 .jpg
	视频文件	光盘 \ 视频 \ 第 7 章 \7.3.5 运用颜色替换工具替换颜色 .mp4

步骤 01 按【Ctrl＋O】组合键，打开一幅素材图像，如图7-34所示。

步骤 02 单击前景色色块，弹出“拾色器（前景色）”对话框，设置RGB参数值分别为249、192、111，如图7-35所示。

步骤 03 单击“确定”按钮，设置前景色，选取颜色替换工具，设置好画笔大小，如图7-36所示。

步骤 04 在图像编辑窗口中，单击鼠标左键并拖曳，涂抹图像，其图像显示效果如图7-37所示。

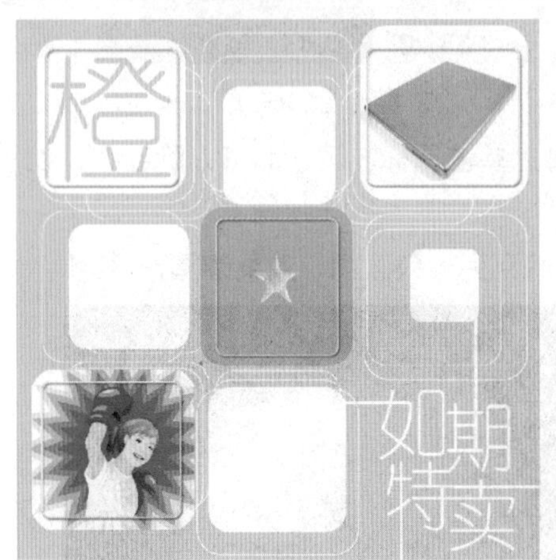

图 7-34 素材图像

图 7-35 设置各选项

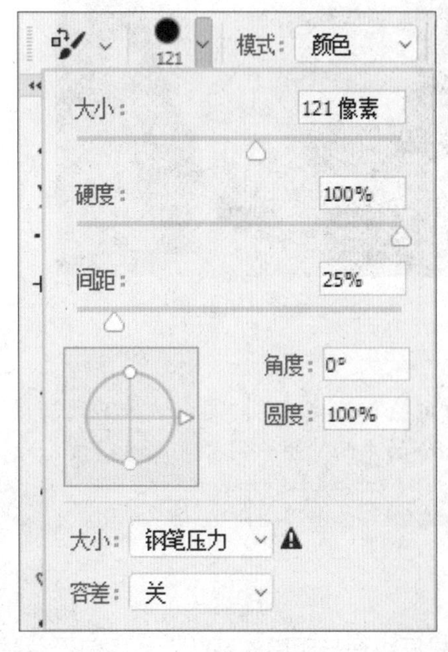

图 7-36 设置画笔大小

图 7-37 涂抹图像效果

7.3.6 运用橡皮擦工具擦除图像

橡皮擦工具可以擦除图像。如果处理的是“背景”图层或锁定了透明区域的图层，涂抹区域会显示为背景色；处理其他图层时，可以擦除涂抹区域的像素。选取橡皮擦工具后，其属性栏如图 7-38 所示。

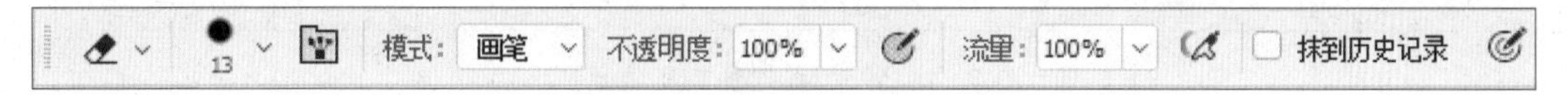

图 7-38 橡皮擦工具属性栏

	素材文件	光盘 \ 素材 \ 第 7 章 \ 数码相机 .jpg
	效果文件	光盘 \ 效果 \ 第 7 章 \ 数码相机 .jpg
	视频文件	光盘 \ 视频 \ 第 7 章 \7.3.6 运用橡皮擦工具擦除图像 .mp4

步骤 01 按【Ctrl + O】组合键，打开一幅素材图像，如图7-39所示，选取工具箱中的橡皮擦工具。

步骤 02 单击背景色色块，弹出“拾色器（背景色）”对话框，设置RGB参数值均为255，如图7-40所示。

图 7-39 打开素材图像

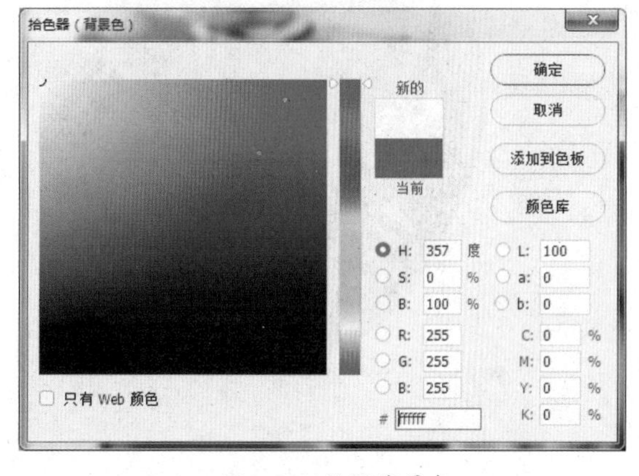

图 7-40 设置背景色

步骤 03 单击“确定”按钮，设置背景色，移动鼠标指针至图像编辑窗口中，单击鼠标左键，将背景区域擦除，被擦除的区域以白色填充，效果如图7-41所示。

图 7-41 擦除图像效果

7.3.7 运用背景橡皮擦工具擦除背景

背景橡皮擦工具主要用于擦除图像的背景区域，被擦除的图像以透明效果进行显示，其擦除功能非常灵活。选取背景橡皮擦工具后，其属性栏如图 7-42 所示。

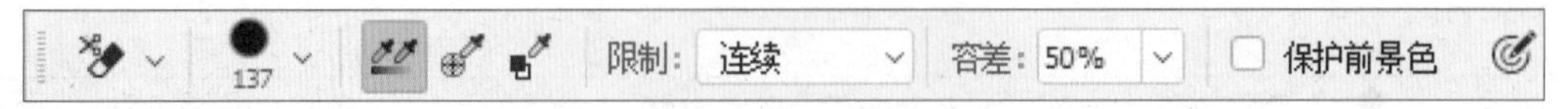

图 7-42 背景橡皮擦工具属性栏

	素材文件	光盘 \ 素材 \ 第 7 章 \ 咖啡 .jpg
	效果文件	光盘 \ 效果 \ 第 7 章 \ 咖啡 .psd
	视频文件	光盘 \ 视频 \ 第 7 章 \7.3.7 运用背景橡皮擦工具擦除背景 .mp4

步骤 01 按【Ctrl＋O】组合键，打开一幅素材图像，如图7-43所示。

步骤 02 选取工具箱中的背景橡皮擦工具，如图7-44所示。

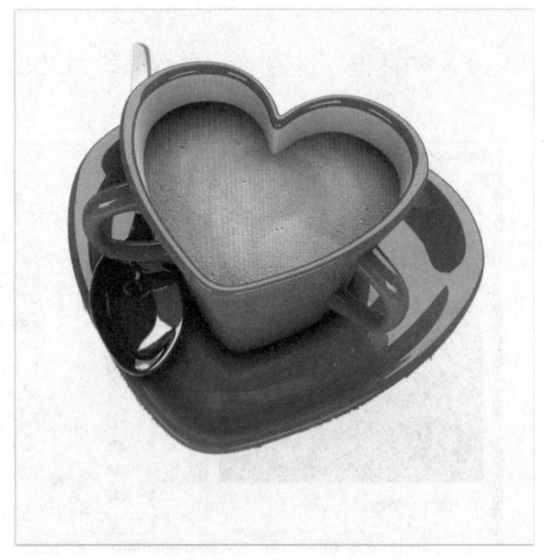

图 7-43 打开素材图像

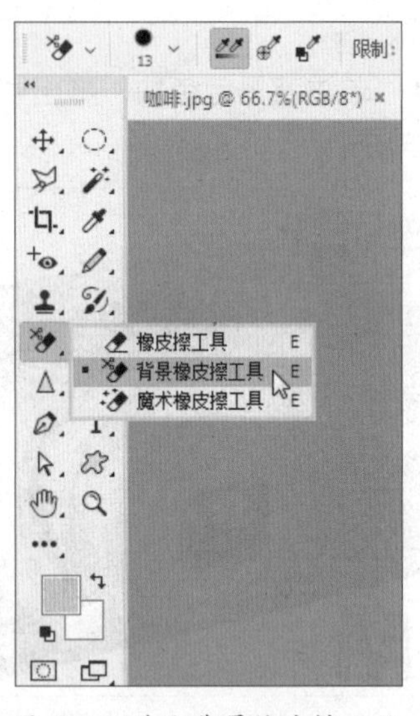

图 7-44 选取背景橡皮擦工具

步骤 03 在图像编辑窗口中，单击鼠标左键并拖曳，涂抹图像，效果如图7-45所示。

步骤 04 用与上同样的方法，涂抹图像，即可擦除背景，效果如图7-46所示。

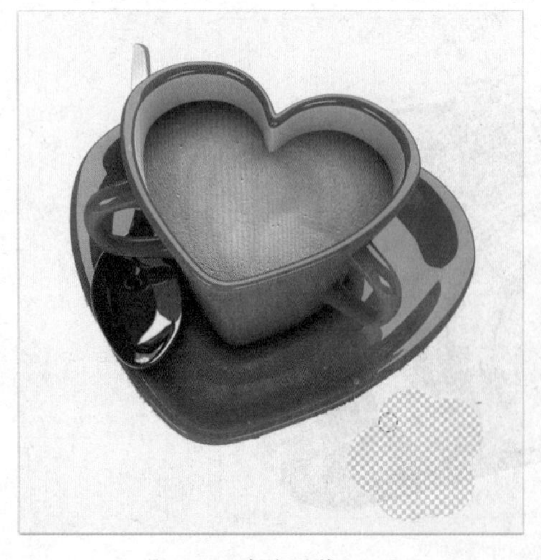

图 7-45 涂抹图像

图 7-46 擦除背景效果

7.3.8 运用魔术橡皮擦工具擦除图像

运用魔术橡皮擦工具，可以自动擦除当前图层中与选区颜色相近的像素。选取魔术橡皮擦工具后，其属性选项栏如图 7-47 所示。

图 7-47　魔术橡皮擦工具属性栏

	素材文件	光盘 \ 素材 \ 第 7 章 \ 手机 .jpg
	效果文件	光盘 \ 效果 \ 第 7 章 \ 手机 .psd
	视频文件	光盘 \ 视频 \ 第 7 章 \7.3.8 运用魔术橡皮擦工具擦除图像 .mp4

步骤 01　按【Ctrl＋O】组合键，打开一幅素材图像，此时图像编辑窗口中的图像显示如图7-48所示。

步骤 02　选取工具箱中的魔术橡皮擦工具，在图像编辑窗口中单击鼠标左键，即可擦除图像，如图7-49所示。

图 7-48 打开素材图像

图 7-49 擦除图像效果

7.4 调色与修饰图像画面

调色工具包括减淡工具、加深工具和海绵工具 3 种，其中减淡工具和加深工具是用于调节图像特定区域的传统工具，海绵工具可以精确地更改选取图像的色彩饱和度。修饰图像画面的工具包括模糊、锐化、仿制图章等工具，合理运用修饰图像画面工具，能对图像画面起到很好的修饰作用。

7.4.1 运用减淡工具加亮图像

运用减淡工具可以加亮图像的局部，通过提高图像选区的亮度来校正曝光，此工具常用于修饰人物照片与静物照片，如图 7-50（a）所示为原图，选取减淡工具，设置“曝光度”为 80%，在图像编辑窗口中进行涂抹，效果如图 7-50（b）所示。

（a） 原图

（b） 减淡图像

图 7-50 减淡处理前后效果

其工具属性栏如图 7-51 所示。

图 7-51 减淡工具属性栏

7.4.2 运用加深工具调暗图像

加深工具与减淡工具恰恰相反，可使图像中被操作的区域变暗，其工具属性栏及操作方法与减淡工具相同。

	素材文件	光盘 \ 素材 \ 第 7 章 \ 水果 .jpg
	效果文件	光盘 \ 效果 \ 第 7 章 \ 水果 .psd
	视频文件	光盘 \ 视频 \ 第 7 章 \7.4.2 运用加深工具调暗图像 .mp4

步骤 01 按【Ctrl＋O】组合键，打开一幅素材图像，如图7-52所示。

步骤 02 选取工具箱中的加深工具，如图7-53所示。

图 7-52 素材图像

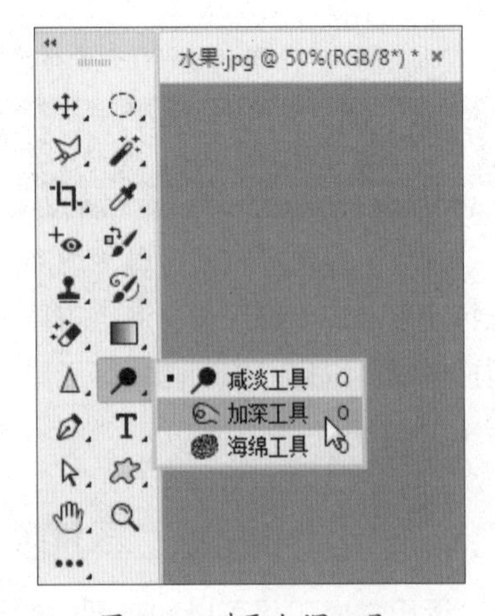

图 7-53 选取加深工具

步骤 03 在加深工具属性栏中，设置“曝光度”为100%，如图7-54所示。

步骤 04 在图像编辑窗口中进行涂抹，即可调暗图像，效果如图7-55所示。

图 7-54 设置参数值

图 7-55 调暗图像效果

7.4.3 运用海绵工具调整图像

海绵工具为色彩饱和度调整工具，运用海绵工具可以精确地更改选区图像的色彩饱和度。其“模式”有两种：“饱和”与“降低饱和度”。选取海绵工具后，其属性栏如图 7-56 所示。

图 7-56 海绵工具属性栏

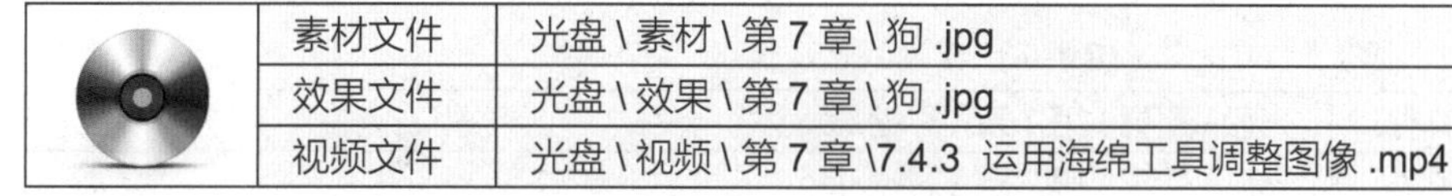

	素材文件	光盘 \ 素材 \ 第 7 章 \ 狗 .jpg
	效果文件	光盘 \ 效果 \ 第 7 章 \ 狗 .jpg
	视频文件	光盘 \ 视频 \ 第 7 章 \7.4.3 运用海绵工具调整图像 .mp4

步骤 01 按【Ctrl+O】组合键，打开一幅素材图像，如图7-57所示。

步骤 02 选取工具箱中的海绵工具，如图7-58所示。

图 7-57 素材图像

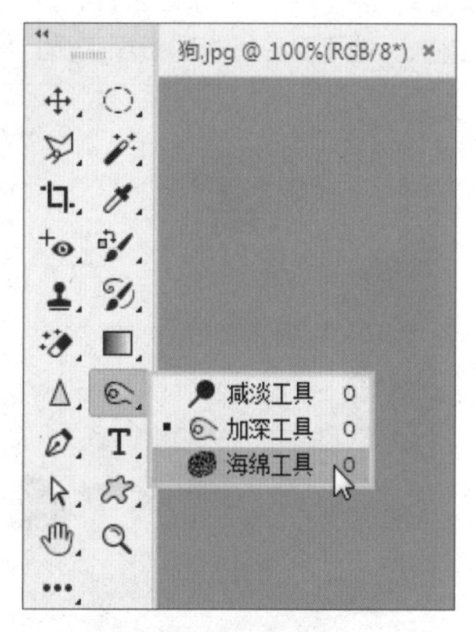

图 7-58 选取海绵工具

步骤 03 在海绵工具属性栏中，设置“模式”为“加色”、“流量”为70%，如图7-59所示。

步骤 04 在图像编辑窗口中进行涂抹，即可调整图像，效果如图7-60所示。

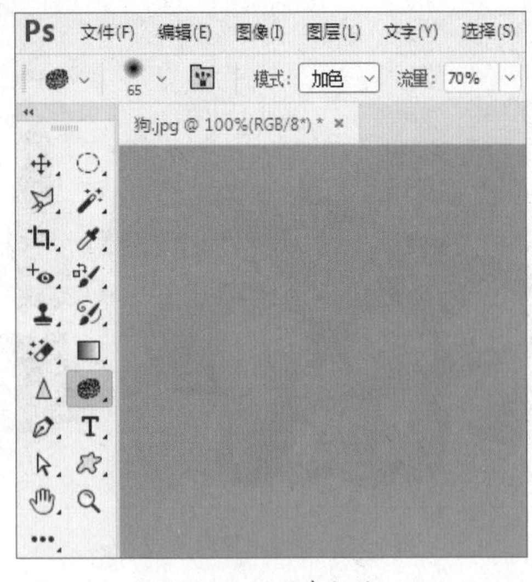

图 7-59 设置参数值

图 7-60 调整图像效果

7.4.4 运用模糊工具模糊图像

在Photoshop CC 2017中，运用模糊工具对图像进行适当的修饰，可以使图像主体更加突出、清晰，从而使画面富有层次感。选取模糊工具后，其属性栏如图 7-61 所示。

图 7-61 模糊工具属性栏

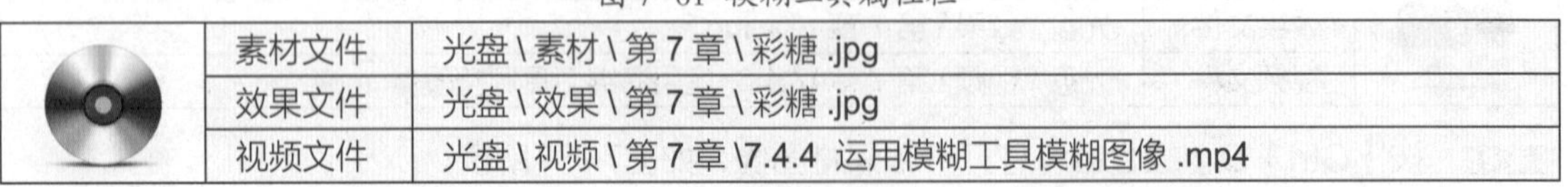

	素材文件	光盘 \ 素材 \ 第 7 章 \ 彩糖 .jpg
	效果文件	光盘 \ 效果 \ 第 7 章 \ 彩糖 .jpg
	视频文件	光盘 \ 视频 \ 第 7 章 \7.4.4 运用模糊工具模糊图像 .mp4

步骤 01 按【Ctrl＋O】组合键，打开一幅素材图像，如图7-62所示。

步骤 02 选取工具箱中的模糊工具，如图7-63所示。

图 7-62 打开素材图像

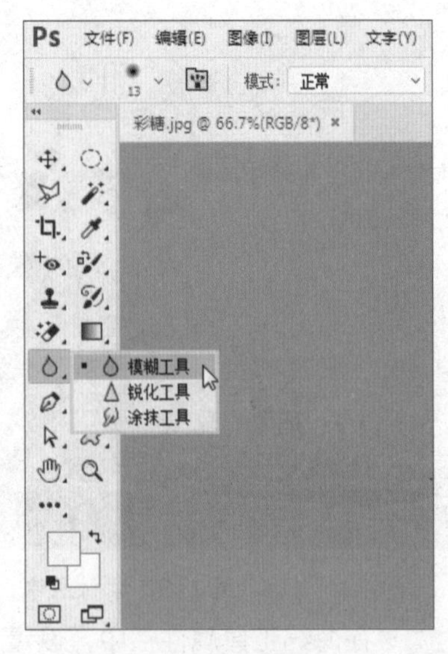

图 7-63 选取模糊工具

步骤 03 在模糊工具属性栏中，设置“强度”为100%，设置“大小”为70px，如图7-64

所示。

步骤04 将鼠标指针移至素材图像上，单击鼠标左键在图像上进行涂抹，即可模糊图像，效果如图7-65所示。

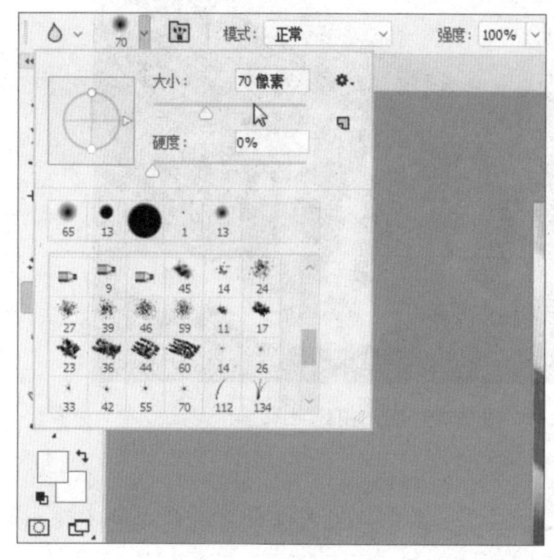

图 7-64 设置参数值

图 7-65 模糊图像效果

7.4.5 运用锐化工具清晰图像

锐化工具与模糊工具的作用刚好相反，它用于锐化图像的部分像素，使被编辑的图像更加清晰。

	素材文件	光盘 \ 素材 \ 第 7 章 \ 首饰 .jpg
	效果文件	光盘 \ 效果 \ 第 7 章 \ 首饰 .jpg
	视频文件	光盘 \ 视频 \ 第 7 章 \7.4.5 运用锐化工具清晰图像 .mp4

步骤01 按【Ctrl＋O】组合键，打开一幅素材图像，如图7-66所示。

步骤02 选取工具箱中的锐化工具，如图7-67所示。

图 7-66 打开素材图像

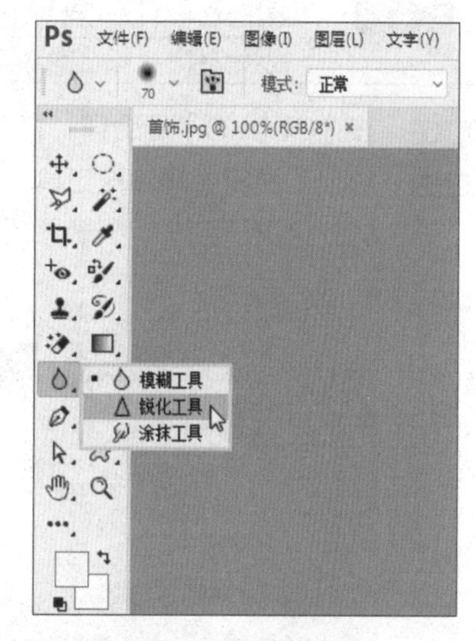

图 7-67 选取锐化工具

步骤03 在锐化工具属性栏中，设置“强度”为100%，设置“大小”为70像素，如图7-68所示。

步骤 04 将鼠标指针移至素材图像上，单击鼠标左键在图像上进行涂抹，即可锐化图像，效果如图7-69所示。

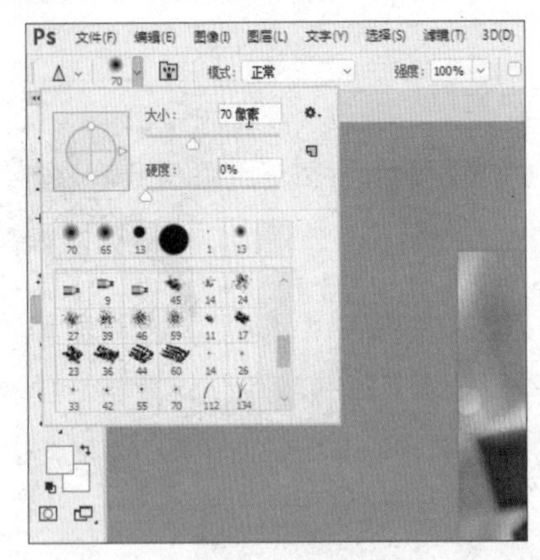

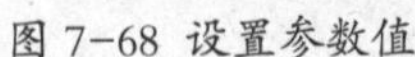

图 7-68 设置参数值

图 7-69 锐化图像效果

专家提醒

锐化工具可增加相邻像素的对比度，将较软的边缘明显化，使图像聚焦。此工具不适合过度运用，因为将会导致图像严重失真

7.4.6 运用涂抹工具混合图像颜色

涂抹工具可以用来混合颜色。运用涂抹工具，可以从单击处开始，将它与鼠标指针经过处的颜色混合。选取涂抹工具后，其属性栏如图 7-70 所示。

图 7-70 涂抹工具属性栏

	素材文件	光盘 \ 素材 \ 第 7 章 \ 彩虹 .jpg
	效果文件	光盘 \ 效果 \ 第 7 章 \ 彩虹 .jpg
	视频文件	光盘 \ 视频 \ 第 7 章 \7.4.6 运用涂抹工具混合图像颜色 .mp4

步骤 01 按【Ctrl + O】组合键，打开一幅素材图像，如图7-71所示。

步骤 02 选取工具箱中的涂抹工具，如图7-72所示。

图 7-71 打开素材图像

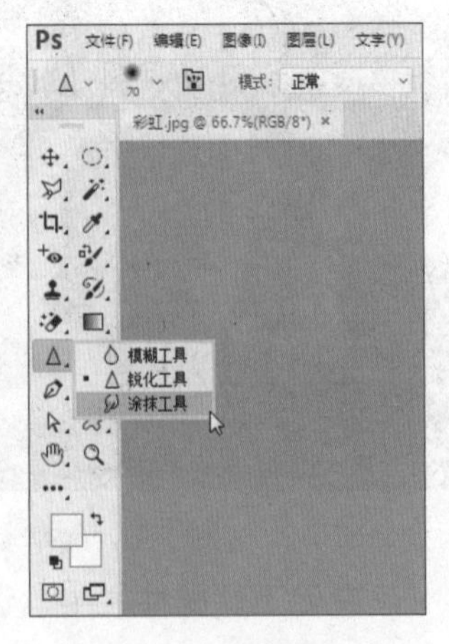

图 7-72 选取涂抹工具

步骤 03　在涂抹工具属性栏中，设置“强度”为50%，设置“大小”为80像素、“硬度”为80%，如图7-73所示。

步骤 04　将鼠标指针移至素材图像上，单击鼠标左键在图像上进行涂抹，即可混合图像颜色，效果如图7-74所示。

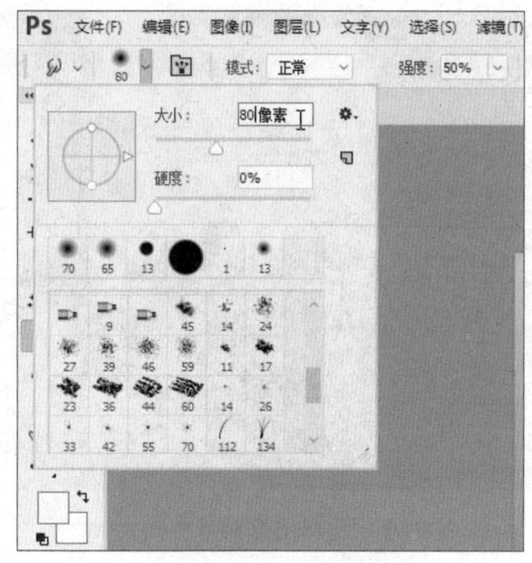

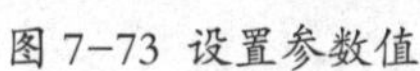

图 7-73 设置参数值

图 7-74 混合图像颜色效果

7.4.7 运用仿制图章工具复制图像

运用仿制图章工具可以将图像中的指定区域按原样复制到同一幅图像或其他图像中。选取仿制图章工具后，其属性栏如图 7-75 所示。

图 7-75 仿制图章工具属性栏

	素材文件	光盘 \ 素材 \ 第 7 章 \ 草坪 .jpg
	效果文件	光盘 \ 效果 \ 第 7 章 \ 草坪 .psd
	视频文件	光盘 \ 视频 \ 第 7 章 \7.4.7 运用仿制图章工具复制图像 .mp4

步骤 01　按【Ctrl + O】组合键，打开一幅素材图像，如图7-76所示。

步骤 02　选取工具箱中的仿制图章工具，如图7-77所示。

图 7-76 打开素材图像

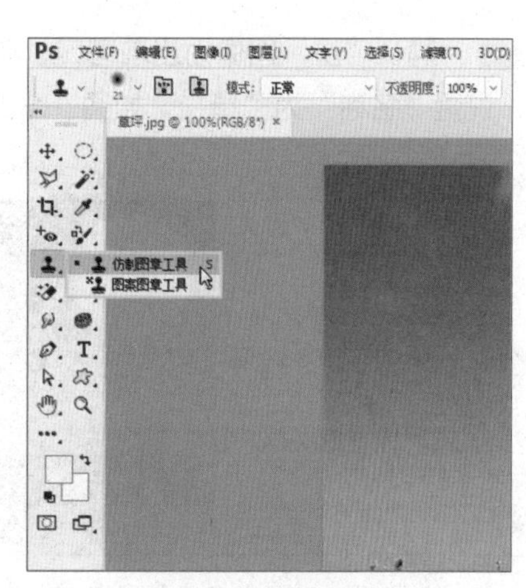

图 7-77 选取仿制图案工具

步骤 03 将鼠标指针移至图像编辑窗口中的适当位置，按住【Alt】键的同时单击鼠标左键，进行取样，如图7-78所示。

步骤 04 释放【Alt】键，将鼠标指针移至图像编辑窗口左侧，单击鼠标左键并拖曳，即可对样本对象进行复制，效果如图7-79所示。

图 7-78 取样图形

图 7-79 复制图像效果

7.4.8 运用图案图章工具复制图像

图案图章工具可以用定义好的图案来复制图像，它能在目标图像上连续绘制出选定区域的图像。选取图案图章工具后，其属性栏如图 7-80 所示。图案图章工具属性栏与仿制图章工具属性栏不同的是，图案图章工具只对当前图层起作用。

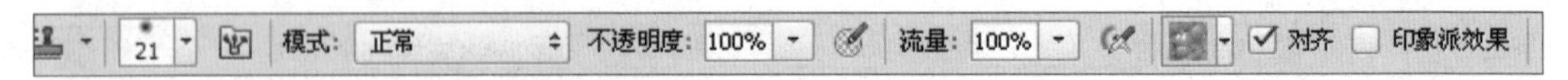

图 7-80 图案图章工具属性栏

	素材文件	光盘 \ 素材 \ 第 7 章 \ 星 .psd、月亮 .jpg
	效果文件	光盘 \ 效果 \ 第 7 章 \ 星空 .psd
	视频文件	光盘 \ 视频 \ 第 7 章 \7.4.8 运用图案图章工具复制图像 .mp4

步骤 01 按【Ctrl+O】组合键，打开两幅素材图像，此时图像编辑窗口中的图像显示如图7-81所示。

步骤 02 确认“星”图像为当前窗口，单击“编辑”|“定义图案”命令，弹出“图案名称”对话框，设置“名称”为“星”，如图7-82所示。

图 7-81 打开素材图像

图 7-82 “图案名称”对话框

步骤03 单击“确定”按钮，切换“月亮”图像为当前窗口，选取图案图章工具，在工具属性栏中，设置“模式”为“滤色”，设置“图案”为“星”，如图7-83所示。

步骤04 执行操作后，在图像编辑窗口中单击鼠标左键并拖曳，即可复制图像。此时，图像编辑窗口中的图像显示效果如图7-84所示。

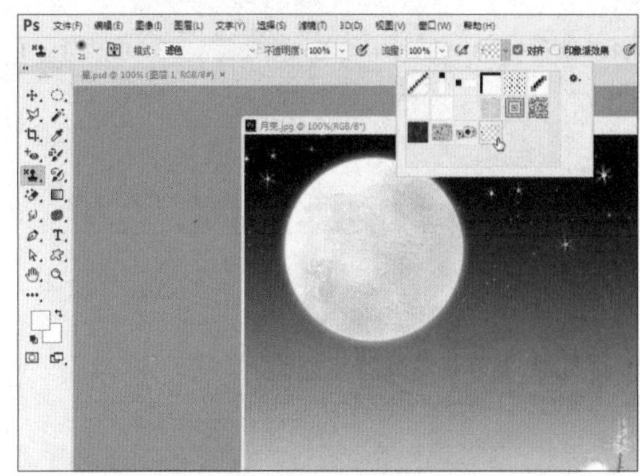

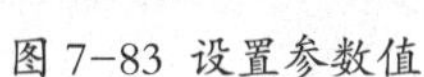

图 7-83 设置参数值

图 7-84 复制图像效果

08

Chapter

创建与编辑路径对象

学前提示

Photoshop CC 2017是一个标准的位图软件，但仍然具有较强的矢量线条绘制功能，系统本身提供了非常丰富的线条形状绘制工具，如钢笔工具、矩形工具、圆角矩形工具以及多边形工具等。本章主要向用户介绍利用这些工具绘制路径的基本操作。

本章教学目标

- 初识路径
- 创建多种路径
- 编辑路径对象

学完本章后你会做什么

- 了解路径的基本概念，掌握“路径”控制面板的操作
- 掌握应用钢笔工具、矩形工具以及圆角矩形等创建路径
- 掌握选择与移动路径的方法，以及复制、显示与隐藏路径的方法

视频演示

8.1 初识路径

在应用矢量工具创建路径时，必须了解什么是路径，路径由什么组成。下面就来讲解路径的概念及其组成。

8.1.1 路径的基本概念

路径是 Photoshop CC 2017 中的一项强大功能，是基于贝塞尔曲线建立的矢量图形，所有应用矢量绘图软件或矢量绘图制作的线条，原则上都可以称为路径。

路径是通过钢笔工具或形状工具创建出的直线和曲线，且是矢量图像，因此，无论路径缩小或放大都不会影响其分辨率，并保持原样。

路径多用锚点来标记路线的端点或调整点，当创建的路径为曲线时，每个选中的锚点上将显示一条或两条方向线和一个或两个方向点，并附带相应的控制柄；方向线和方向点的位置决定了曲线段的大小和形状，通过调整控制柄，方向线或方向点随之改变，且路径的形状也将改变。如图 8-1 所示为路径示意图。

图 8-1 路径示意图

8.1.2 “路径”控制面板

单击“窗口”|“路径”命令，打开“路径”面板，当创建路径后，在“路径”面板上就会自动创建一个新的工作路径，如图 8-2 所示。

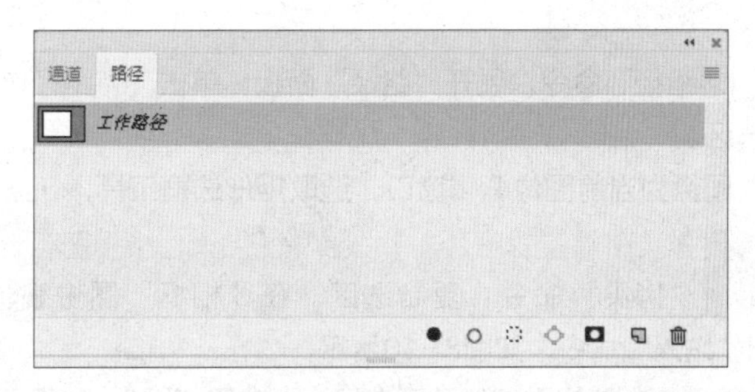

图 8-2 “路径”面板

8.2 创建多种路径

Photoshop CC 2017 中提供了多种创建路径的方法，下面分别介绍运用路径工具创建线性路径的方法。

8.2.1 应用钢笔工具创建路径

钢笔工具可以创建直线和平滑流畅的曲线，形状的轮廓称为路径，通过编辑路径的锚点，可以很方便地改变路径的形状。选取钢笔工具后，其工具属性栏如图 8-3 所示。

图 8-3 钢笔工具属性栏

	素材文件	光盘 \ 素材 \ 第 8 章 \ 相框 .jpg、麦田 .jpg
	效果文件	光盘 \ 效果 \ 第 8 章 \ 相框 .psd
	视频文件	光盘 \ 视频 \ 第 8 章 \8.2.1 应用钢笔工具创建路径 .mp4

步骤 01 按【Ctrl + O】组合键，打开两幅素材图像，如图8-4所示。

步骤 02 选择“相框”为当前图像编辑窗口，选取钢笔工具，如图8-5所示。

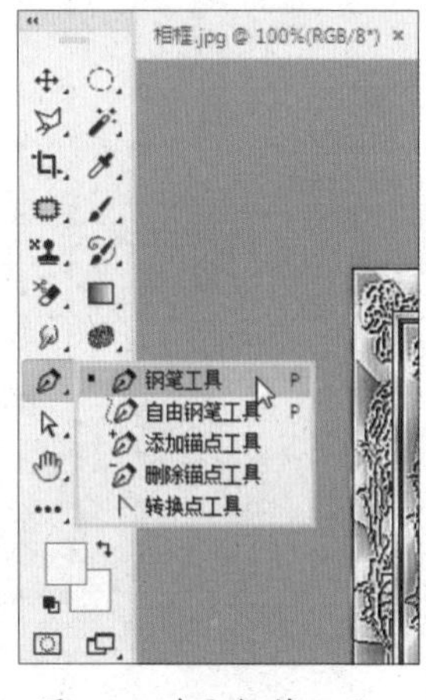

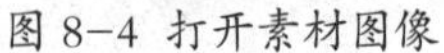
图 8-4 打开素材图像

图 8-5 选取钢笔工具

步骤 03 在图像编辑窗口中，按住【Shift】键的同时单击鼠标左键，创建一条直线路径，如图8-6所示。

步骤 04 用与上同样的方法，在按住【Shift】键的同时，依次单击鼠标左键，创建其他的路径，如图8-7所示。

步骤 05 单击“窗口”|“路径”命令，展开“路径”面板，单击“将路径作为选区载入”按钮，如图8-8所示，转换选区。

步骤 06 选择“麦田”图像为当前图像编辑窗口，选取矩形选框工具，在图像编辑窗口中创建选区，如图8-9所示。

步骤 07 单击“编辑”|“拷贝”命令，复制选区。在“相框”图像编辑窗口中，单击“编辑”|“选择性粘贴”|“贴入”命令，如图8-10所示。

步骤 08 执行操作后，即可将复制的图像粘贴至选区中，效果如图8-11所示。

图 8-6 创建路径

图 8-7 创建其他路径

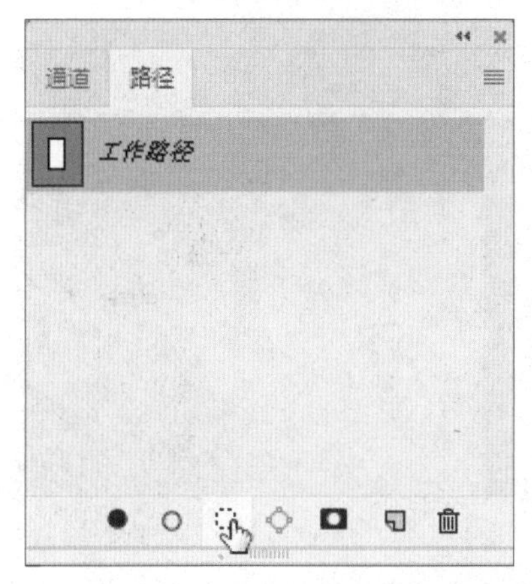

图 8-8 单击“将路径作为选区载入”按钮

图 8-9 创建选区

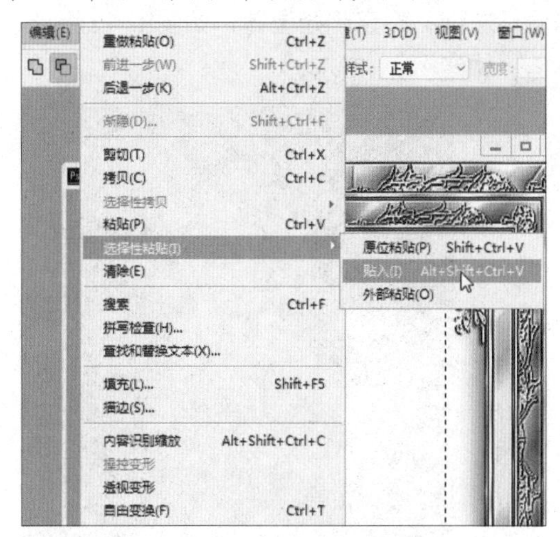

图 8-10 单击“贴入”命令

图 8-11 将复制的图像粘贴到选区

8.2.2 应用自由钢笔工具创建路径

应用自由钢笔工具可以随意绘图，不需要像应用钢笔工具那样通过锚点来创建路径。自由钢笔工具属性栏与钢笔工具属性栏基本一致，只是“自动添加 / 删除”复选框变为“磁性的”复选框，如图 8-12 所示。

图 8-12 自由钢笔工具属性栏

	素材文件	光盘 \ 素材 \ 第 8 章 \ 圣诞树 .jpg
	效果文件	光盘 \ 效果 \ 第 8 章 \ 圣诞树 .jpg
	视频文件	光盘 \ 视频 \ 第 8 章 \8.2.2 应用自由钢笔工具创建路径 .mp4

步骤 01 按【Ctrl + O】组合键，打开一幅素材图像，如图8-13所示。

步骤 02 选取自由钢笔工具，在属性栏中选中“磁性的”复选框，如图8-14所示。

图 8-13 打开素材图像

图 8-14 选中“磁性的”复选框

步骤 03 移动鼠标指针至图像编辑窗口中并单击鼠标左键，确定起始位置，如图8-15所示。

步骤 04 单击鼠标左键并拖曳，创建一个闭合路径，如图8-16所示。

图 8-15 确定起始位置

图 8-16 创建一个闭合路径

步骤05 按【Ctrl+Enter】组合键，将所选路径转换为选区，如图8-17所示。

步骤06 单击“图像”|“调整”|“色相/饱和度”命令，如图8-18所示。

图 8-17 将路径转换为选区

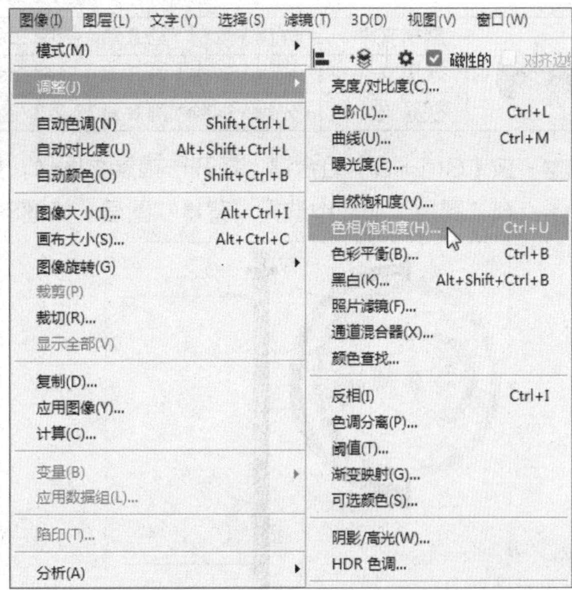

图 8-18 单击“色相/饱和度”命令

步骤07 弹出“色相/饱和度”对话框，设置各参数分别为27、30、8，如图8-19所示。

步骤08 单击“确定”按钮，即可调整选区中的颜色，取消选区，如图8-20所示。

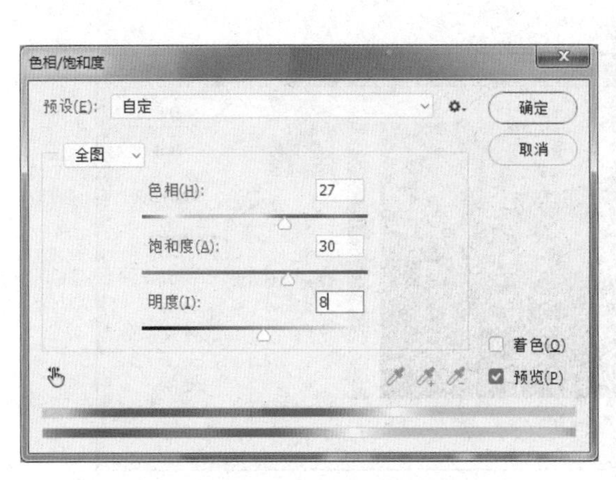

图 8-19 设置参数值

图 8-20 取消选区

8.2.3 应用矩形工具创建路径

矩形工具主要用于创建矩形或正方形图形，用户还可以在工具属性栏中进行相应选项的设置，也可以设置矩形的尺寸、固定宽高比例等。选取矩形工具后，其属性栏如图 8-21 所示。

图 8-21 矩形工具属性栏

	素材文件	光盘 \ 素材 \ 第 8 章 \ 标牌 .psd
	效果文件	光盘 \ 效果 \ 第 8 章 \ 标牌 .psd
	视频文件	光盘 \ 视频 \ 第 8 章 \8.2.3 应用矩形工具创建路径 .mp4

步骤 01 按【Ctrl＋O】组合键，打开一幅素材图像，如图8-22所示。

步骤 02 在“图层”面板中选择“背景”图层，如图8-23所示。

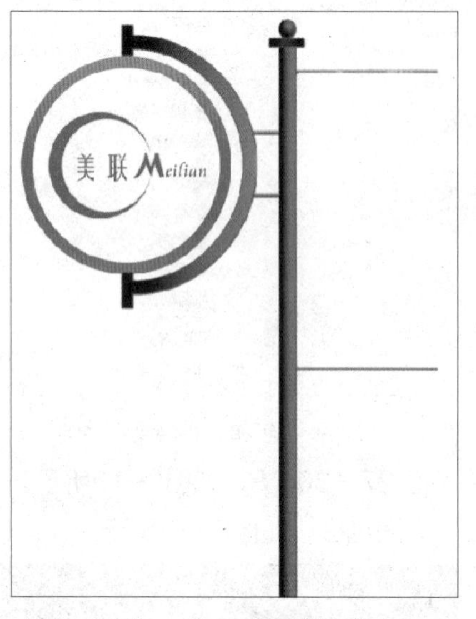

图 8-22 打开素材图像

图 8-23 选择“背景”图层

步骤 03 选取工具箱中的矩形工具，如图8-24所示。

步骤 04 设置前景色为洋红色（RGB参数值分别为218、0、109），如图8-25所示。

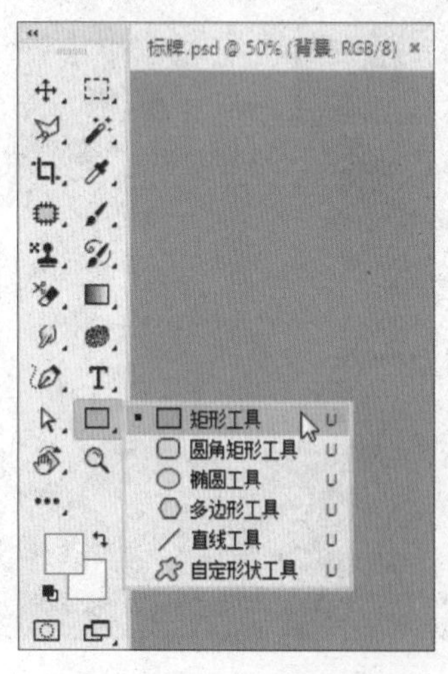

图 8-24 选取矩形工具

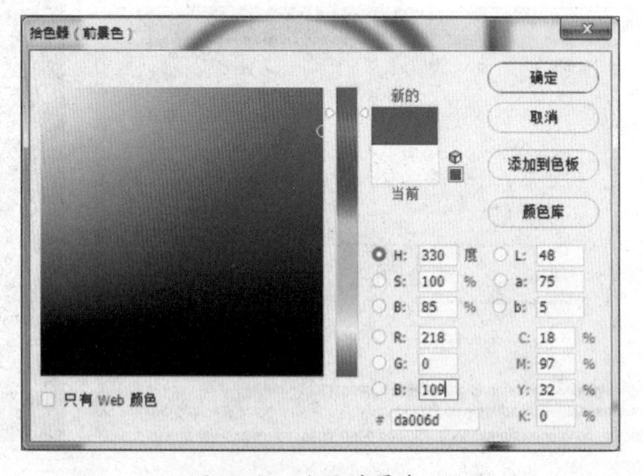

图 8-25 设置前景色

步骤 05 在工具属性栏中，单击齿轮按钮，在展开面板中选中“固定大小”单选按钮，设置W为336、H为683，如图8-26所示。

步骤 06 在图像编辑窗口中的适当位置处，单击鼠标左键，即可创建矩形形状，效果如图8-27所示。

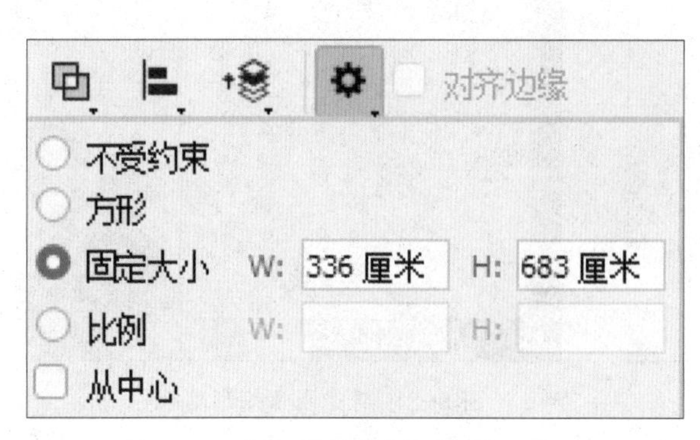

图 8-26 设置各选项

图 8-27 创建矩形路径

8.2.4 应用圆角矩形工具创建路径

圆角矩形工具用来绘制圆角矩形，选取工具箱中的圆角矩形工具，在工具属性栏的“半径”文本框中可以设置圆角半径。

	素材文件	光盘 \ 素材 \ 第 8 章 \ 男孩与狗 .psd
	效果文件	光盘 \ 效果 \ 第 8 章 \ 男孩与狗 .psd
	视频文件	光盘 \ 视频 \ 第 8 章 \8.2.4 应用圆角矩形工具创建路径 .mp4

步骤 01 按【Ctrl + O】组合键，打开一幅素材图像，如图8-28所示。

步骤 02 选取工具箱中的圆角矩形工具，如图8-29所示。

图 8-28 打开素材图像

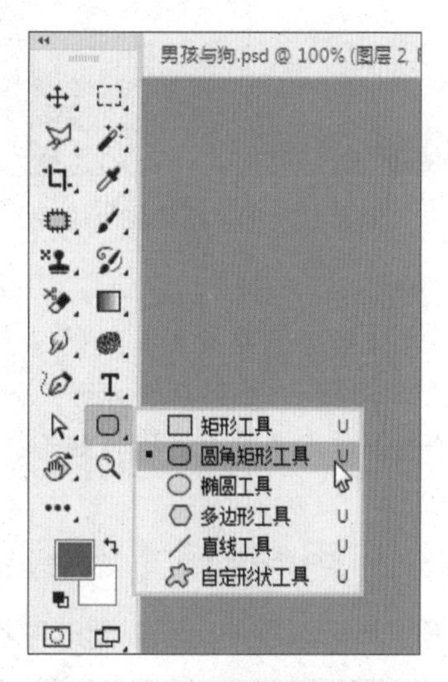

图 8-29 选取圆角矩形工具

步骤 03 在属性栏中，单击“形状”按钮，弹出列表框，选择“路径”选项，设置“半径”为10像素，如图8-30所示。

步骤 04 在图像编辑窗口中的适当位置处，单击鼠标左键并拖曳，创建圆角矩形路径，如图

8-31所示。

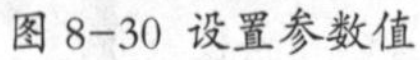

图 8-30 设置参数值

图 8-31 创建圆角矩形路径

步骤 05 按【Ctrl＋Enter】组合键，将路径转换为选区，如图8-32所示。

步骤 06 按【Delete】键删除选区内的图像，并取消选区，效果如图8-33所示。

图 8-32 将路径转换为选区

图 8-33 删除选区内图像的效果

> 专家提醒
>
> 在运用圆角矩形工具绘制路径时，按住【Shift】键的同时，在窗口中单击鼠标左键并拖曳，可绘制一个圆角正方形；如果按住【Alt】键的同时，在窗口中单击鼠标左键并拖曳，可绘制以起点为中心的圆角矩形。

8.2.5 应用椭圆工具创建路径

椭圆工具可以绘制椭圆或圆形形状的图形，其应用方法与矩形工具相同，只是绘制的形状不同。

	素材文件	光盘\素材\第 8 章\蓝天 .psd
	效果文件	光盘\效果\第 8 章\蓝天 .psd
	视频文件	光盘\视频\第 8 章\8.2.5 应用椭圆工具创建路径 .mp4

步骤 01 按【Ctrl＋O】组合键，打开一幅素材图像，如图8-34所示。

步骤02 选取工具箱中的椭圆工具，如图8-35所示。

图 8-34 打开素材图像

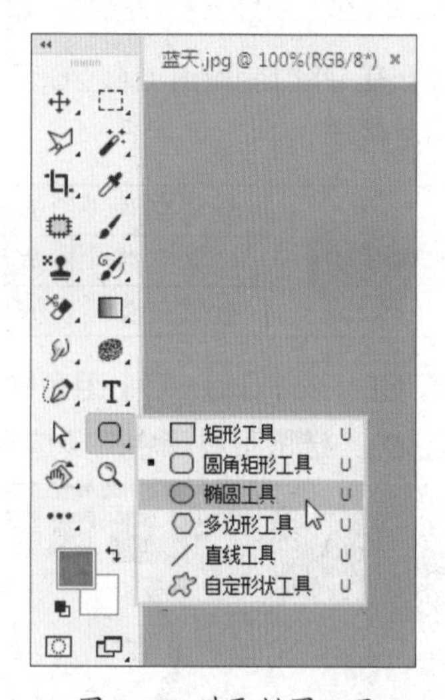

图 8-35 选取椭圆工具

步骤03 在图像编辑窗口中的适当位置处，单击鼠标左键并拖曳，创建椭圆路径，如图8-36所示。

步骤04 按【Ctrl+Enter】组合键，将路径转换为选区，如图8-37所示。

图 8-36 创建椭圆路径

图 8-37 将路径转换为选区

步骤05 单击“选择”|“反选”命令，反选选区，如图8-38所示。

步骤06 按【Delete】键删除选区内的图像，并取消选区，效果如图8-39所示。

图 8-38 反选选区

图 8-39 删除选区内的效果

8.2.6 应用多边形工具创建路径

在 Photoshop CC 2017 中，应用多边形工具可以创建等边多边形，如等边三角形、五角星和星形等。

	素材文件	光盘 \ 素材 \ 第 8 章 \ 童年的梦 .psd
	效果文件	光盘 \ 效果 \ 第 8 章 \ 童年的梦 .psd
	视频文件	光盘 \ 视频 \ 第 8 章 \8.2.6 应用多边形工具创建路径 .mp4

步骤 01 按【Ctrl + O】组合键，打开一幅素材图像，如图8-40所示。

步骤 02 选取工具箱中的多边形工具，如图8-41所示。

图 8-40 打开素材图像

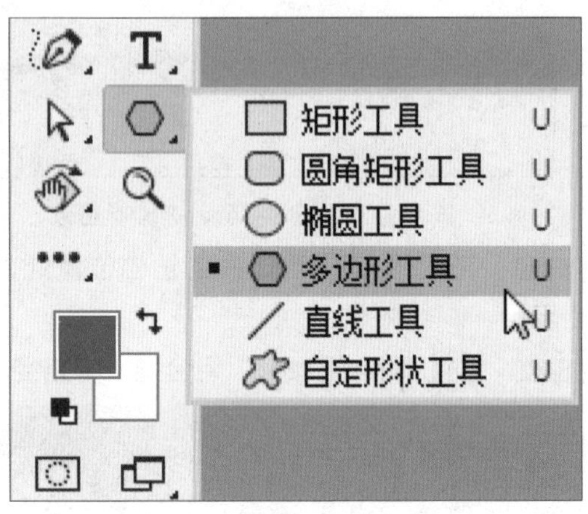

图 8-41 选取多边形工具

步骤 03 在工具属性栏中，单击“集合选项”右侧的下拉按钮，在弹出的下拉面板中，选中“星形”复选框，如图8-42所示。

步骤 04 在“拾色器（前景色）”对话框中设置前景色为黄色（RGB参数值分别为255、252、0），对话框如图8-43所示。

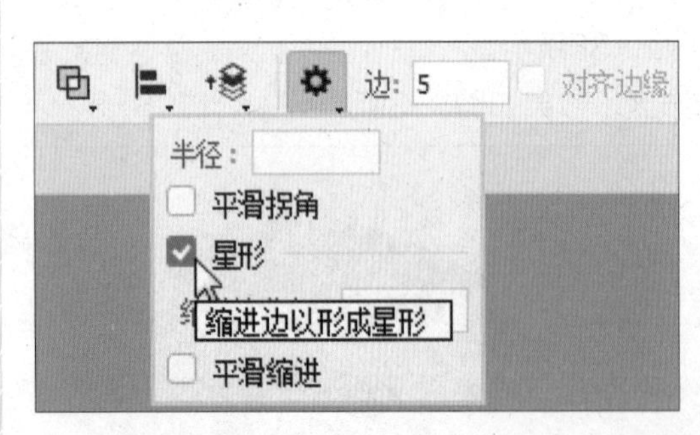

图 8-42 选中“星形”复选框

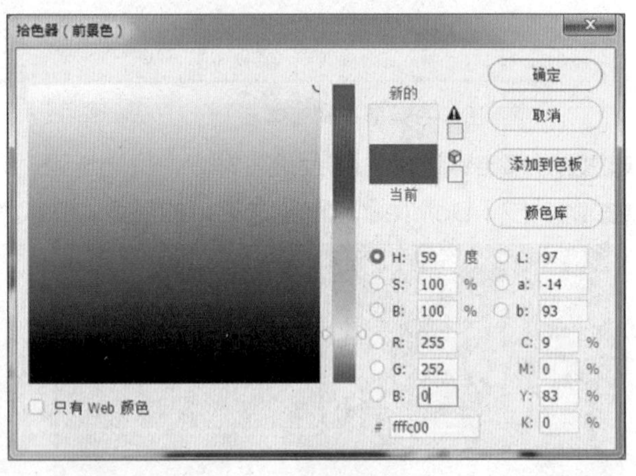

图 8-43 设置前景色

步骤 05 将鼠标指针移至图像编辑窗口中，单击鼠标左键并拖曳，创建一个星形路径，并转换成选区后，为图形填充前景色，如图8-44所示。

步骤 06 用与上同样的方法，在图像编辑窗口中创建其他的星形路径，图像效果如图8-45所示。

图 8-44 创建星形路径

图 8-45 创建其他星形路径

8.2.7 应用直线工具创建路径

在 Photoshop CC 2017 中，应用直线工具可以创建直线和带有箭头的线段。在应用直线工具创建直线时，首先需要在工具属性栏中的“粗细”选项区中设置线的宽度。

	素材文件	光盘 \ 素材 \ 第 8 章 \ 五角星 .jpg
	效果文件	光盘 \ 效果 \ 第 8 章 \ 五角星 .jpg
	视频文件	光盘 \ 视频 \ 第 8 章 \8.2.7 应用直线工具创建路径 .mp4

步骤 01 按【Ctrl + O】组合键，打开一幅素材图像，如图8-46所示。

步骤 02 选取工具箱中的直线工具，如图8-47所示。

图 8-46 打开素材图像

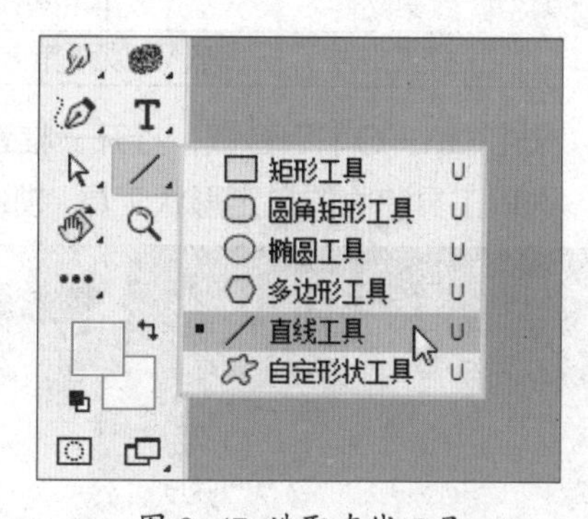

图 8-47 选取直线工具

步骤 03 在工具属性栏中，设置“粗细”为30像素，单击“几何选项”按钮，展开“箭头”面板，设置各选项，如图8-48所示。

步骤 04 单击“填充”右侧的下拉按钮，在弹出的面板中选择合适的颜色，如图8-49所示。

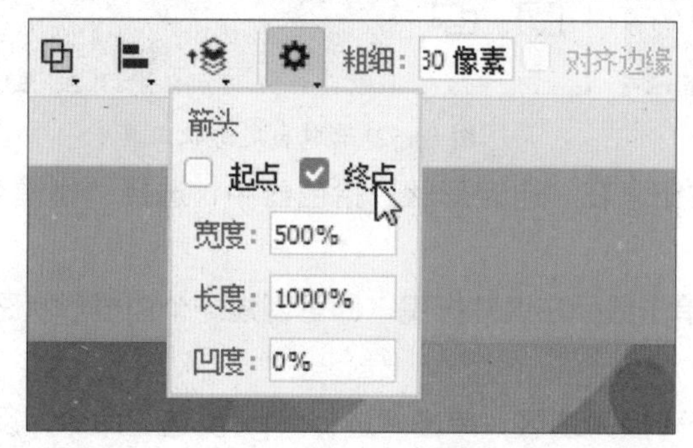

图 8-48 设置各选项

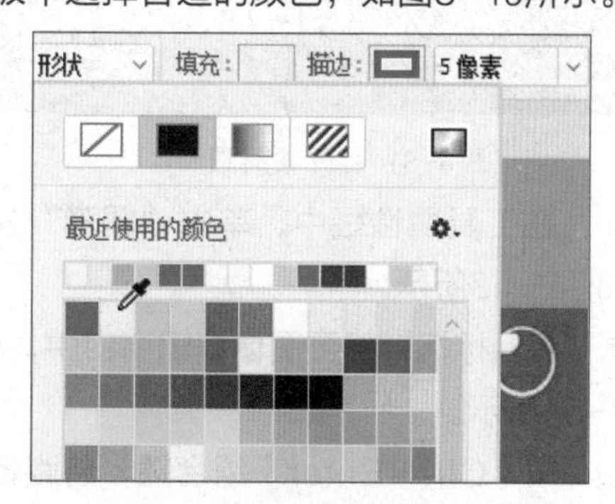

图 8-49 选择合适的颜色

步骤 05 将鼠标指针移至图像编辑窗口的左上方，单击鼠标左键并向右下方拖曳，至合适位置后释放鼠标，即可绘制一个箭头图形，效果如图8-50所示。

图 8-50 创建箭头图形的效果

8.2.8 应用自定形状工具创建路径

在 Photoshop CC 2017 中，应用自定形状工具可以通过设置不同的形状来绘制形状路径或图形，在“自定形状”选项卡中有大量的特殊形状可供选择。

	素材文件	光盘 \ 素材 \ 第 8 章 \ 美妆周年庆 .jpg
	效果文件	光盘 \ 效果 \ 第 8 章 \ 美妆周年庆 .psd
	视频文件	光盘 \ 视频 \ 第 8 章 \8.2.8 应用自定形状工具创建路 .mp4

步骤 01 按【Ctrl + O】组合键，打开一幅素材图像，如图8-51所示。

步骤 02 选取工具箱中的自定形状工具，如图8-52所示。

图 8-51 打开素材图形

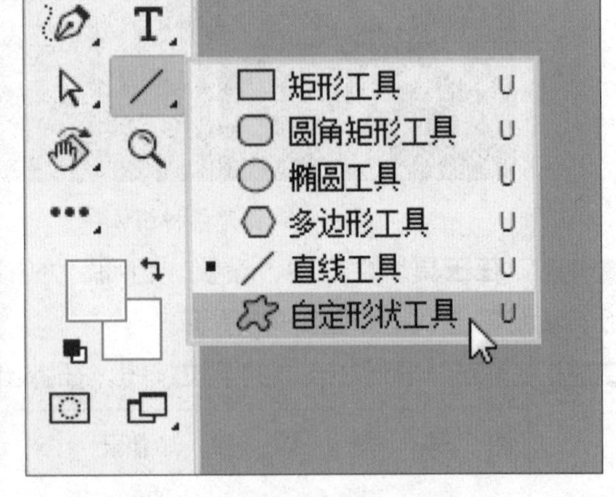

图 8-52 选取自定形状工具

步骤 03 在工具属性栏中，单击“图形”按钮，在“自定形状”拾色器中，选择“横幅4”形状，如图8-53所示。

步骤 04 将鼠标指针移至图像编辑窗口中，单击鼠标左键并拖曳，即可创建一个边框形状路径，如图8-54所示。

步骤 05 按【Ctrl + Enter】组合键，将路径转换为选区，单击“选择”|“反选”命令，反选选区，如图8-55所示。

步骤06 新建“图层1”图层，按【Alt+Delete】组合键，为选区填充白色，按【Ctrl+D】组合键，取消选区，如图8-56所示。

图 8-53 选择“横幅 4”形状

图 8-54 创建一个边框形状路径

图 8-55 反选选区

图 8-56 最终效果

8.3 编辑路径对象

掌握了路径和形状的各种绘制方法后，所绘制的路径不一定符合设计的要求，因此，如何对路径进行进一步的编辑和调整，则是图像制作过程中的重要任务之一。编辑路径的主要内容包括选择、移动、变换、显示等操作。

8.3.1 选择与移动路径

选择路径是对其进行任何编辑的前提，Photoshop 提供了两种路径选择工具，即路径选择工具和直接选择工具。选择路径后，可以根据需要随意地移动路径的位置。

	素材文件	光盘 \ 素材 \ 第 8 章 \ 美丽雪花 .jpg
	效果文件	光盘 \ 效果 \ 第 8 章 \ 美丽雪花 .psd
	视频文件	光盘 \ 视频 \ 第 8 章 \8.3.1 选择与移动路径 .mp4

步骤 01 按【Ctrl＋O】组合键，打开一幅素材图像，如图8-57所示。

步骤 02 选取自定形状工具，在工具属性栏中，单击“图形”按钮，在弹出的下拉面板中选择“雪花1”形状，如图8-58所示。

图 8-57 打开素材图像

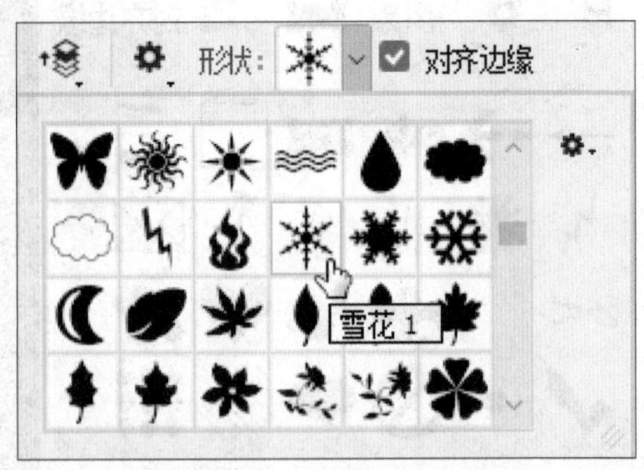

图 8-58 选择“雪花 1”形状

步骤 03 在图像编辑窗口中，单击鼠标左键并拖曳，创建形状路径对象，如图8-59所示。

步骤 04 选取路径选择工具，拖曳鼠标至形状路径上，单击鼠标左键，即可选择路径，如图8-60所示。

图 8-59 创建形状路径

图 8-60 选择路径

步骤 05 单击鼠标左键并拖曳至合适位置，释放鼠标，即可移动路径。执行上述操作后，按【Ctrl+Enter】组合键将路径转换成选区，并为选区填充白色，效果如图8-61所示。

图 8-61 最终效果

8.3.2 添加与删除锚点

添加锚点与删除锚点是对路径中的锚点进行的操作，添加锚点是在路径中添加新锚点，删除锚点则是将路径中的锚点删除。

	素材文件	光盘 \ 素材 \ 第 8 章 \ 戒指 .psd
	效果文件	光盘 \ 效果 \ 第 8 章 \ 戒指 .psd
	视频文件	光盘 \ 视频 \ 第 8 章 \8.3.2 添加与删除锚点 .mp4

步骤 01 按【Ctrl+O】组合键，打开一幅素材图像，如图8-62所示。

步骤 02 显示“工作路径”，选取路径选择工具，选取路径，如图8-63所示。

图 8-62 打开素材图像

图 8-63 选取路径

步骤 03 选取工具箱中的添加锚点工具，如图8-64所示。

步骤 04 在形状路径的合适位置处单击鼠标左键，即可添加锚点，效果如图8-65所示。

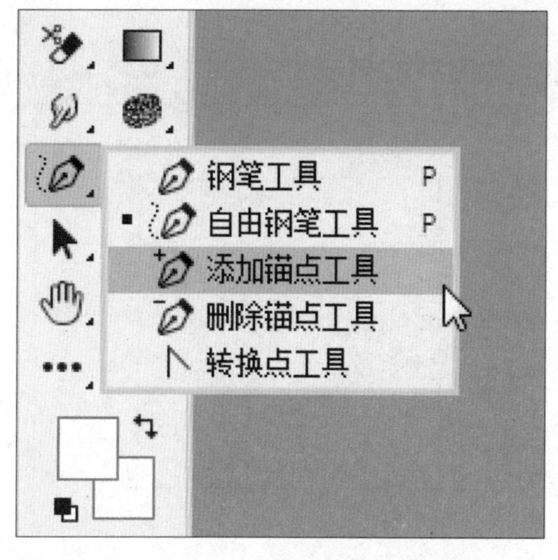

图 8-64 选取添加锚点工具

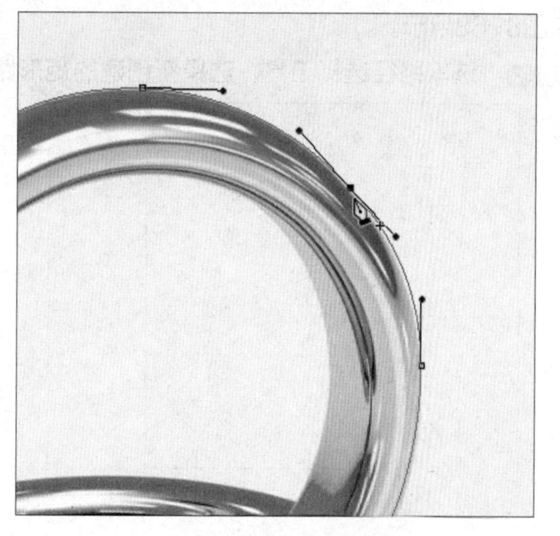

图 8-65 添加锚点效果

专家提醒

在路径被选中的状态下，应用添加锚点工具直接在要增加节点的位置单击，即可增加一个节点。

步骤 05 选取工具箱中的删除锚点工具，如图8-66所示。

步骤 06 在需要删除的锚点上单击鼠标左键，即可删除锚点，效果如图8-67所示。

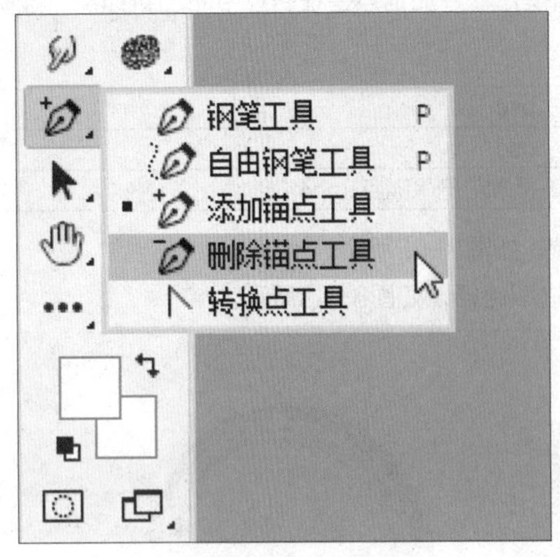

图 8-66 选取删除锚点工具

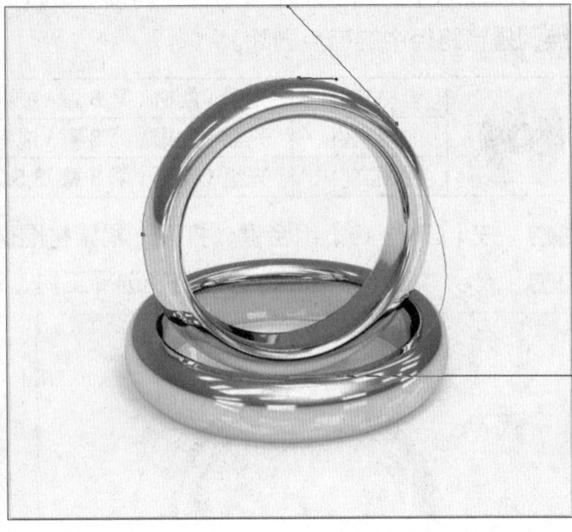

图 8-67 删除锚点效果

8.3.3 平滑锚点对象

用户在对锚点进行编辑时，经常需要将一个两侧没有控制柄的直线型锚点转换为两侧具有控制柄的圆滑型锚点。

	素材文件	无
	效果文件	光盘 \ 效果 \ 第 8 章 \ 节点圆 .psd
	视频文件	光盘 \ 视频 \ 第 8 章 \8.3.3 平滑锚点对象 .mp4

步骤 01 单击“文件”|“新建”命令，新建一幅空白图像，选取矩形工具，创建一个矩形路径，如图8-68所示。

步骤 02 选取路径选择工具，选择新创建的矩形路径，如图8-69所示。

图 8-68 创建矩形路径

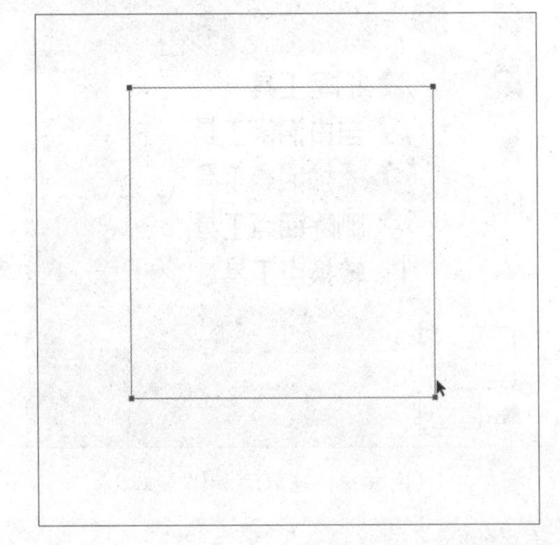

图 8-69 选择路径

步骤 03 选取工具箱中的转换点工具，如图8-70所示。

步骤 04 在路径的4个节点上单击鼠标左键并拖曳，即可平滑节点，效果如图8-71所示。

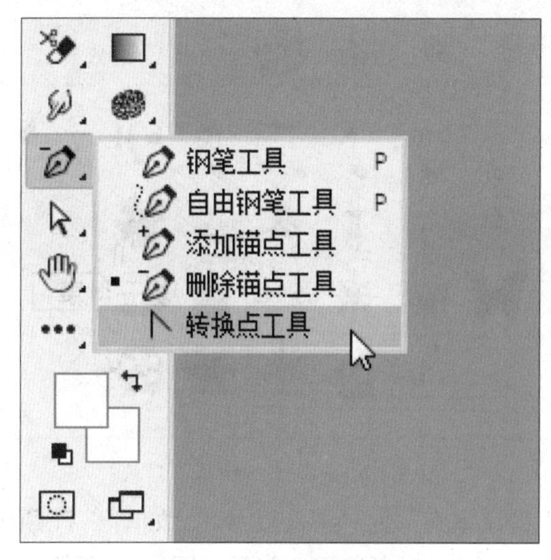

图 8-70 选取转换点工具

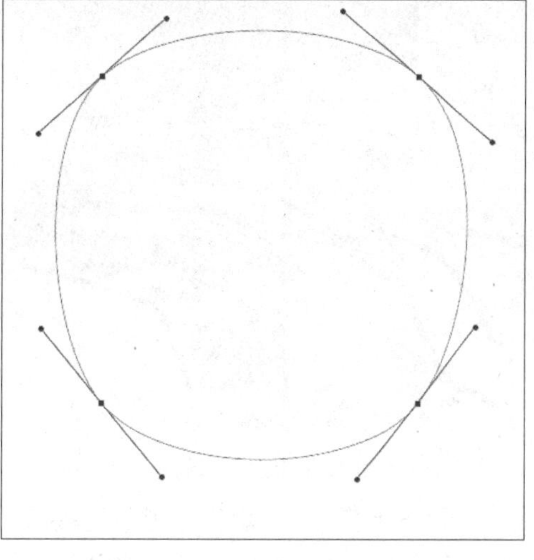

图 8-71 平滑节点效果

8.3.4 尖突锚点对象

将圆滑型锚点转换为直线型锚点，也可以应用转换点工具。应用此工具在圆滑型锚点上单击，即可将锚点转换为直线锚点。如图 8-72 所示为尖突锚点前后的效果对比图。

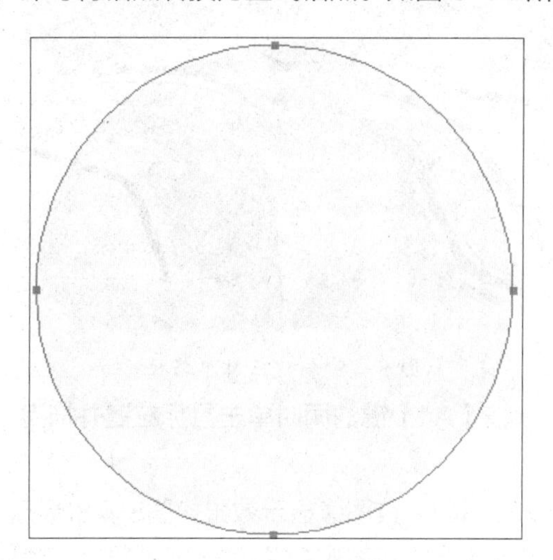

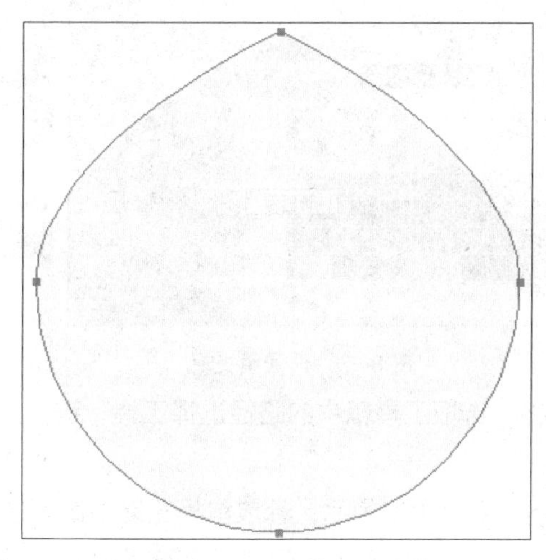

图 8-72 尖突锚点前后的效果对比图

8.3.5 复制路径对象

在 Photoshop CC 2017 中，复制路径的优点在于创建相同的路径时无需进行重复操作，只需要执行复制路径操作即可。

	素材文件	光盘 \ 素材 \ 第 8 章 \ 卧室 .jpg
	效果文件	光盘 \ 效果 \ 第 8 章 \ 卧室 .psd
	视频文件	光盘 \ 视频 \ 第 8 章 \8.3.5 复制路径对象 .mp4

步骤 01 按【Ctrl+O】组合键，打开一幅素材图像，如图8-73所示。

步骤 02 选取自定形状工具，在“自定形状”选项卡中，选择“三叶草”形状，如图8-74所示。

图 8-73 打开素材图像

图 8-74 选择“三叶草”形状

步骤 03 在工具属性栏中，选择“形状”选项，设置“填充”为“纯青豆绿”，如图8-75所示。

步骤 04 移动鼠标至图像编辑窗口中合适位置，创建一个三叶草路径，效果如图8-76所示。

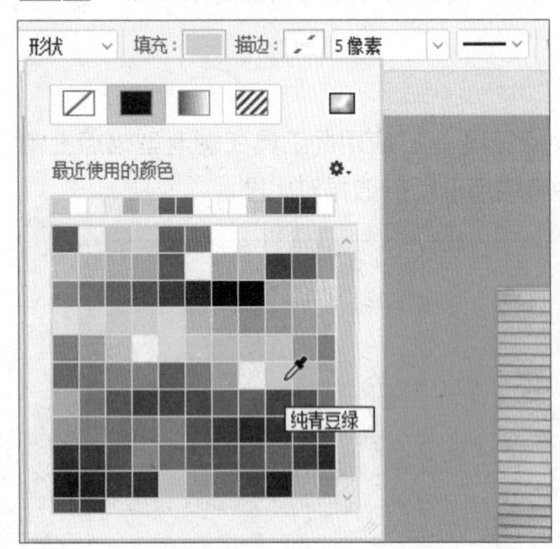

图 8-75 设置填充色

图 8-76 创建三叶草路径

步骤 05 选取工具箱中的路径选择工具，选择路径，按【Alt】键的同时单击鼠标左键并拖曳，如图8-77所示。

步骤 06 至合适位置后，释放鼠标左键，即可复制路径对象，其图像显示效果如图8-78所示。

图 8-77 拖曳鼠标

图 8-78 复制路径效果

专家提醒

选取工具箱中的直接选择工具，按住【Alt】键的同时单击路径的任意一段或任意一点拖曳，也可以复制路径。

8.3.6 显示与隐藏路径

一般情况下，创建的路径以黑色线显示于当前图像上，用户可以根据需要对其进行显示和隐藏操作。

	素材文件	光盘 \ 素材 \ 第 8 章 \ 繁花似锦 .psd
	效果文件	光盘 \ 效果 \ 第 8 章 \ 繁花似锦 .psd
	视频文件	光盘 \ 视频 \ 第 8 章 \8.3.6 显示与隐藏路径 .mp4

步骤 01 按【Ctrl+O】组合键，打开一幅素材图像，如图8-79所示。

步骤 02 单击“窗口”|“路径”命令，展开“路径”面板，如图8-80所示。

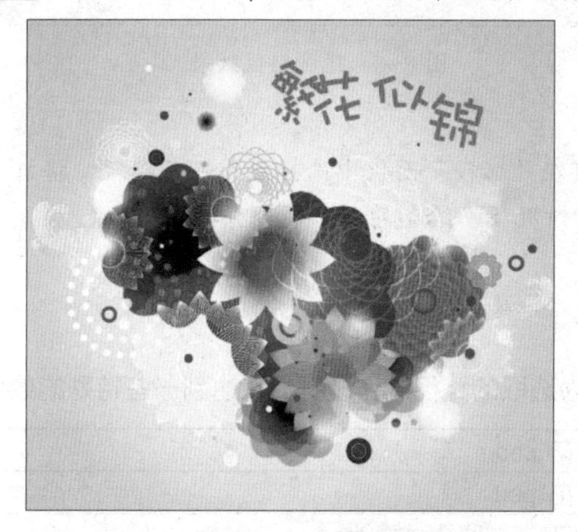

图 8-79 打开素材图像

图 8-80 展开“路径”面板

步骤 03 选择“工作路径”路径，如图8-81所示。

步骤 04 执行操作后，即可显示路径，此时图像编辑窗口中图像显示如图8-82所示。

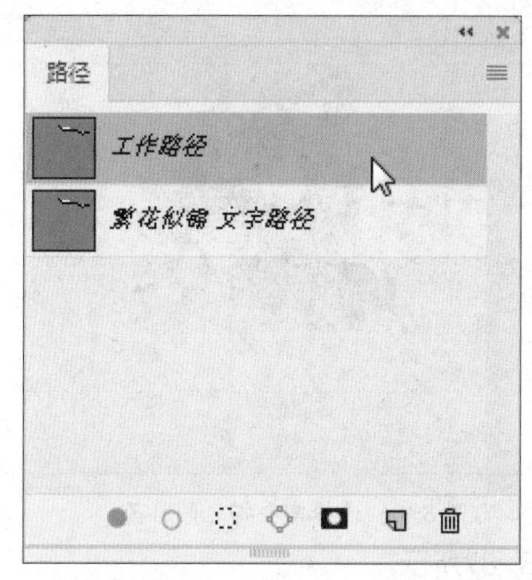

图 8-81 选择“路径 1”路径

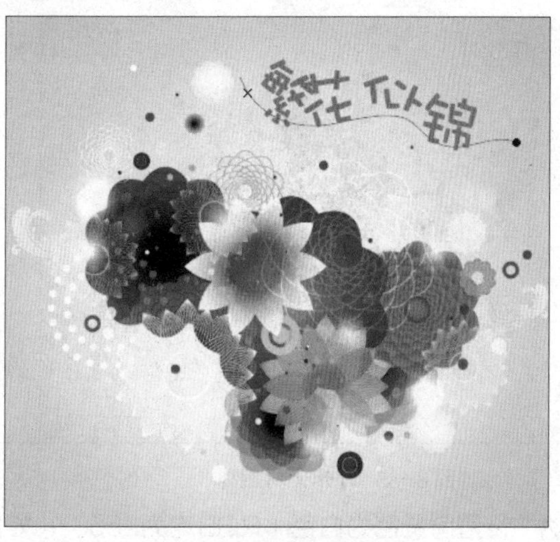

图 8-82 显示路径

步骤 05　在“路径”面板灰色底板处单击鼠标左键，如图8-83所示。

步骤 06　执行操作后，即可隐藏路径，效果如图8-84所示。

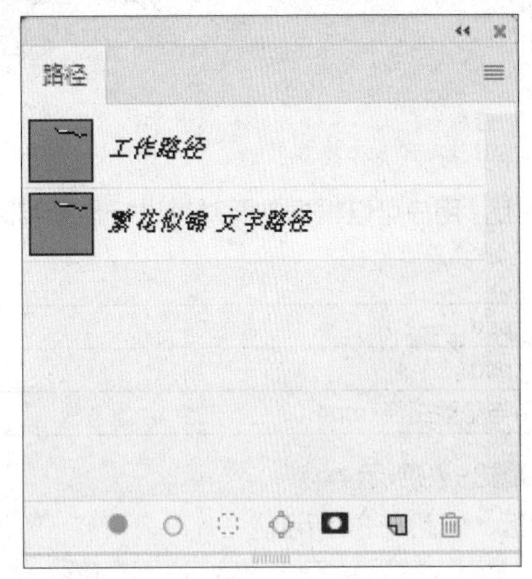

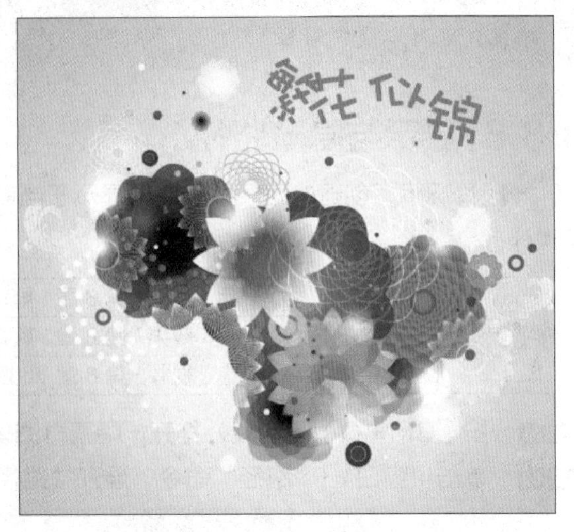

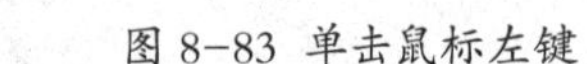
图 8-83 单击鼠标左键

图 8-84 隐藏路径效果

专家提醒

在应用路径绘制工具绘制路径时，若没有在“路径”面板中选择任何一条路径，将自动创建一个“工作路径”。在没有进行保存的情况下，绘制的新路径会替换原路径。

8.3.7 描边路径对象

在 Photoshop CC 2017 中，描边功能可以为选取的路径制作边框，以达到一些特殊的效果。

	素材文件	光盘 \ 素材 \ 第 8 章 \ 鲜花 .psd
	效果文件	光盘 \ 效果 \ 第 8 章 \ 鲜花 .psd
	视频文件	光盘 \ 视频 \ 第 8 章 \8.3.7 描边路径对象 .mp4

步骤 01　按【Ctrl＋O】组合键，打开一幅素材图像，如图8-85所示。

步骤 02　选取路径选择工具，选择需要描边的路径，如图8-86所示。

图 8-85 打开素材图像

图 8-86 选择需要描边的路径

步骤 03　设置前景色为白色（RGB均为255），如图8-87所示。

步骤 04　选取画笔工具，在工具属性栏中设置画笔的相应属性，如图8-88所示。

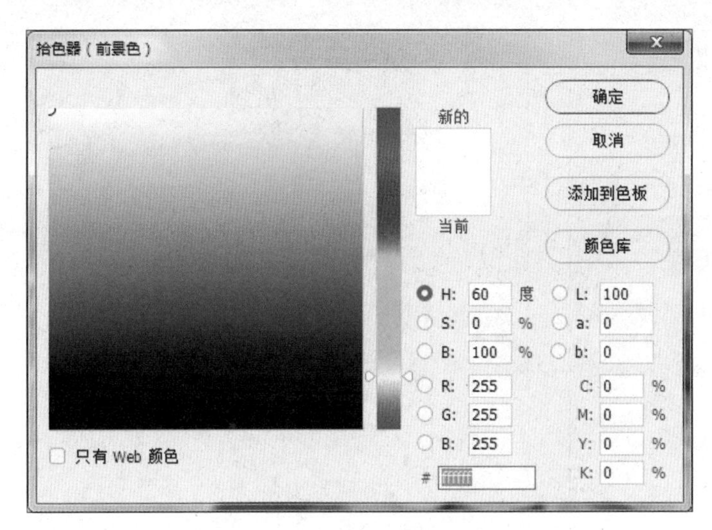

图 8-87 设置前景色

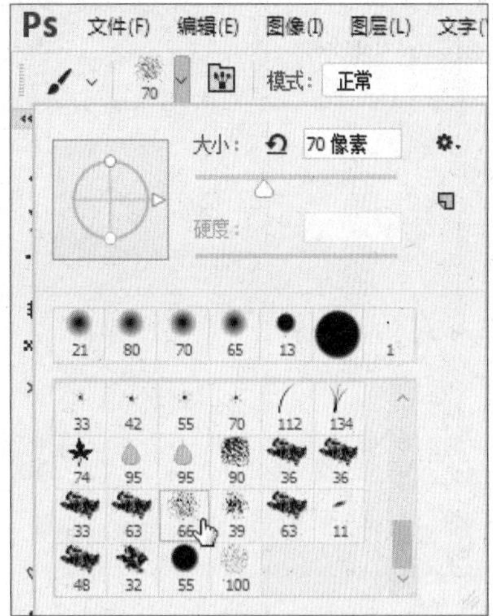

图 8-88 设置画笔属性

步骤05 单击“窗口”|“路径”命令，展开“路径”面板，单击“用画笔描边路径”按钮，如图8-89所示。

步骤06 执行操作后，即可对路径进行描边操作。隐藏路径，图像显示效果如图8-90所示。

图 8-89 单击“用画笔描边路径”按钮

图 8-90 描边路径效果

8.3.8 连接和断开路径

在路径被选中的情况下，选择单个或多组锚点，按【Delete】键，可将选中的锚点清除，将路径断开，运用钢笔工具，可以将断开的路径重新闭合。

	素材文件	无
	效果文件	光盘 \ 效果 \ 第 8 章 \ 断开路径 .psd
	视频文件	光盘 \ 视频 \ 第 8 章 \8.3.8 连接和断开路径 .mp4

步骤01 单击“文件”|“新建”命令，新建一幅空白图像，选取多边形工具，绘制一个多边形路径，如图8-91所示。

步骤02 选取直接选择工具，拖曳鼠标指针至需要断开的路径锚点上，单击鼠标左键，即可选中该锚点，如图8-92所示。

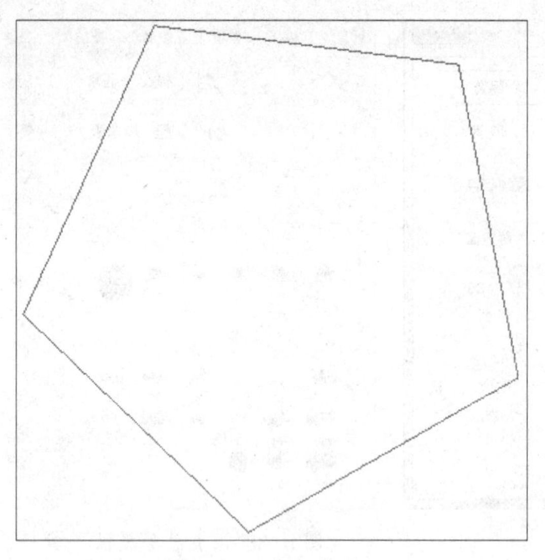

图 8-91 创建多边形路径

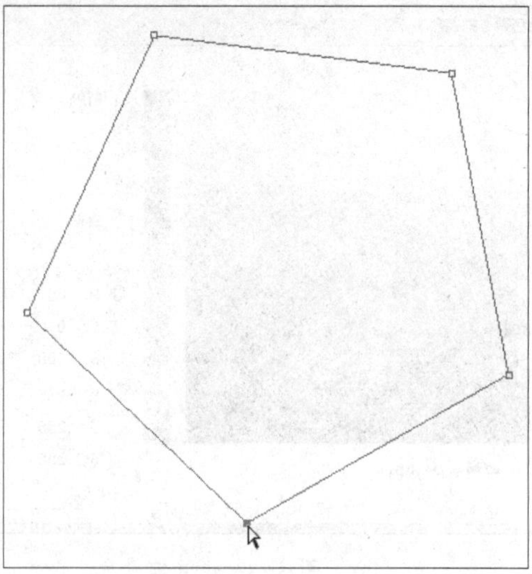

图 8-92 选中锚点

步骤03 按【Delete】键，即可断开路径，如图8-93所示。选取钢笔工具，拖曳鼠标指针至断开路径的左开口上。

步骤04 单击鼠标左键，拖曳鼠标至右侧开口上，再次单击鼠标左键，即可连接路径，如图8-94所示。

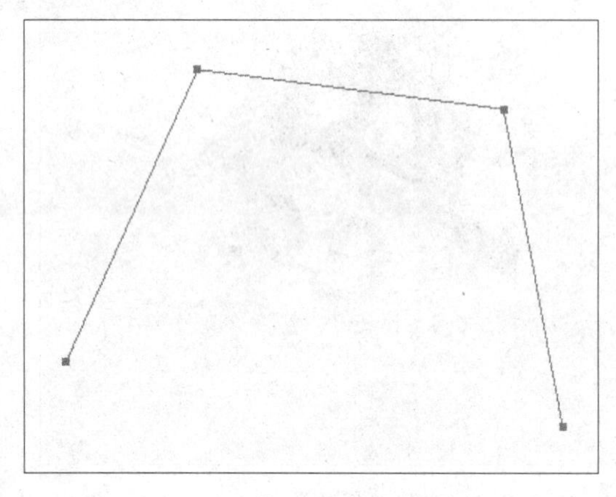

图 8-93 断开路径

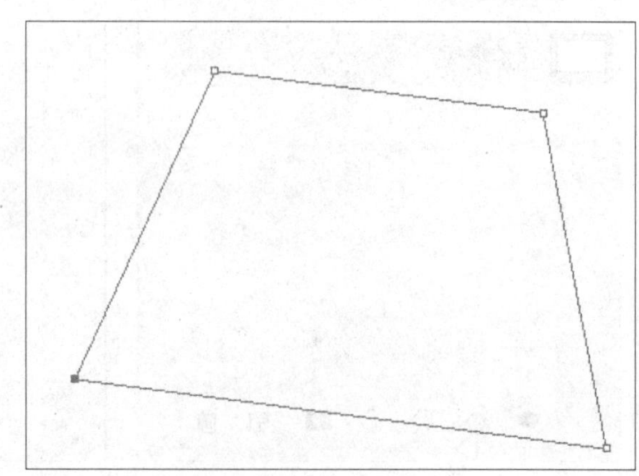

图 8-94 连接路径

09 Chapter

制作多种文本特效

学前提示

Photoshop CC 2017是一个专门的图像处理软件，在制作多种文本特效时，也能发挥强大的文字制作功能。本章将为读者讲述在制作文本时如何运用Photoshop CC 2017为文字进行处理加工和美化。

本章教学目标

- 创建多种文本
- 编辑文本对象
- 制作文本艺术特效
- 转换文字对象

学完本章后你会做什么

- 掌握创建输入横排文本、直排文本、段落文本、选区文本的方法
- 掌握修改文字段落属性、修改文字行距属性等方法
- 掌握创建沿路径排列文字、调整文字与路径距离等操作方法
- 掌握将文字转换为路径、形状以及图像的操作方法

视频演示

9.1 创建多种文本

在 Photoshop CC 2017 中，提供了 4 种文字输入工具，分别为横排文字工具、直排文字工具、横排文字蒙版工具和直排文字蒙版工具，选择不同的文字工具会创建出不同类型的文字效果。

9.1.1 创建横排文本

在处理商品图片时，经常需要在商品图片上附上商品说明，这时可通过横排文字工具制作横排商品文字效果。下面详细介绍制作横排商品文字效果的操作方法。

素材文件	光盘 \ 素材 \ 第 9 章 \ 裤子 .jpg
效果文件	光盘 \ 效果 \ 第 9 章 \ 裤子 .psd
视频文件	光盘 \ 视频 \ 第 9 章 \9.1.1 创建横排文本 .mp4

步骤 01 按【Ctrl+O】组合键，打开一幅素材图像，如图9-1所示。

步骤 02 在工具箱中选取横排文字工具，如图9-2所示。

图 9-1 打开素材图像

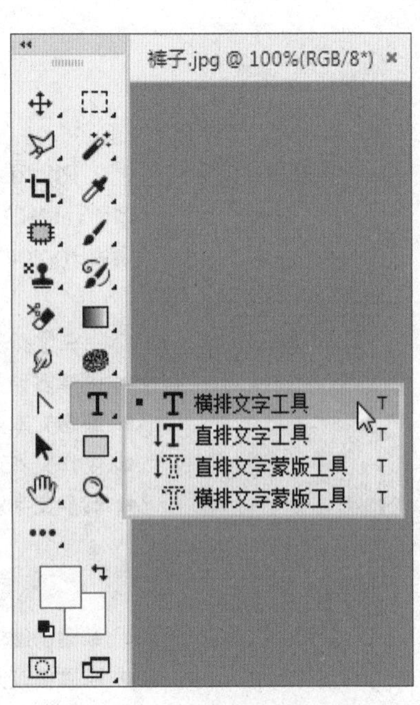

图 9-2 选取横排文字工具

步骤 03 选取横排文字工具后，其工具属性栏如图9-3所示。

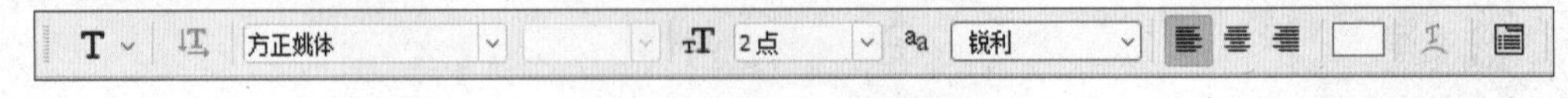

图 9-3 横排文字工具属性栏

步骤 04 将鼠标指针移至图像编辑窗口中，单击鼠标左键，确定文字的插入点，如图9-4所示。

步骤 05 在“字符”面板中设置“字体”为“方正细圆简体”、“字体大小”为11点，如图9-5所示。

步骤 06 在工具属性栏中单击“颜色”色块，弹出“拾色器（文本颜色）”对话框，设置颜色为白色（RGB参数值均为255），如图9-6所示。

步骤 07 单击“确定”按钮后，然后输入文字，效果如图9-7所示。

图 9-4 确定文字插入点

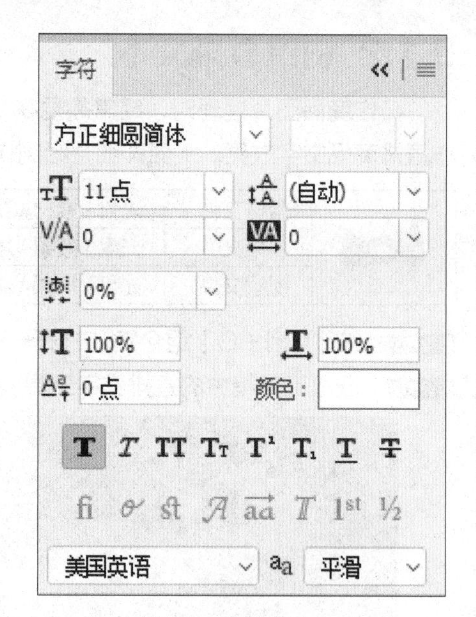

图 9-5 设置参数

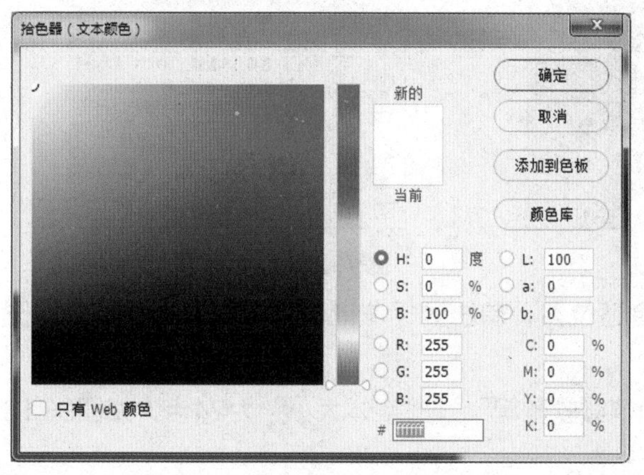

图 9-6 设置参数值

图 9-7 输入文字效果

步骤 08 单击工具属性栏右侧的“提交所有当前编辑”按钮，即可结束当前文字输入，如图9-8所示。

步骤 09 选取工具箱中的移动工具，将文字移动至合适位置，最终效果如图9-9所示。

图 9-8 单击“提交所有当前编辑”按钮

图 9-9 最终效果

9.1.2 创建直排文本

在作商品图片处理时，经常需要在商品图片上附上文字说明等，这时可通过直排文字工具制作直排商品文字效果。下面详细介绍制作直排商品文字效果的操作方法。

	素材文件	光盘 \ 素材 \ 第 9 章 \ 护肤品广告 .jpg
	效果文件	光盘 \ 效果 \ 第 9 章 \ 护肤品广告 .jpg
	视频文件	光盘 \ 视频 \ 第 9 章 \9.1.2 创建直排文本 .mp4

步骤 01 按【Ctrl＋O】组合键，打开一幅素材图像，如图9-10所示。

步骤 02 选取工具箱中的直排文字工具，如图9-11所示。

图 9-10 打开素材图像

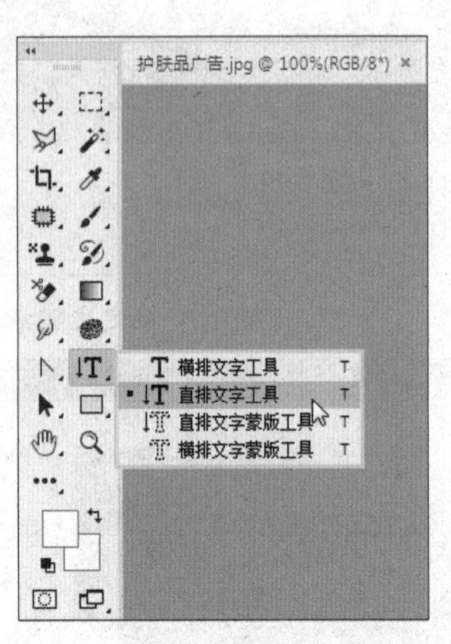

图 9-11 选取直排文字工具

步骤 03 将鼠标指针移至图像编辑窗口中的合适位置，单击鼠标左键确定文字的插入点，如图9-12所示。

步骤 04 在“字符”面板中，设置“字体”为“微软雅黑”、“字体大小”为24点，如图9-13所示。

图 9-12 确定文字插入点

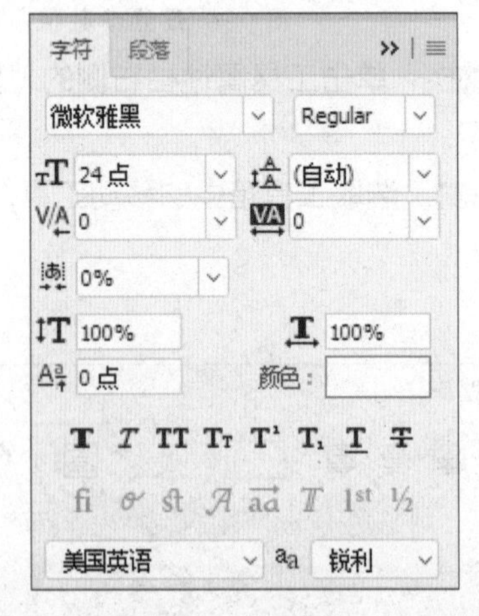

图 9-13 设置参数

步骤 05 在工具属性栏中，单击“颜色”色块，弹出“拾色器（文本颜色）”对话框，设置颜色为紫色（RGB参数值分别为62、42、126），如图9-14所示。

步骤 06 单击“确定”按钮后，然后输入文字，如图9-15所示。

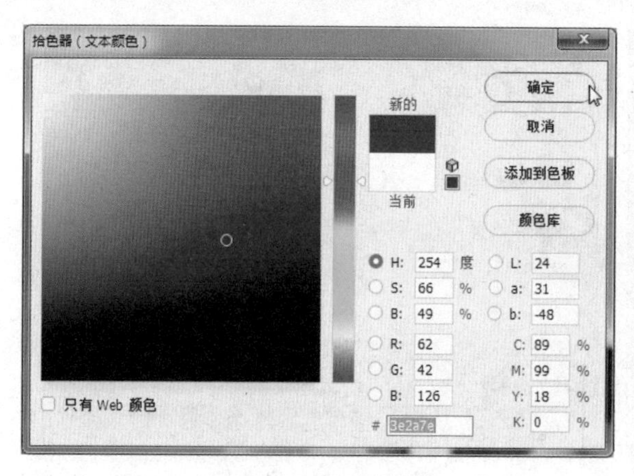

图 9-14 设置参数值

图 9-15 输入文字

步骤 07 单击工具属性栏右侧的“提交所有当前编辑”按钮，如图9-16所示，即可结束当前文字输入。

步骤 08 选取工具箱中的移动工具，将文字移动至合适位置，效果如图9-17所示。

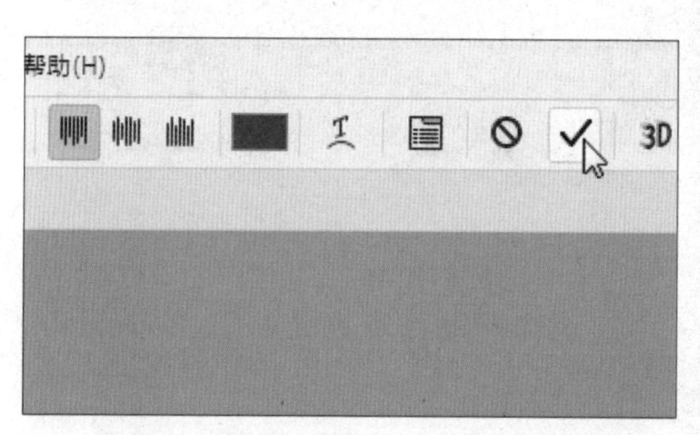

图 9-16 单击“提交所有当前编辑”按钮

图 9-17 最终效果

专家提醒

如果按【Ctrl + Enter】组合键，可以确认输入的文字；如果单击工具属性栏上的“取消所有当前编辑”按钮，如果按则可以清除输入的文字。

9.1.3 创建段落文本

段落文字是一类以段落文字定界框来确定文字的位置与换行情况的文字，当用户改变段落文字定界框时，定界框中的文字会根据定界框的位置自动换行。下面详细介绍制作段落文本效果的操作方法。

	素材文件	光盘 \ 素材 \ 第 9 章 \ 清凉一夏 .jpg
	效果文件	光盘 \ 效果 \ 第 9 章 \ 清凉一夏 .psd
	视频文件	光盘 \ 视频 \ 第 9 章 \9.1.3 创建段落文本 .mp4

步骤 01 按【Ctrl + O】组合键，打开一幅素材图像，如图9-18所示。

步骤 02 选取横排文字工具，在图像编辑窗口中创建一个文本框，如图9-19所示。

图 9-18 素材图像

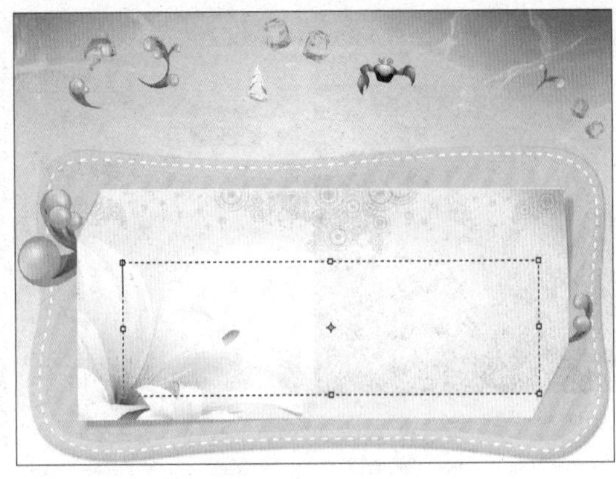

图 9-19 创建文本框

步骤 03 在“字符”面板中，设置“字体”为“华文行楷”，设置“字体大小”为24点，设置“颜色”为蓝色（RGB参数值分别为2、98、250），如图9-20所示。

步骤 04 在图像上输入相应文字，单击工具属性栏右侧的“提交所有当前编辑”按钮，即可完成段落文字的输入操作，效果如图9-21所示。

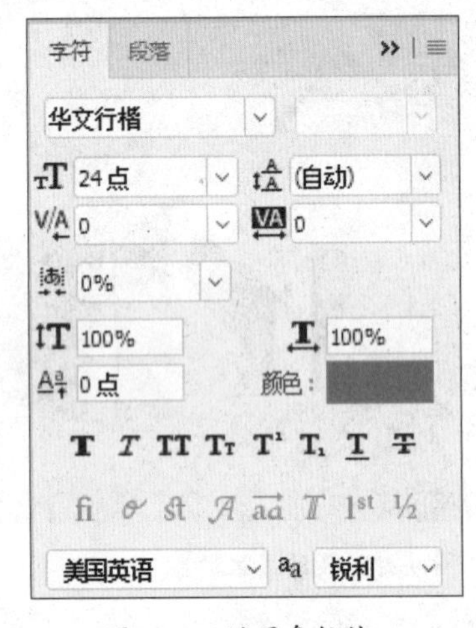

图 9-20 设置参数值

图 9-21 输入段落文字效果

> **专家提醒**
>
> 段落文字是一类以段落文字文本框来确定文字位置与换行情况的文字，当用户改变段落文字的文本框时，文本框中的文本会根据文本框的位置自动换行。

9.1.4 创建选区文本

在一些广告上经常会看到特殊排列的文字，即新颖又体现了很好的视觉效果。下面详细介绍创建输入选区文本的操作方法。

	素材文件	光盘 \ 素材 \ 第 9 章 \ 金表广告 .jpg
	效果文件	光盘 \ 效果 \ 第 9 章 \ 金表广告 . jpg
	视频文件	光盘 \ 视频 \ 第 9 章 \9.1.4 创建选区文本 .mp4

步骤 01 按【Ctrl＋O】组合键，打开一幅素材图像，如图9-22所示。

步骤 02 选取工具箱中的横排文字蒙版工具，如图9-23所示。

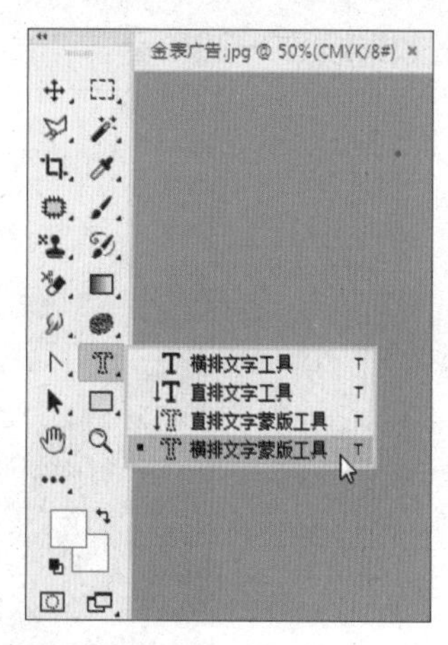

图 9-22 打开素材图像　　图 9-23 选取横排文字蒙版工具

步骤 03 将鼠标指针移至图像编辑窗口中的合适位置，单击鼠标左键确认文本输入点，此时，图像背景呈淡红色显示，如图9-24所示。

步骤 04 在“字符”面板中，设置“字体”为“方正舒体”，设置“字体大小”为60点，如图9-25所示。

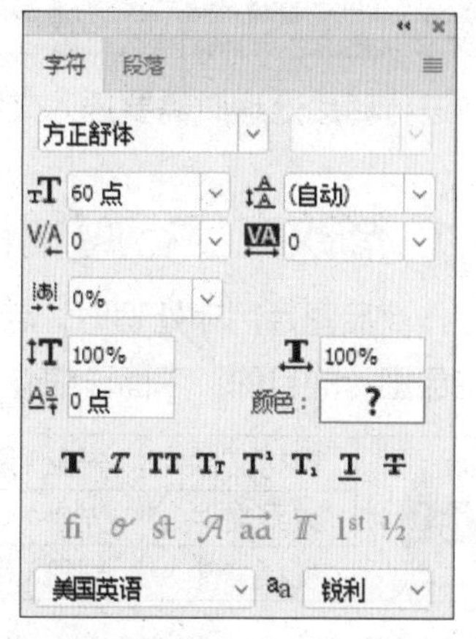

图 9-24 确认文本输入点　　图 9-25 设置参数值

步骤 05 输入“怀旧”，此时输入的文字呈实体显示，如图9-26所示。

步骤 06 按【Ctrl + Enter】组合键确认，即可创建文字选区，如图9-27所示。

图 9-26 输入文字效果　　图 9-27 创建文字选区

步骤 07 新建“图层1”图层，为选区填充棕色（RGB参数值分别为204、134、43），再取消选区，效果如图9-28所示。

图 9-28 最终效果

9.2 编辑文本对象

在进行商品处理时需要插入文字进行描述，调整文字的各种属性，从而制作出不同的效果图片。

9.2.1 修改文字行距属性

在作商品图片后期处理时，若文字效果不佳，则需通过更改文字属性来调整文字效果，达到美化商品图片的目的。下面详细介绍修改文字段落属性的操作方法。

	素材文件	光盘 \ 素材 \ 第 9 章 \ 精致茶壶 .psd
	效果文件	光盘 \ 效果 \ 第 9 章 \ 精致茶壶 .psd
	视频文件	光盘 \ 视频 \ 第 9 章 \9.2.1 修改文字行距属性 .mp4

步骤 01 按【Ctrl＋O】组合键，打开一幅素材图像，如图9-29所示。

步骤 02 在“图层”面板中，选择文字图层，如图9-30所示。

图 9-29 打开素材图像

图 9-30 选择文字图层

步骤 03 在菜单栏中单击“窗口”|“字符”命令，如图9-31所示。

步骤 04 执行上述操作后，即可展开“字符”面板，如图9-32所示。

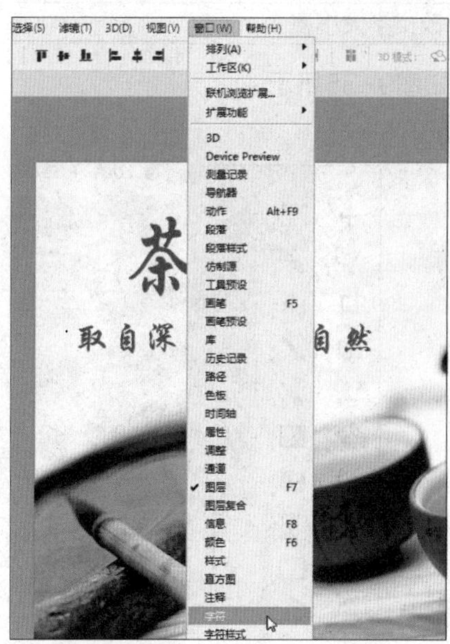

图 9-31 单击“字符”命令

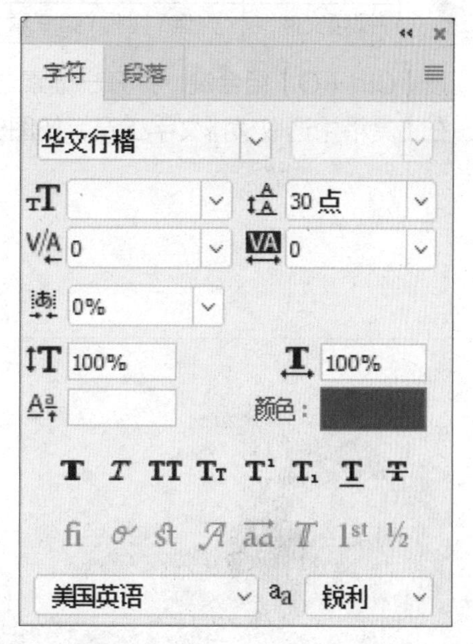

图 9-32 展开“字符”面板

步骤 05 设置“行距”为40点，如图9-33所示。

步骤 06 执行上述操作后，即可更改文字属性。调整文字至合适位置，效果如图9-34所示。

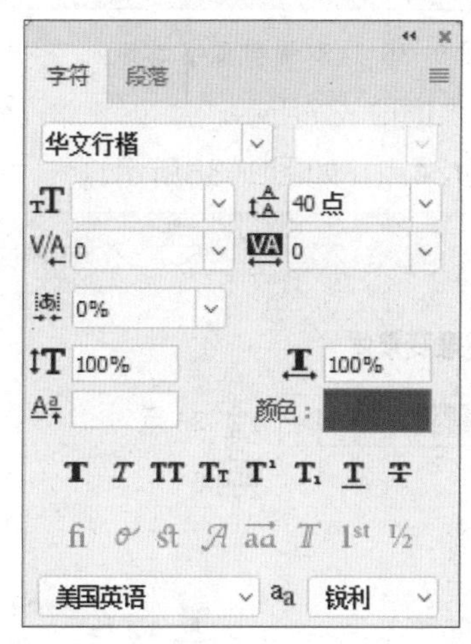

图 9-33 设置行距

图 9-34 最终效果

专家提醒

当完成文字的输入后，若发现文字的属性与整体效果不太符合，则需要对文字的相关属性进行细节性的调整。

9.2.2 修改文字大小属性

在处理商品图片时，经常需要在商品图片上附上文字说明或商品描述等，若输入文字需要调整大小等属性，这时可通字符面板对已有文字进行属性上的更改。下面详细介绍修改文字大小属性的操作方法。

	素材文件	光盘 \ 素材 \ 第 9 章 \ 手工制皂 .jpg
	效果文件	光盘 \ 效果 \ 第 9 章 \ 手工制皂 .psd
	视频文件	光盘 \ 视频 \ 第 9 章 \9.2.2 修改文字大小属性 .mp4

步骤 01 按【Ctrl+O】组合键，打开一幅素材图像，如图9-35所示。

步骤 02 在工具箱中选取横排文字工具，如图9-36所示。

图 9-35 打开素材图像

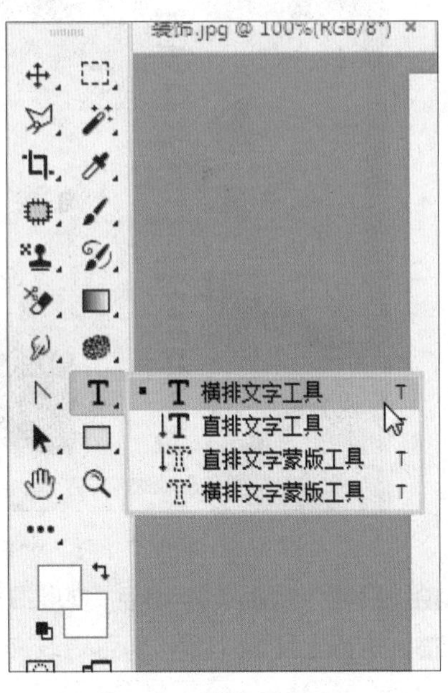

图 9-36 选取横排文字工具

步骤 03 将鼠标移至图层窗口，双击鼠标左键，选中文字图层，如图9-37所示。

步骤 04 在“字符”面板中，设置“字体大小”为24点，行距为24点，如图9-38所示。

图 9-37 创建文本框

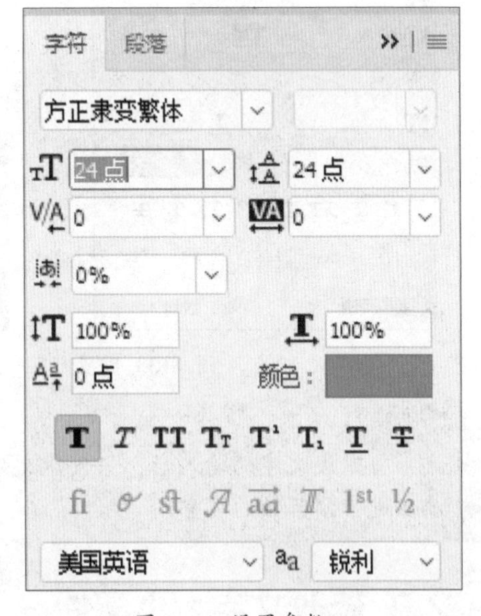

图 9-38 设置参数

步骤 05 在“字符”面板中，单击“颜色”色块，弹出“拾色器（文本颜色）”对话框，设置颜色为黄色（RGB参数值分别为241、176、95），如图9-39所示。

步骤 06 单击“确定”按钮，完成文本颜色修改，效果如图9-40所示。

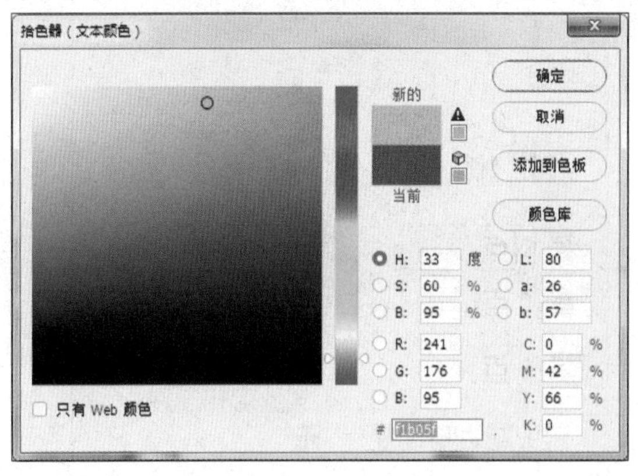

图 9-39 设置参数值

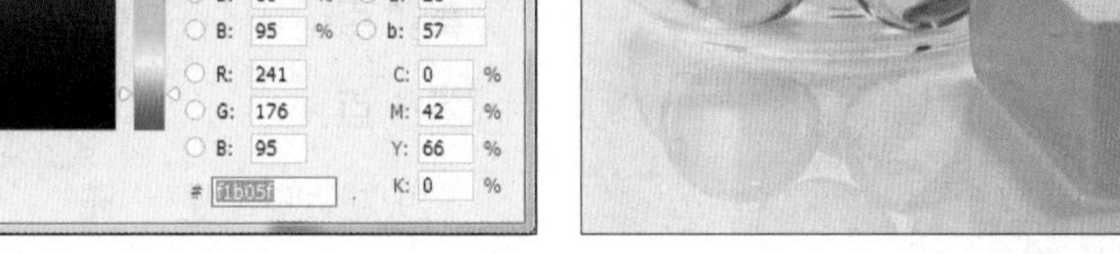

图 9-40 输入文字

9.2.3 设置文字缩进段落属性效果

在作商品图片后期处理时，经常在商品图片上添加商品描述，若想改变商品描述段落文字显示效果，可通过设置文字段落属性来实现。下面详细介绍设置商品描述段落属性的操作方法。

	素材文件	光盘 \ 素材 \ 第 9 章 \ 蛋糕 .psd
	效果文件	光盘 \ 效果 \ 第 9 章 \ 蛋糕 .psd
	视频文件	光盘 \ 视频 \ 第 9 章 \9.2.3 设置文字缩进段落属性效果 .mp4

步骤 01 按【Ctrl＋O】组合键，打开一幅素材图像，如图9-41所示。

步骤 02 在“图层”面板中，选择文字图层，如图9-42所示。

图 9-41 打开素材图像

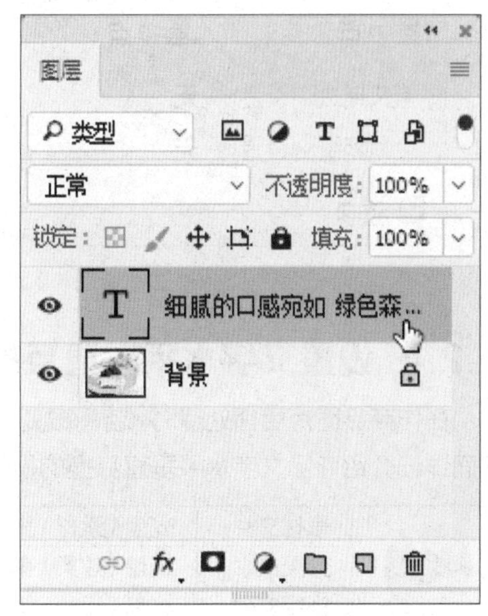

图 9-42 选择文字图层

步骤 03 在菜单栏中单击“窗口”|“段落”命令，如图9-43所示。

步骤 04 执行上述操作后，即可展开“段落”面板，如图9-44所示。

步骤 05 设置“左缩进”为10点，如图9-45所示。

步骤 06 执行上述操作后，即可更改文字段落属性，再使用移动工具进行调整，效果如图9-46所示。

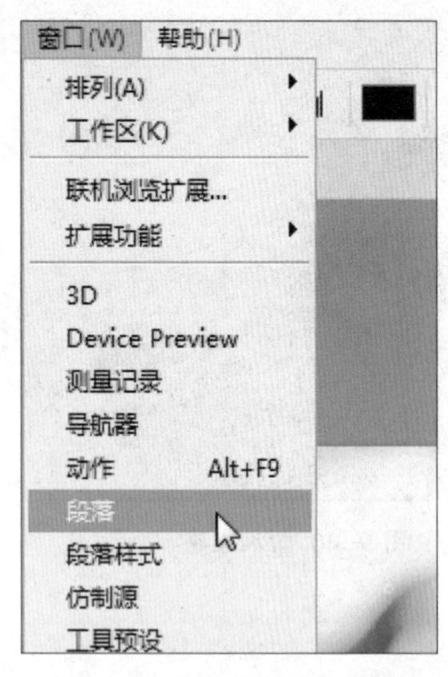

图 9-43 单击“段落”命令

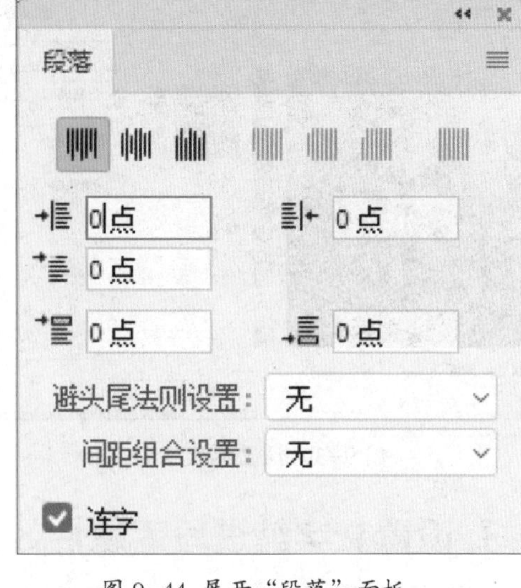

图 9-44 展开“段落”面板

图 9-45 设置左缩进

图 9-46 最终效果

9.2.4 设置文字水平垂直互换效果

在作商品图片后期处理时，若想改变商品文字显示效果，可以通过文字水平垂直互换来实现。下面详细介绍商品文字水平垂直互换的操作方法。

	素材文件	光盘 \ 素材 \ 第 9 章 \ 灯 .psd
	效果文件	光盘 \ 效果 \ 第 9 章 \ 灯 .psd
	视频文件	光盘 \ 视频 \ 第 9 章 \9.2.4 设置文字水平垂直互换效果 .mp4

步骤01 按【Ctrl+O】组合键，打开一幅素材图像，如图9-47所示。

步骤02 在“图层”面板中选择文字图层，如图9-48所示。

步骤03 选取工具箱中的横排文字工具，在工具属性栏中，单击“切换文本取向”按钮，如图9-49所示。

步骤04 执行操作后，即可更改文本的排列方向，切换至移动工具，调整文字的位置，效果如图9-50所示。

图 9-47 打开素材图像

图 9-48 选择文字图层

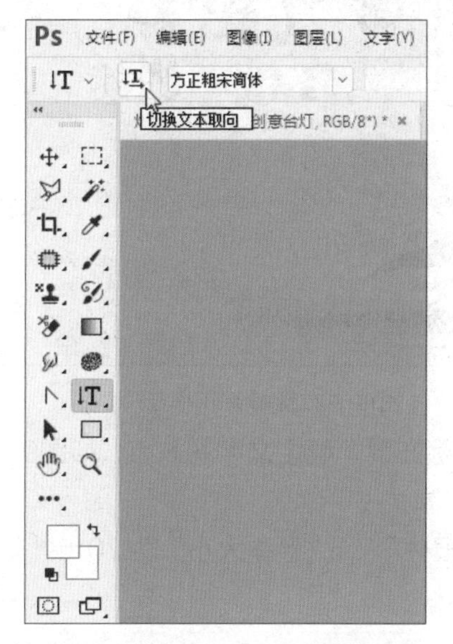

图 9-49 单击“切换文本取向”按钮

图 9-50 最终效果

专家提醒

除了上述操作方法以外，还有两种方法可以切换文字排列：

- 在菜单栏中单击“图层”|“文字”|“水平”命令，可以在直排文字与横排文字之间进行相互转换。
- 在菜单栏中单击“图层”|“文字”|“垂直”命令，可以在横排文字与直排文字之间进行相互转换。

9.3 制作文本艺术特效

在许多作品中，设计的文字呈连绵起伏的状态，这就是路径绕排文字的功劳，沿路径绕排文字时，可以先使用钢笔工具或形状工具创建直线或曲线路径，再进行文字的输入，本节主要向读者介绍创建路径文字的操作方法。

9.3.1 创建沿路径排列文字

在作商品图片后期处理时，若想制作商品文字特殊排列效果，可通过绘制路径，并沿路径排列文字。下面详细介绍制作商品文字沿路径排列效果的操作方法。

	素材文件	光盘 \ 素材 \ 第 9 章 \ 鞋业广告 .jpg
	效果文件	光盘 \ 效果 \ 第 9 章 \ 鞋业广告 .psd
	视频文件	光盘 \ 视频 \ 第 9 章 \9.3.1 创建沿路径排列文字 .mp4

步骤 01 按【Ctrl + O】组合键，打开一幅素材图像，如图9-51所示。

步骤 02 在工具箱中选取钢笔工具，在图像编辑窗口中的合适位置绘制一条曲线路径，如图9-52所示。

图 9-51 打开素材图像

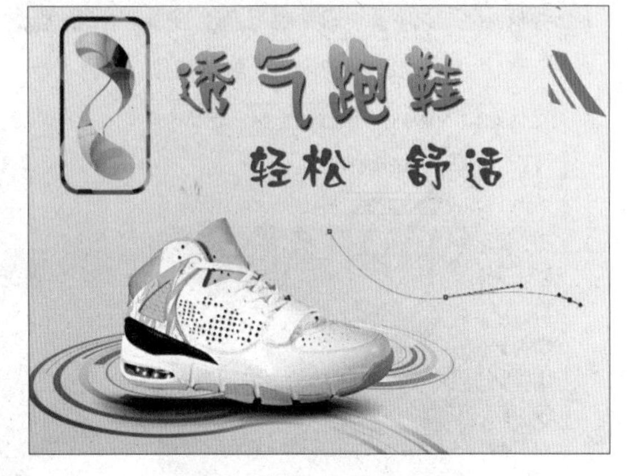

图 9-52 绘制曲线路径

步骤 03 选取工具箱中的横排文字工具，在路径上单击鼠标左键，确定文字输入点，如图9-53所示。

步骤 04 在“字符”面板中，设置“字体”为“华康海报体”、“字体大小”为20点，如图9-54所示。

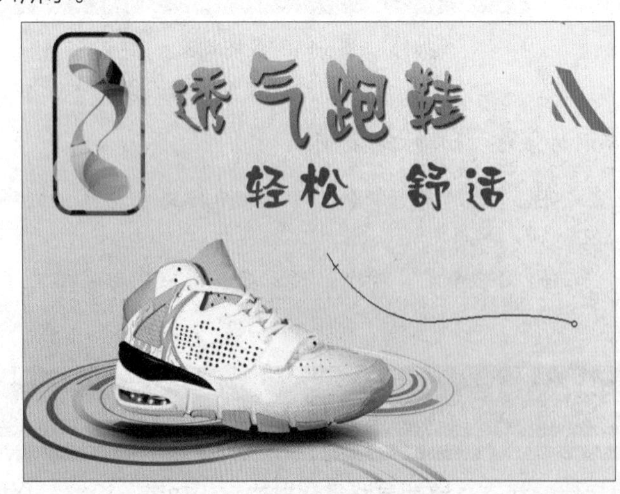

图 9-53 确定文字输入点

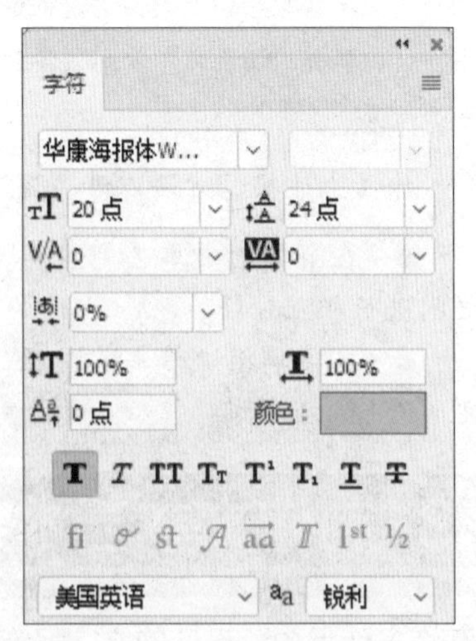

图 9-54 设置参数

步骤 05 在工具属性栏中单击“颜色”色块，弹出“拾色器（文本颜色）”对话框，设置颜色为蓝色（RGB参数值分别为116、194、230），如图9-55所示。

步骤 06　单击“确定”按钮，输入文字，按【Ctrl + Enter】组合键，确认文字输入，并隐藏路径，效果如图9-56所示。

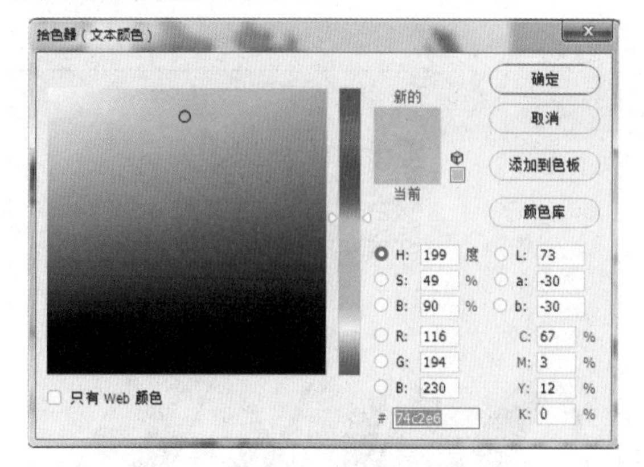

图 9-55 设置参数值

图 9-56 最终效果

专家提醒

沿路径输入文字时，文字将沿着锚点添加到路径方向。如果在路径上输入横排文字，文字方向将与基线垂直；当在路径上输入直排文字时，文字方向将与基线平行。

9.3.2 调整文字与路径距离

网店卖家在作商品图片后期处理时，若觉得文字路径形状效果不理想，想改变商品文字排列形状效果，可通过调整文字路径形状来实现。下面详细介绍调整商品文字路径的形状的操作方法。

	素材文件	光盘 \ 素材 \ 第 9 章 \ 和风碗具 .psd
	效果文件	光盘 \ 效果 \ 第 9 章 \ 和风碗具 .psd
	视频文件	光盘 \ 视频 \ 第 9 章 \9.3.2 调整文字与路径 .mp4

步骤 01　按【Ctrl + O】组合键，打开一幅素材图像，如图9-57所示。

步骤 02　在“图层”面板中选择“陶艺米饭碗”文字图层，展开“路径”面板，在“路径”面板中，选择文字路径，如图9-58所示。

图 9-57 打开素材图像

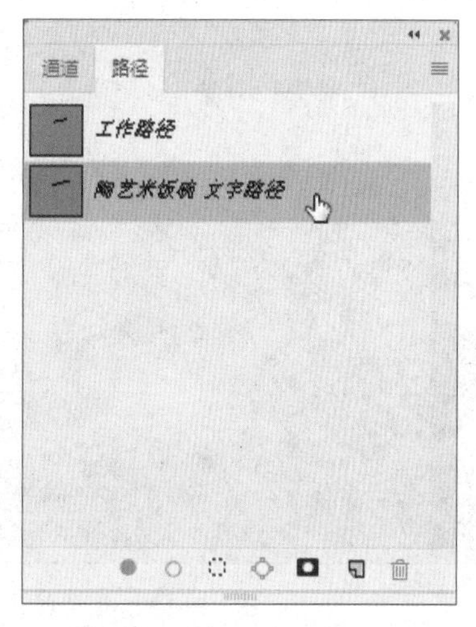

图 9-58 选择文字路径

步骤 03 在工具箱中选取直接选择工具，移动鼠标指针至图像编辑窗口中的文字路径上，单击鼠标左键并拖曳节点至合适位置，如图9-59所示。

步骤 04 执行上述操作后，按【Enter】键确认，即可调整文字路径的形状，调整位置后的效果如图9-60所示。

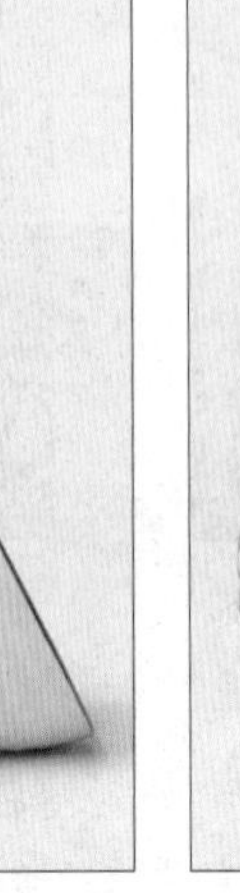

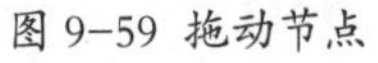
图 9-59 拖动节点

图 9-60 最终效果

9.3.3 创建变形文字样式

平时看到的文字广告，很多都采用了变形文字的效果，因此显得更美观，很容易引起人们的注意。

	素材文件	光盘 \ 素材 \ 第 9 章 \ 蜗牛 .psd
	效果文件	光盘 \ 效果 \ 第 9 章 \ 蜗牛 .psd
	视频文件	光盘 \ 视频 \ 第 9 章 \9.3.3 创建变形文字样式 .mp4

步骤 01 按【Ctrl＋O】组合键，打开一幅素材图像，如图9-61所示。

步骤 02 选择相应的文字图层，单击“文字”|“文字变形”命令，弹出“变形文字”对话框，如图9-62所示。

图 9-61 打开素材图像

图 9-62 “变形文字”对话框

步骤 03 在“变形文字”对话框中，设置“样式”为“鱼形”，如图9-63所示。

步骤 04 单击“确定”按钮，即可创建变形文字样式，如图9-64所示。

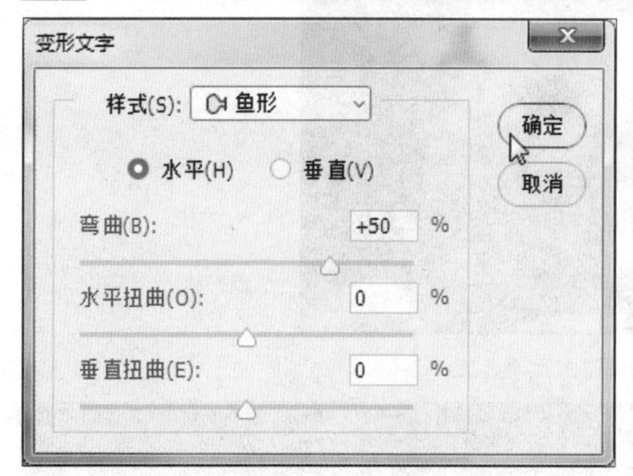

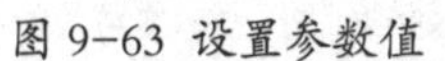
图 9-63 设置参数值

图 9-64 创建变形文字样式效果

9.3.4 编辑变形文字效果

在 Photoshop CC 2017 中，用户可以对文字进行变形扭曲操作，以得到更好的视觉效果。下面向用户介绍变形扭曲文字的操作方法。

	素材文件	光盘 \ 素材 \ 第 9 章 \ 猫 .psd
	效果文件	光盘 \ 效果 \ 第 9 章 \ 猫 .psd
	视频文件	光盘 \ 视频 \ 第 9 章 \9.3.4 编辑变形文字效果 .mp4

步骤 01 按【Ctrl+O】组合键，打开一幅素材图像，如图9-65所示。

步骤 02 选择文字图层，单击“文字”|“文字变形”命令，弹出“变形文字”对话框，设置“样式”为“膨胀”、“弯曲”为 - 100%，如图9-66所示。

图 9-65 打开素材图像

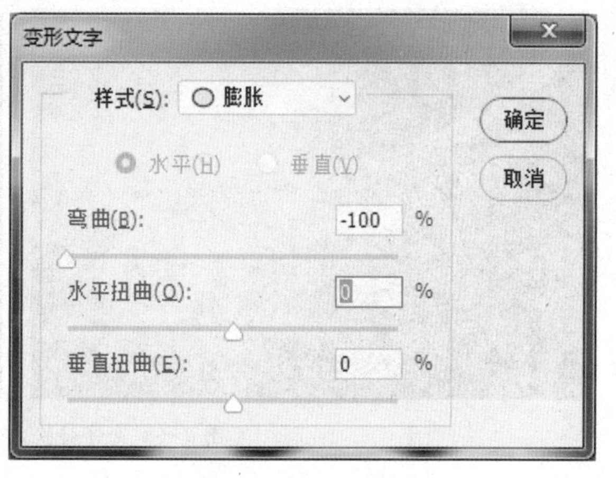

图 9-66 设置参数值

步骤 03 单击“确定”按钮，即可编辑变形文字效果，如图9-67所示。

专家提醒

在运用 Photoshop 制作变形文字效果时，要注意文字本身的特征，不要为了吸引人的眼球过分扭曲文字，降低了文字的辨识度就失去了文字原本的意义。

图 9-67 编辑变形文字效果

9.4 转换文字对象

输入文字后，只能对文字及段落属性进行设置。在 Photoshop CC 2017 中，将文字转换为路径、形状、图像、矢量智能对象后，用户可以进行调整文字的形状、添加描边、使用滤镜，叠加颜色或图案等操作。

9.4.1 将文字转换为路径

在Photoshop CC 2017中，可以直接将文字转换为路径，从而可以直接通过此路径进行描边、填充等操作，制作出特殊的文字效果。

选择文字图层，单击“类型”|“创建工作路径”命令，即可将文字转换为工作路径。在将文字转换为路径后，原文字属性不变，生成的工作路径可以应用填充和描边，或者通过调整锚点得到变形文字。如图9-68所示为文字转换为路径前后的对比图。

图 9-68 文字转换为路径前后的对比图

9.4.2 将文字转换为形状

选择文字图层，单击“类型”|“转换为形状”命令，即可将文字转换为有矢量蒙版的形状。将文字转换为形状后，原文字图层已经不存在，取而代之的是一个形状图层，此时我们只能够使用钢笔工具、添加锚点工具等路径编辑工具对其进行调整，而无法再为其设置文字属性。如图 9-69 所示为文字转换为形状的前后对比图。

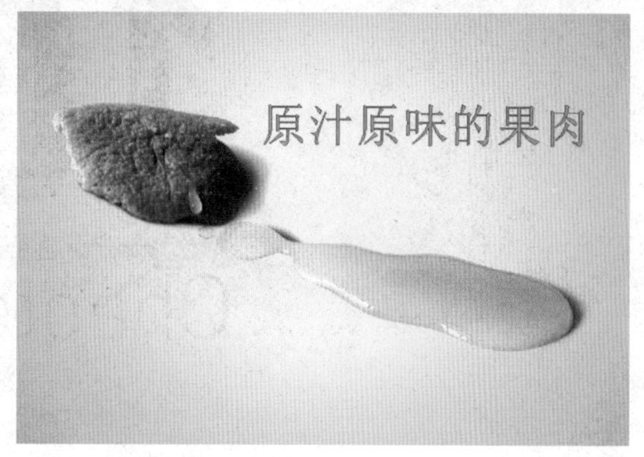

图 9-69 文字转换为形状的前后对比图

9.4.3 将文字转换为图像

文字图层具有不可以编辑的特性，如果需要在文本图层中进行绘画、颜色调整或添加滤镜等操作，首先需要将文字图层转换为普通图层。在文字图层上单击鼠标右键，从弹出的快捷菜单中选择“栅格式文字”选项，即可将文字转换为图像，如图9-70所示为文字图层转换为图像前后的“图层”面板。

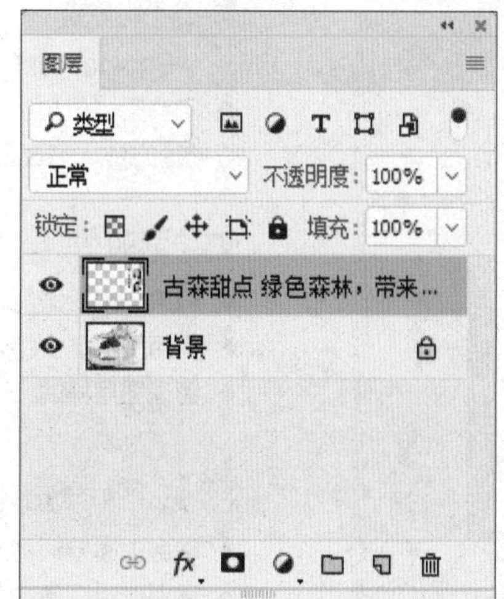

图 9-70 将文字转换为普通图层

10

Chapter

创建图层混合特效

学前提示

Photoshop CC 2017是一个专门的图像处理软件，在绘图和图像处理方面有很大的作用，用户可以通过调整图层、填充图层、使用图层混合特效等处理方法，来调整与管理图层，以此设计出更好的作品。

本章教学目标

- 创建与编辑图层
- 应用图层混合特效
- 管理图层样式

学完本章后你会做什么

- 掌握创建普通图层、形状图层的方法，并掌握编辑图层的方法
- 掌握应用图像的“正片叠底”“线性加深”“强光”等模式
- 掌握隐藏/清除图层样式以及复制/粘贴图层样式的方法

视频演示

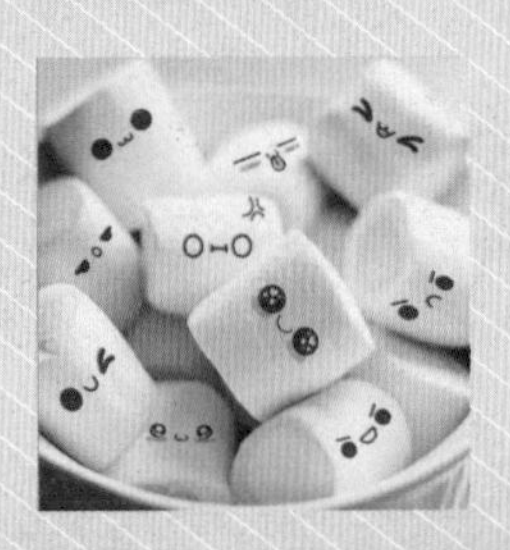

10.1 创建与编辑图层

在 Photoshop CC 2017 中，用户可根据需要创建不同的图层，本节主要向读者详细地介绍创建普通图层、形状图层、调整图层、填充图层等的操作方法。

10.1.1 创建普通图层

普通图层是 Photoshop CC 2017 最基本的图层，用户在创建和编辑图像时，新建的图层都是普通图层。

	素材文件	光盘 \ 素材 \ 第 10 章 \ 棉花糖 .jpg
	效果文件	光盘 \ 效果 \ 第 10 章 \ 棉花糖 .psd
	视频文件	光盘 \ 视频 \ 第 10 章 \10.1.1 创建普通图层 .mp4

01 按【Ctrl+O】组合键，打开一幅素材图像，如图10-1所示。

02 单击“图层”面板中的“创建新图层”按钮，新建图层，如图10-2所示。

图 10-1 打开素材图像

图 10-2 新建图层

专家提醒

新建图层的方法有 6 种，分别如下：

● 命令：单击“图层”|“新建”|“图层”命令，弹出“新建图层”对话框，单击“确定”按钮，即可创建新图层。

● 面板菜单：单击“图层”面板右上角的三角形按钮，在弹出的面板菜单中选择“新建图层”选项。

● 快捷键+按钮 1：按住【Alt】键的同时，单击“图层”面板底部的“创建新图层”按钮。

● 快捷键+按钮 2：按住【Ctrl】键的同时，单击“图层”面板底部的“创建新图层”按钮，可在当前图层中的下方新建一个图层。

● 快捷键 1：按【Shift + Ctrl + N】组合键。

● 快捷键 2：按【Alt + Shift + Ctrl + N】组合键，可以在当前图层对象的上方添加一个图层。

10.1.2 创建形状图层

用户使用工具箱中的形状工具在图像编辑窗口中创建图像后，“图层”面板中会自动创建一个新的形状图层，如图 10-3 所示。

图 10-3 形状图层

10.1.3 创建调整图层

通过调整图层可以对图像进行颜色填充和色调调整，而不会永久地修改图像中的像素，即颜色和色调的更改位于调整图层内，该图层像一层透明的膜一样，下层图像及其调整后的效果可以透过它显示出来。

	素材文件	光盘 \ 素材 \ 第 10 章 \ 玫瑰绽放 .jpg
	效果文件	光盘 \ 效果 \ 第 10 章 \ 玫瑰绽放 .psd
	视频文件	光盘 \ 视频 \ 第 10 章 \10.1.3 创建调整图层 .mp4

步骤 01 按【Ctrl+O】组合键，打开一幅素材图像，如图10-4所示。

步骤 02 单击“图层”|“新建调整图层”|“色相/饱和度”命令，弹出“新建图层”对话框，如图10-5所示。

图 10-4 打开素材图像

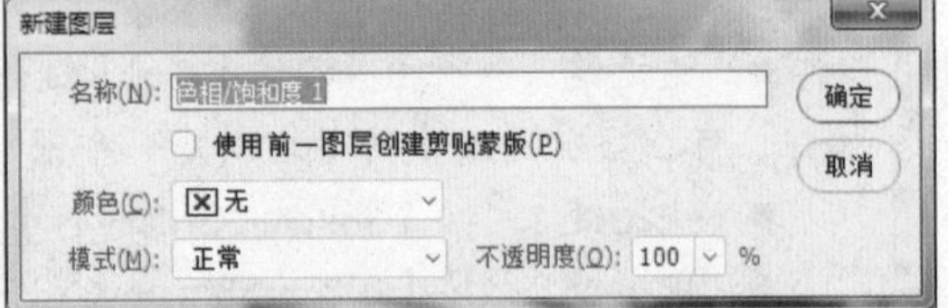

图 10-5 弹出“新建图层”对话框

步骤 03 单击“确定”按钮，即可创建调整图层，如图10-6所示。

步骤 04 展开“属性”面板，设置各参数，如图10-7所示。

图 10-6 创建调整图层

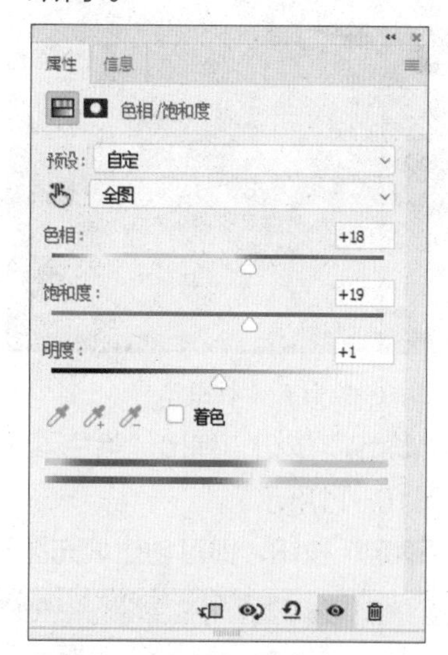

图 10-7 设置参数值

步骤 05 隐藏“属性”面板，调整图层后的图像效果如图10-8所示。

图 10-8 调整图层后的图像效果

10.1.4 创建填充图层

填充图层是指在原有图层的基础上新建一个图层，并在该图层上填充相应的颜色。用户可以根据需要为新图层填充纯色、渐变色或图案，通过调整图层的混合模式和不透明度使其与底层图层叠加，以产生特殊的效果。

	素材文件	光盘 \ 素材 \ 第 10 章 \ 枫林 .jpg
	效果文件	光盘 \ 效果 \ 第 10 章 \ 枫林 .psd
	视频文件	光盘 \ 视频 \ 第 10 章 \10.1.4 创建填充图层 .mp4

步骤 01 按【Ctrl＋O】组合键，打开一幅素材图像，如图10-9所示。

步骤 02 单击“图层”|“新建填充图层”|“纯色”命令，弹出“新建图层”对话框，设置“颜色”为“绿色”、“模式”为“色相”，如图10-10所示。

图 10-9 打开素材图像

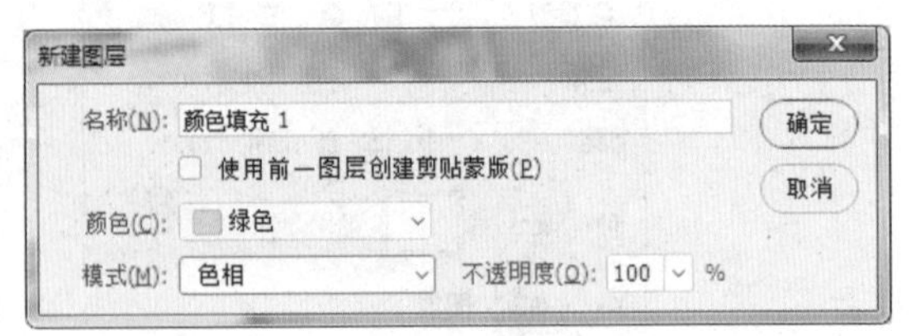

图 10-10 设置各选项

步骤03 单击“确定”按钮，弹出“拾色器（纯色）”对话框，设置RGB参数值分别为158、221、10，如图10-11所示。

步骤04 单击“确定”按钮，即可创建填充图层，效果如图10-12所示。

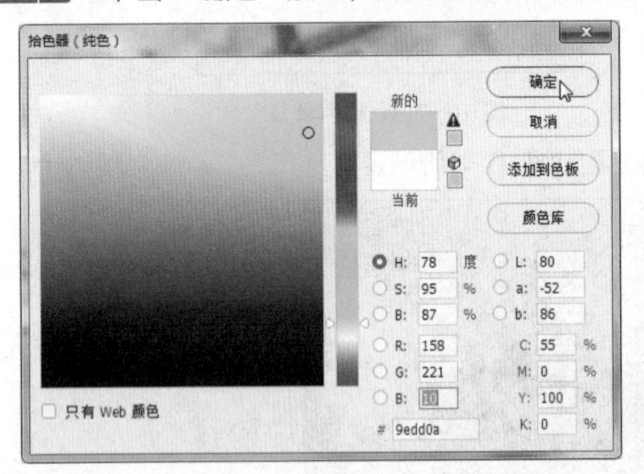

图 10-11 设置参数值

图 10-12 创建填充图层效果

10.1.5 选择图层

单击“图层”面板中的一个图层即可选择该图层，它会成为当前图层。该方法是最基本的选择方法，还有其他 5 种选择方法，如表 10-1 所述。

图 10-1 选择图层的 5 种方法

名称	介绍
选择多个图层	如果要选择多个相邻的图层，可以单击第一个图层，按住【Shift】键的同时单击最后一个图层；如果要选择多个不相邻的图层，可以在按【Ctrl】键同时单击相应图层。
选择所有图层	单击“选择”|“所有图层”命令，即可选择“图层”面板中的所有图层。
选择相似图层	单击“选择”|“选择相似图层”命令，即可选择类型相似的所有图层。
选择链接图层	选择一个链接图层，单击“图层”|“选择链接图层”命令，可以选择与之链接的所有图层。
取消选择图层	如果不想选择任何图层，可以在面板中最下面一个图层下方的空白处单击。也可以单击“选择”|“取消选择图层”命令。

10.1.6 显示与隐藏图层

图层缩览图前面的“指示图层可见性”图标可以用来控制图层的可见性。有该图标的图层为可见图层，无该图标的图层为隐藏图层。单击图层前面的眼睛图标，便可以隐藏该图层。如果要显示该图层，在原眼睛图标处单击鼠标左键即可，如图 10-13 所示。

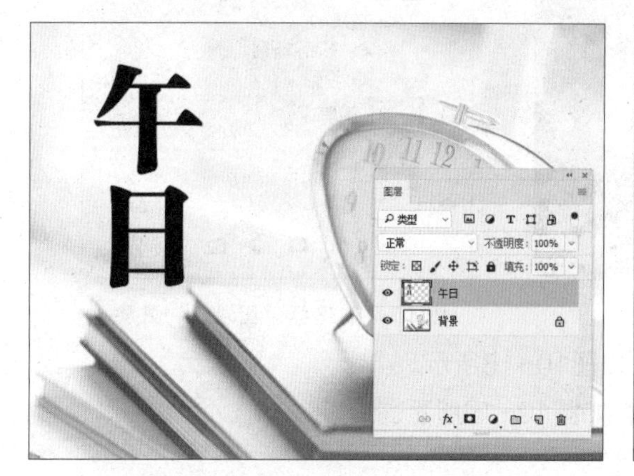

图 10-13 显示与隐藏图层

10.1.7 删除与重命名图层

在“图层”面板中每个图层都有默认的名称，用户可以根据需要自定义图层的名称，以方便操作，对于多余的图层，应该及时将其从图像中删除，以减小图像文件的大小。

	素材文件	光盘 \ 素材 \ 第 10 章 \ 铂金卡 .psd
	效果文件	光盘 \ 效果 \ 第 10 章 \ 铂金卡 .psd
	视频文件	光盘 \ 视频 \ 第 10 章 \10.1.7 删除与重命名图层 .mp4

步骤 01 按【Ctrl+O】组合键，打开一幅素材图像，如图10-14所示。

步骤 02 选择“铂金卡”图层，单击“删除图层”按钮，如图10-15所示。

图 10-14 打开素材图像

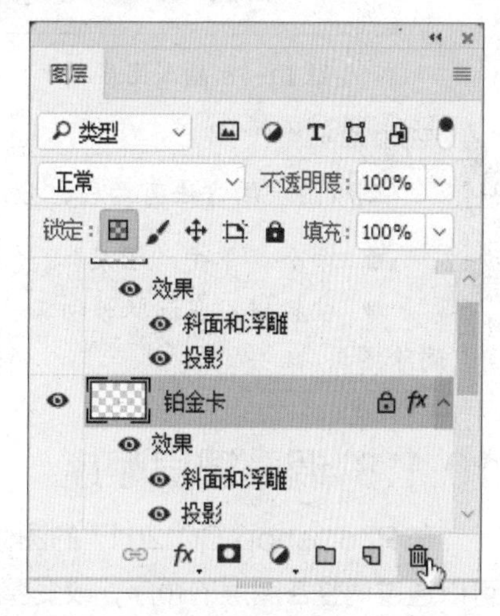

图 10-15 单击“删除图层”按钮

步骤 03 执行操作后，即可删除图层，效果如图10-16所示。

步骤 04 在“图层”面板中选择“图层2”图层，如图10-17所示。

图 10-16 删除图层效果

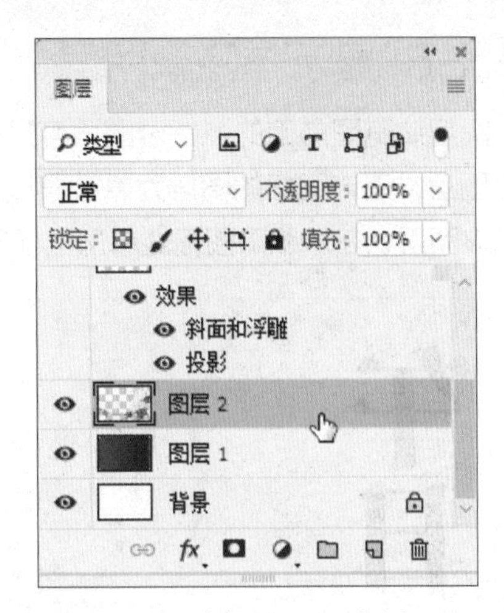

图 10-17 选择“图层 2”图层

步骤 05 双击鼠标左键激活文本框，输入名称，如图10-18所示。

步骤 06 按【Enter】键确认，即可重命名图层，如图10-19所示。

图 10-18 输入图层名称

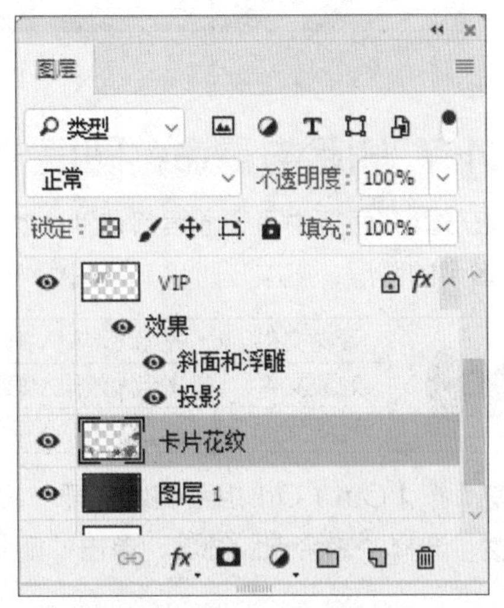

图 10-19 重命名图层

专家提醒

删除图层的方法有两种，分别如下：

- 命令：单击“图层”|“删除”|“图层”命令。
- 快捷键：在选取移动工具，并且当前图像中不存在选区的情况下，按【Delete】键，删除图层。

10.1.8 调整图层顺序

在 Photoshop CC 2017 的图像文件中，位于上方的图像会将下方的图像遮掩，此时，用户可以通过调整各图层的顺序，改变整幅图像的显示效果。

	素材文件	光盘 \ 素材 \ 第 10 章 \ 游戏大世界 .psd
	效果文件	光盘 \ 效果 \ 第 10 章 \ 游戏大世界 .psd
	视频文件	光盘 \ 视频 \ 第 10 章 \10.1.8 调整图层顺序 .mp4

步骤 01 按【Ctrl+O】组合键，打开一幅素材图像，如图10-20所示，展开“图层”面板。

步骤 02 选择“背景”图层，单击鼠标左键并拖曳该图层至“图层 1”图层的上方，效果如图 10-21 所示。

图 10-20 打开素材图像　　图 10-21 调整图层顺序

专家提醒

可以利用“图层”|“排列”子菜单中的命令来执行改变图层顺序的操作，其中各个命令的含义如下：

- 命令 1：单击“图层”|“排列”|“置为顶层”命令将图层置于最顶层，快捷键为【Ctrl + Shift +]】组合键。
- 命令 2：单击“图层”|“排列”|“后移一层”命令将图层下移一层，快捷键为【Ctrl + [】组合键。
- 命令 3：单击“图层”|“排列”|“置为底层”命令将图层置于图像的最底层，快捷键为【Ctrl + Shift + [】组合键。

10.1.9 合并图层对象

在编辑图像文件时，经常会创建多个图层，占用的磁盘空间也随之增加。因此对于没必要分开的图层，可以将它们合并，这样有助于减少图像文件对磁盘空间的占用，同时也可以提高系统的处理速度。

	素材文件	光盘 \ 素材 \ 第 10 章 \ 小清新 .psd
	效果文件	光盘 \ 效果 \ 第 10 章 \ 小清新 .psd
	视频文件	光盘 \ 视频 \ 第 10 章 \10.1.9 合并图层对象 .mp4

步骤 01 按【Ctrl+O】组合键，打开一幅素材图像，如图10-22所示。

步骤 02 在“图层”面板中，选择“图层1”和“图层2”两个图层，如图10-23所示。

步骤 03 单击“图层”|“合并图层”命令，如图10-24所示。

步骤 04 执行操作后，即可合并图层对象，如图10-25所示。

专家提醒

除了运用上述的方法可以进行合并图层外，用户还可以按【Ctrl + E】组合键来进行合并图层的操作。

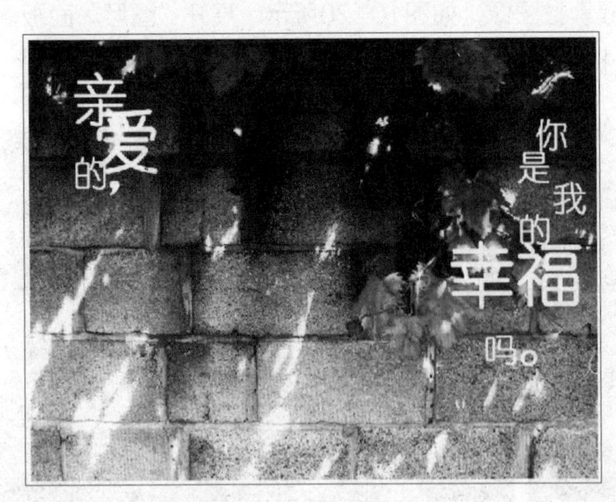

图 10-22 素材图像

图 10-23 选择图层对象

图 10-24 单击“合并图层”命令

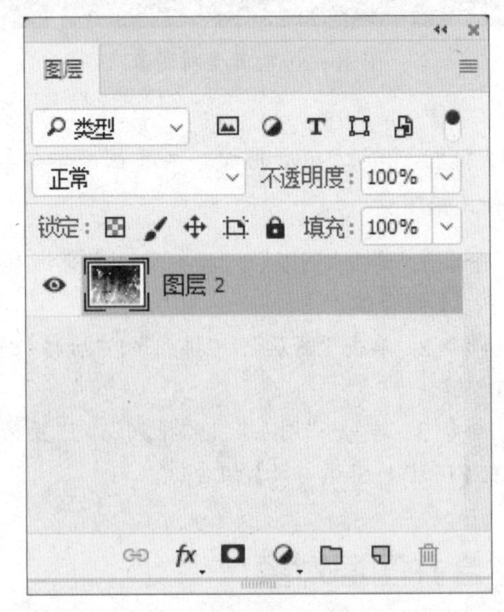

图 10-25 合并图层对象

10.2 应用图层混合特效

图层混合模式用于控制图层之间像素颜色相互融合的效果，不同的混合模式会得到不同的效果。由于混合模式用于控制上下两个图层在叠加时所显示的总体效果，通常为上方的图层选择合适的混合模式。

10.2.1 应用图像“正片叠底”模式

“正片叠底”模式是将图像的原有颜色与混合色复合，任何颜色与黑色复合产生黑色，与白色复合保持不变。

	素材文件	光盘 \ 素材 \ 第 10 章 \ 车 .psd
	效果文件	光盘 \ 效果 \ 第 10 章 \ 车 .psd
	视频文件	光盘 \ 视频 \ 第 10 章 \10.2.1 应用图像“正片叠底”模式 .mp4

步骤01 按【Ctrl+O】组合键，打开一幅素材图像，如图10-26所示。

步骤02 展开“图层”面板，选择“汽车”图层，如图10-27所示。

图 10-26 打开素材图像

图 10-27 选择“汽车”图层

步骤03 单击“正常”右侧的下拉按钮，在弹出的列表框中选择“正片叠底”选项，如图10-28所示。

步骤04 执行操作后，图像呈“正片叠底”模式显示，效果如图10-29所示。

图 10-28 选择“正片叠底”选项

图 10-29 “正片叠底”模式效果

专家提醒

选择“正片叠底”模式后，Photoshop CC 2017 将上、下两图层的颜色相乘再除以255，最终得到的颜色比上、下两个图层的颜色都要暗一点。“正片叠底”模式可以用于添加阴影和细节，而不完全消除下方的图层阴影区域的颜色。

10.2.2 应用图像“线性加深”模式

“线性加深”混合模式用于查看每一个颜色通道的颜色信息，加暗所有通道的基色，并通过提高其他颜色的亮度来反映混合颜色。

	素材文件	光盘 \ 素材 \ 第 10 章 \ 书 .psd
	效果文件	光盘 \ 效果 \ 第 10 章 \ 书 .psd
	视频文件	光盘 \ 视频 \ 第 10 章 \10.2.2 应用图像“线性加深”模式 .mp4

步骤 01 按【Ctrl+O】组合键，打开一幅素材图像，如图10-30所示。

步骤 02 在“图层”面板中，选择“图层1”图层，如图10-31所示。

图 10-30 打开素材图像

图 10-31 选择“图层 1”图层

步骤 03 设置“图层1”为“线性加深”模式，如图10-32所示。

步骤 04 执行操作后，图像呈“线性加深”模式显示，效果如图10-33所示。

图 10-32 设置参数

图 10-33 “线性加深”模式效果

10.2.3 应用图像“颜色加深”模式

“颜色加深”模式可以降低颜色的亮度，将所选择的图形根据图形的颜色灰度而变暗，在与其他的图形融合时，降低所选图形的亮度。

	素材文件	光盘 \ 素材 \ 第 10 章 \ 午后咖啡 .psd
	效果文件	光盘 \ 效果 \ 第 10 章 \ 午后咖啡 .psd
	视频文件	光盘 \ 视频 \ 第 10 章 \10.2.3 应用图像“颜色加深”模式 .mp4

步骤01 按【Ctrl+O】组合键，打开一幅素材图像，如图10-34所示。

步骤02 设置“图层1”图层的“混合模式”为“颜色加深”，效果如图10-35所示。

图 10-34 打开素材图像

图 10-35 “颜色加深”模式显示效果

10.2.4 应用图像“强光”模式

“强光”模式产生的效果与耀眼的聚光灯照在图像上的效果相似，当前图层中比 50% 灰色亮的像素会使图像变亮；比 50% 灰色暗的像素会使图像变暗。

	素材文件	光盘 \ 素材 \ 第 10 章 \ 小熊娃娃 .psd
	效果文件	光盘 \ 效果 \ 第 10 章 \ 小熊娃娃 .psd
	视频文件	光盘 \ 视频 \ 第 10 章 \10.2.4 应用图像“强光”模式 .mp4

步骤01 单击“文件”|“打开”命令，打开一幅素材图像，如图10-36所示，选择“图层1”图层。

步骤02 设置“图层1”图层为“强光”模式，图像呈“强光”模式显示，效果如图10-37所示。

图 10-36 选择“图层 1”图层

图 10-37 “强光”模式效果

10.2.5 应用图像“变暗”模式

选择“变暗”混合模式，Photoshop CC 2017 将对上、下两层图像的像素进行比较，以上方图层中较暗像素代替下方图层中与之相对应的较亮像素，且下方图层中的较暗像素代替上方图层中的较亮像素，因此叠加后整体图像变暗。如图 10-38 所示为原图与设置混合模式为“变暗”

后的效果图。

图 10-38 原图与使用“变暗”混合模式后的效果图

10.2.6 应用图像“变亮”模式

选择“变亮”混合模式时，Photoshop CC 2017 以上方图层中较亮像素代替下方图层中与之相对应的较暗像素，且下方图层中的较亮像素代替上方图层中的较暗像素，因此叠加后整体图像呈亮色调。如图 10-39 所示为原图与设置混合模式为“变亮”后的效果图。

图 10-39 原图与使用“变亮”混合模式后的效果图

10.2.7 应用图像“滤色”模式

“滤色”模式将混合色的互补色与基色进行正片叠底，结果颜色将比原有颜色更淡。应用“滤色”模式能够得到更加亮的图像合成效果，还可以获得使用其他调整命令无法得到的调整效果。

	素材文件	光盘 \ 素材 \ 第 10 章 \ 起跳 .psd
	效果文件	光盘 \ 效果 \ 第 10 章 \ 起跳 .psd
	视频文件	光盘 \ 视频 \ 第 10 章 \10.2.7 应用图像“滤色”模式 .mp4

步骤 01 按【Ctrl+O】组合键，打开一幅素材图像，选择“图层1”图层，如图10-40所示。

步骤 02 设置“图层1”图层为“滤色”模式，图像呈“滤色”模式显示，效果如图10-41所示。

图 10-40 选择“图层 1”图层

图 10-41 “滤色”模式效果

专家提醒

“滤色”模式与“正片叠底”模式相反，它是将上方图层像素的互补色与底色相乘，所得的效果比原有颜色更浅，具有漂白的效果。

10.2.8 应用投影样式

应用“投影”图层样式会在图层中的对象下方制造一种阴影效果，阴影的透明度、边缘羽化和投影角度等都可以在“图层样式”对话框中进行设置。

	素材文件	光盘 \ 素材 \ 第 10 章 \ 清爽一夏 .psd
	效果文件	光盘 \ 效果 \ 第 10 章 \ 清爽一夏 .psd
	视频文件	光盘 \ 视频 \ 第 10 章 \10.2.8 应用投影样式 .mp4

步骤 01 按【Ctrl+O】组合键，打开一幅素材图像，如图10-42所示。

步骤 02 在“图层”面板中，选择文字图层，如图10-43所示。

图 10-42 打开素材图像

图 10-43 选择文字图层

步骤 03 单击“图层”|“图层样式”|“投影”命令，弹出“图层样式”对话框，如图10-44所示。

步骤 04 在“图层样式”对话框中选择混合模式，设置“不透明度”为56%、“角度”为146°、“距离”为12像素、“扩展”为30%、“大小”为16像素，如图10-45所示。

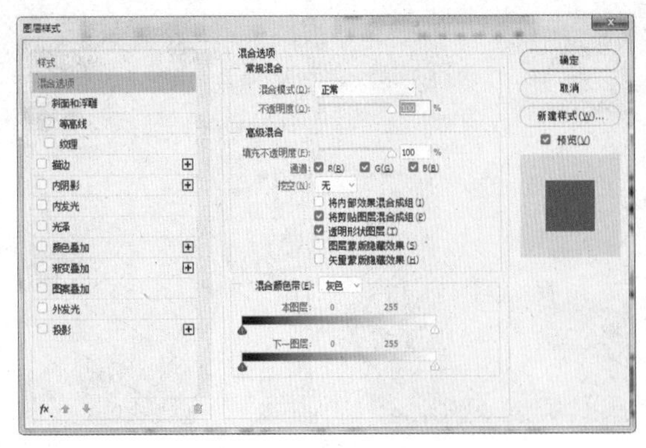

图 10-44 “图层样式”对话框

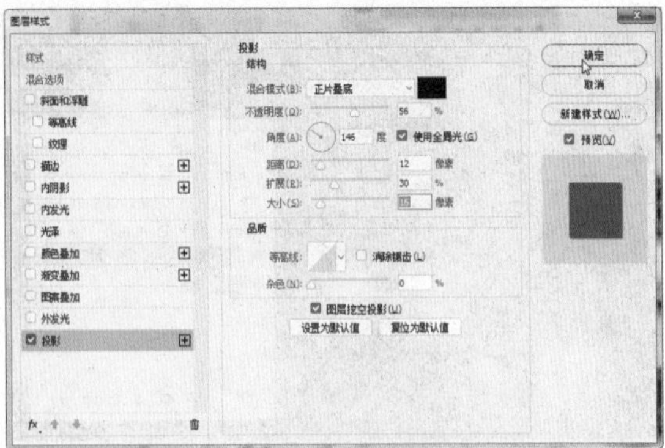

图 10-45 设置参数值

步骤 05 单击“确定”按钮，即可应用投影样式，效果如图10-46所示。

图 10-46 应用投影样式

10.2.9 应用内发光样式

用户使用“内发光”图层样式可以为所选图层中的图像增加发光效果，下面向用户介绍添加内发光效果的操作方法。

	素材文件	光盘 \ 素材 \ 第 10 章 \ 蔬菜 .psd
	效果文件	光盘 \ 效果 \ 第 10 章 \ 蔬菜 .psd
	视频文件	光盘 \ 视频 \ 第 10 章 \10.2.9 应用内发光样式 .mp4

步骤 01 按【Ctrl+O】组合键，打开一幅素材图像，如图10-47所示。

步骤 02 展开“图层”面板，选择文字图层，如图10-48所示。

步骤 03 单击“图层”|“图层样式”|“内发光”命令，弹出“图层样式”对话框，设置“混合模式”为“正片叠底”、“不透明度”为100%、“大小”为250像素、“范围”为1%，单击颜色色块，调整颜色为蓝色（RGB值分别为171、244、243）如图10-49所示。

步骤 04 单击“确定”按钮，即可应用内发光样式，效果如图10-50所示。

图 10-47 打开素材图像

图 10-48 选择“图层 0”图层

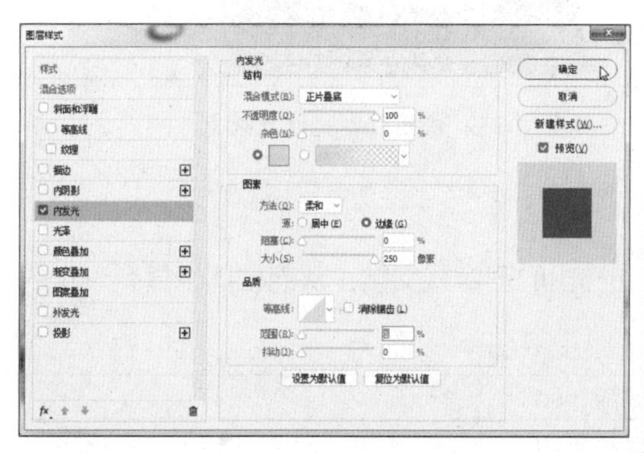

图 10-49 设置各选项

图 10-50 应用内发光样式效果

10.2.10 应用外发光样式

在 Photoshop CC 2017 中，用户使用“外发光”图层样式可以为所选图层中的图像外边缘增添发光效果。

	素材文件	光盘 \ 素材 \ 第 10 章 \ 圣诞 .psd
	效果文件	光盘 \ 效果 \ 第 10 章 \ 圣诞 .psd
	视频文件	光盘 \ 视频 \ 第 10 章 \10.2.10 应用外发光样式 .mp4

步骤 01 按【Ctrl+O】组合键，打开一幅素材图像，如图10-51所示。

步骤 02 展开“图层”面板，选择“图层1”图层，如图10-52所示。

步骤 03 单击“图层”|“图层样式”|“外发光”命令，弹出“图层样式”对话框，设置“颜色”为白色、“大小”为191像素、“范围”为44%，如图10-53所示。

步骤 04 单击“确定”按钮，即可应用外发光样式，效果如图10-54所示。

图 10-51 打开素材图像　　图 10-52 选择“图层 1”图层

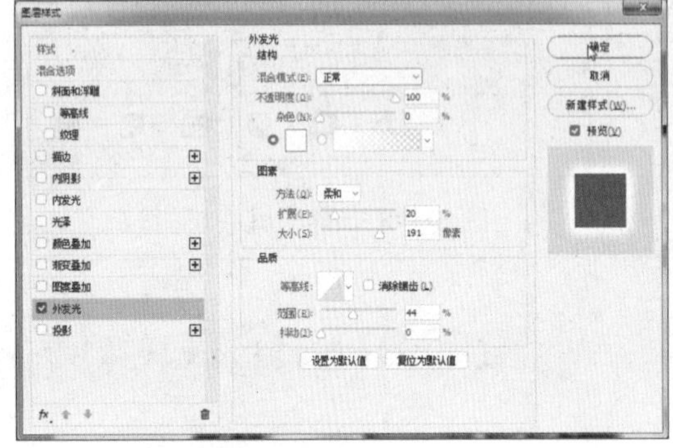

图 10-53 设置参数值　　图 10-54 应用外发光样式效果

10.2.11 应用斜面和浮雕样式

“斜面和浮雕”图层样式可以制作出各种凹陷和凸出的图像或文字，从而使图像具有一定的立体效果。

	素材文件	光盘 \ 素材 \ 第 10 章 \ 绿豆糕 .psd
	效果文件	光盘 \ 效果 \ 第 10 章 \ 绿豆糕 .psd
	视频文件	光盘 \ 视频 \ 第 10 章 \10.2.11 应用斜面和浮雕样式 .mp4

步骤 01 按【Ctrl + O】组合键，打开一幅素材图像，如图10-55所示。

步骤 02 展开“图层”面板，选择“图层2”图层，如图10-56所示。

图 10-55 打开素材图像　　图 10-56 选择“图层 2”图层

步骤03 单击“图层”|“图层样式”|“斜面和浮雕”命令，弹出“图层样式”对话框，设置“深度”为970%，如图10-57所示。

步骤04 单击“确定”按钮，即可应用斜面和浮雕样式，效果如图10-58所示。

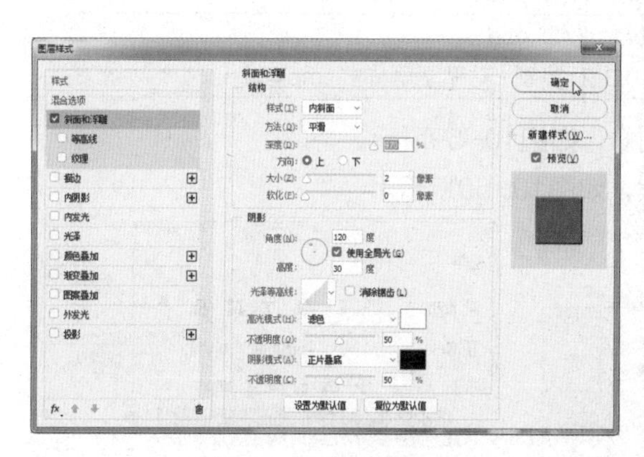

图 10-57 设置参数值

图 10-58 应用斜面和浮雕样式效果

10.3 管理图层样式

正确地对图层样式进行操作，可以使用户在工作中更方便地查看和管理图层样式。本节主要向读者介绍管理各图层样式的基本知识。

10.3.1 隐藏/清除图层样式

隐藏图层样式后，可以暂时将图层样式进行清除，并可以重新显示；而删除图层样式，则是将图层中的图层样式进行彻底清除，无法还原。下面将介绍隐藏与清除图层样式的方法。

1. 隐藏图层样式

在 Photoshop CC 2017 中，隐藏图层样式后，可以暂时将图层样式进行清除，并可以重新显示。隐藏图层样式可以执行以下两种操作方法。

◆ 图标：在“图层”面板中单击图层样式名称左侧的眼睛图标，可在显示的图层样式进行隐藏。

◆ 快捷菜单：在任意一个图层样式名称上单击鼠标右键，在弹出的菜单列表中选择“隐藏所有效果”选项即可隐藏当前图层样式效果。

2. 清除图层样式

用户若需要清除某一图层样式，则需要在“图层”面板中将图层样式拖曳至“图层”面板底部“删除图层”按钮上。

如果要一次性删除应用于图层的所有图层样式，则可以在“图层”面板中拖曳图层名称下的“效果”至“删除图层”按钮上。

在任意一个图层样式上单击鼠标右键，在弹出的快捷菜单中选择“清除图层样式”选项，也可以删除当前图层中所有的图层样式。

10.3.2 复制/粘贴图层样式

复制和粘贴图层样式可以将当前图层的样式效果完全复制于其他图层上，在工作过程中可以节省大量的操作时间。

	素材文件	光盘 \ 素材 \ 第 10 章 \ 绿色心情 .psd
	效果文件	光盘 \ 效果 \ 第 10 章 \ 绿色心情 .psd
	视频文件	光盘 \ 视频 \ 第 10 章 \10.3.2 复制 / 粘贴图层样式 .mp4

步骤 01 按【Ctrl+O】组合键，打开一幅素材图像，如图10-59所示。

步骤 02 展开“图层”面板，选择“图层1”图层，如图10-60所示。

图 10-59 打开素材图像

图 10-60 选择“图层 1”图层

步骤 03 在选择的图层上单击鼠标右键，在弹出的快捷菜单中选择“拷贝图层样式”选项，如图10-61所示。

步骤 04 选择“图层2”图层，单击鼠标右键，在弹出的快捷菜单中选择“粘贴图层样式”选项，如图10-62所示。

图 10-61 选择“拷贝图层样式”选项

图 10-62 选择“粘贴图层样式”选项

步骤 05 执行操作后，即可复制并粘贴图层样式，效果如图10-63所示。

图 10-63 复制并粘贴图层样式效果

11

Chapter

使用通道和蒙版功能

学前提示

简单来说，通道就是选区的一个载体，它将选区转换成为可见的黑白图像，从而更易于用户对其进行编辑，从而得到多种多样的选区状态，为用户创建更多的丰富效果提供了可能。而蒙版是Photoshop的亮点功能，其中剪贴蒙版、快速蒙版和图层蒙版较为常用。

本章教学目标

- 初识通道
- 编辑与合成通道
- 初识蒙版
- 编辑与管理图层蒙版

学完本章后你会做什么

- 掌握通道的基本知识
- 掌握编辑与合成通道的操作方法
- 掌握蒙版的基本知识
- 掌握编辑与管理图层蒙版的操作方法

视频演示

11.1 初识通道

在 Photoshop 中，通道被用来存放图像的颜色信息及自定义的选区，用户不仅可以使用通道得到非常特殊的选区，以辅助制图，还可以通过改变通道中存放的颜色信息来调整图像的色调。

无论是新建文件、打开文件或扫描文件，当一个图像文件调入 Photoshop 后，Photoshop 就将为其创建图像文件固有的通道，即颜色通道或称原色通道，原色通道的数目取决于图像的颜色模式。

11.1.1 认识通道的作用

通道是一种很重要的图像处理方法，它主要用来存储图像的色彩信息和图层中的选择信息。使用通道可以复原扫描失真严重的图像，还可以对图像进行合成，从而创作出一些意想不到的效果。

11.1.2 认识“通道”面板

“通道”面板是存储、创建和编辑通道的主要场所。在默认情况下，“通道”面板显示的均为原色通道。

当图像的色彩模式为 CMYK 模式时，面板中将有 4 个原色通道，即“青”通道、“洋红”通道、“黄”通道和“黑”通道，每个通道都包含着对应的颜色信息。

当图像的色彩模式为RGB色彩模式时，面板中将有3个原色通道，即“红”通道、“绿”通道、“蓝”通道和一个合成通道，即 RGB 通道。只要将“红”通道、“绿”通道、“蓝”通道合成在一起，就会得到一幅色彩绚丽的 RGB 模式图像。

在 Photoshop CC 2017 界面中，单击“窗口” | “通道”命令，弹出如图 11-1 所示的“通道”面板，在此面板中列出了图像所有的通道。

图 11-1 “通道”面板默认状态

11.1.3 认识颜色通道

在 Photoshop 中，一共包括了 3 种类型的通道，即颜色通道、专色通道和 Alpha 通道。

颜色通道又称为原色通道，它主要用于存储图像的颜色数据，RGB 图像有 4 个颜色通道，如图 11-2 所示；CMYK 图像有 5 个颜色通道，如图 11-3 所示，它们包含了所有的将被打印或显示的颜色。

图 11-2 RGB 颜色通道

图 11-3 CMYK 颜色通道

专家提醒

RGB 图像有 4 个颜色通道，即“RGB”、“红”、“绿”、“蓝”；CMYK 图像有 5 个颜色通道，即“CMYK”、“青色”、“黄色”、“洋红”、“黑色”。

专色通道是需要用户自行创建的通道，其中专色通道用于在照排发片时生成第 5 块色板，即专色版，在进行专色印刷或进行 UV、烫金、烫银等特殊印刷工艺时将用到此类通道。如图 11-4 与图 11-5 所示为普通图层通道和生成专色版的专色通道。

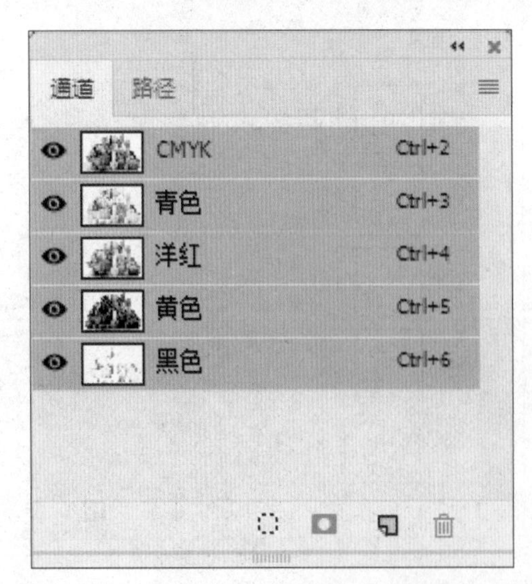

图 11-4 普通图层通道

图 11-5 专色通道

11.1.4 认识Alpha通道

在 Photoshop CC 2017 中，通道除了可以保存颜色信息外，还可以保存选区的信息，此类通道被称为 Alpha 通道。Alpha 通道主要用于创建和存储选区，创建并保存选区后，将以一个灰度图像保存在 Alpha 通道中，在需要的时候可以载入选区。

专家提醒

创建 Alpha 通道的操作方法有以下两种：

- 按钮：单击“通道”底部的“创建新通道”按钮，可创建空白通道。
- 快捷键：按住【Alt】键的同时单击“通道”面板底部的“创建新通道”按钮即可。

11.2 编辑与合成通道

“通道”面板用于创建并管理通道，通道的许多操作都是在“通道”面板中进行的。通道的基本操作主要包括创建通道、保存选区至通道、复制与删除通道以及分离与合并通道等。

11.2.1 创建Alpha通道

Photoshop 提供了很多种用于创建 Alpha 通道的操作方法，用户在设计工程中，根据实际需要选择一种合适的方法即可。

	素材文件	光盘 \ 素材 \ 第 11 章 \ 碗碟 .jpg
	效果文件	光盘 \ 效果 \ 第 11 章 \ 碗碟 .psd
	视频文件	光盘 \ 视频 \ 第 11 章 \11.2.1 创建 Alpha 通道 .mp4

步骤01 按【Ctrl+O】组合键，打开一幅素材图像，如图11-6所示，展开“通道”面板。

步骤02 单击“通道”面板右上角的三角形按钮，弹出快捷菜单，选择“新建通道”选项，弹出“新建通道”对话框，如图11-7所示。

图 11-6 打开素材图像

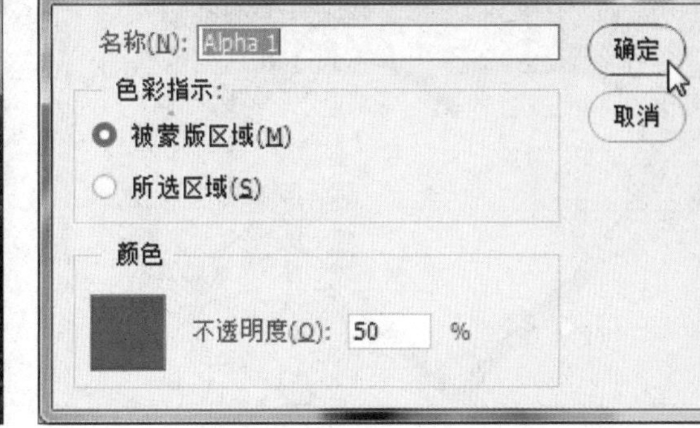

图 11-7 “新建通道”对话框

步骤03 单击“确定”按钮，即可创建一个新的Alpha通道，单击面板中Alpha 1通道左侧的“指示通道可见性”图标，如图11-8所示。

步骤04 执行操作后，即可显示Alpha 1通道。隐藏“通道”面板，返回图像编辑窗口，此时图像编辑窗口中的图像效果如图11-9所示。

图 11-8 单击“指示通道可见性”图标

图 11-9 显示 Alpha 1 通道后的图像效果

11.2.2 创建复合通道

复合通道始终以彩色显示，下面为读者讲解复合通道的创建方法。

	素材文件	光盘 \ 素材 \ 第 11 章 \ 彩心 .jpg
	效果文件	光盘 \ 效果 \ 第 11 章 \ 彩心 .psd
	视频文件	光盘 \ 视频 \ 第 11 章 \11.2.2 创建复合通道 .mp4

步骤 01 按【Ctrl + O】组合键，打开一幅素材图像，展开“通道”面板，如图11-10所示。

步骤 02 单击面板“蓝”通道左侧的“指示通道可见性”图标，隐藏“蓝”通道，创建复合通道，效果如图11-11所示。

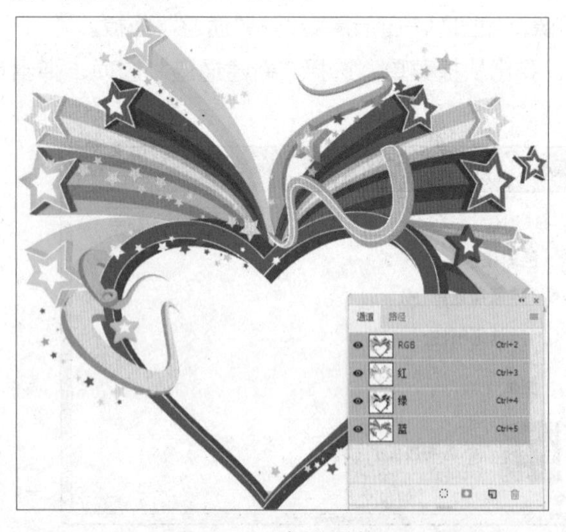

图 11-10 素材图像

图 11-11 创建建复合通道

专家提醒

复合通道始终以彩色显示，是用于预览并编辑整个图像颜色通道的一个快捷方式。分别单击“红”“绿”和“蓝”通道左侧的“指示通道可见性”图标，都可以复合其他两个复合通道，得到不同的颜色显示。

11.2.3 创建单色通道

如果将某一种颜色通道删除，则混合通道及该颜色通道都将被删除，而图像将自动转换为单色通道模式。

	素材文件	光盘 \ 素材 \ 第 11 章 \ 路标 .jpg
	效果文件	光盘 \ 效果 \ 第 11 章 \ 路标 .psd
	视频文件	光盘 \ 视频 \ 第 11 章 \11.2.3 创建单色通道 .mp4

步骤 01 单击“文件”|“打开”命令，打开一幅素材图像，展开“通道”面板，如图11-12所示。

步骤 02 选择“红”通道，单击鼠标右键，在弹出的快捷菜单中选择“删除通道”选项，创建单色通道，效果如图11-13所示。

图 11-12 打开素材图像

图 11-13 创建单色通道

> **专家提醒**
>
> 在“通道”面板中随意删除其中一个通道，所有通道都会变成黑白的，原有彩色通道即使不删除也会变成灰度的。

11.2.4 创建专色通道

专色通道用于印刷，下面为读者讲解专色通道的创建方法。

	素材文件	光盘 \ 素材 \ 第 11 章 \ 贺卡 .jpg
	效果文件	光盘 \ 效果 \ 第 11 章 \ 贺卡 .psd
	视频文件	光盘 \ 视频 \ 第 11 章 \11.2.4 创建专色通道 .mp4

步骤 01 按【Ctrl+O】组合键，打开一幅素材图像，如图11-14所示。

步骤 02 选取矩形选框工具，创建一个选区，羽化选区5个像素，如图11-15所示。

步骤 03 展开“通道”面板，单击面板右上角的三角形按钮，在弹出的快捷菜单中选择“新建专色通道”选项，弹出“新建专色通道”对话框，设置颜色为淡黄色（RGB参数分别为255、254、213），如图11-16所示。

步骤 04 执行操作后，单击“确定”按钮，即可创建专色通道。展开“通道”面板，在“通道”

面板中自动生成一个专色通道，此时图像编辑窗口中的图像效果，如图11-17所示。

图 11-14 素材图像

图 11-15 创建选区

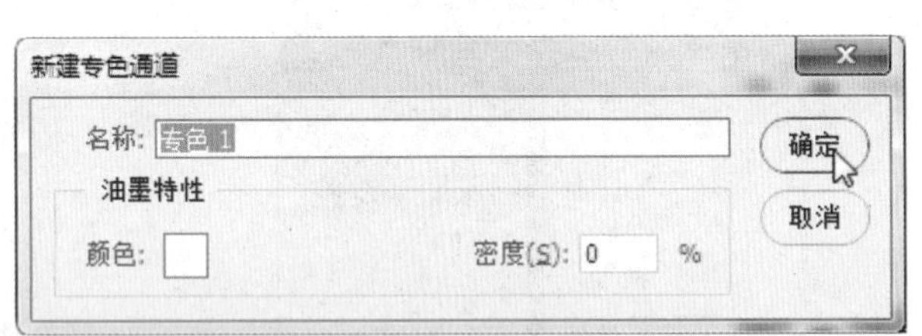

图 11-16 “新建专色通道”对话框

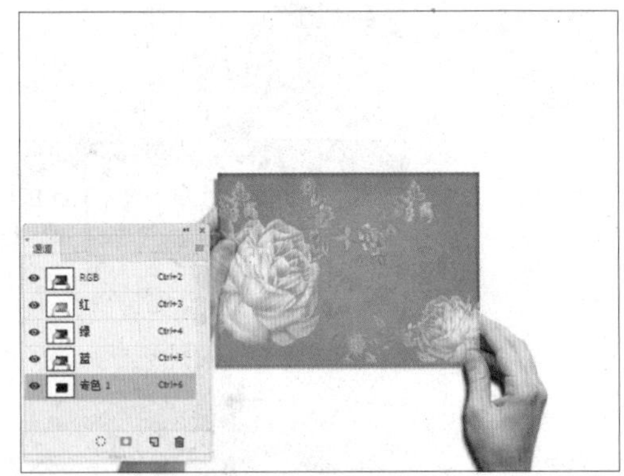

图 11-17 创建专色通道后的图像

专家提醒

专色通道设置只是用来在屏幕上显示模拟效果，对实际打印输出并无影响。此外，如果新建专色通道之前制作了选区，则新建通道后，将在选区内填充专色通道颜色。

11.2.5 保存选区至通道

在编辑图像时，将新建的选区保存到通道中，可方便用户对图像进行多次编辑和修改。

	素材文件	光盘 \ 素材 \ 第 11 章 \ 裤子 .jpg
	效果文件	光盘 \ 效果 \ 第 11 章 \ 裤子 .psd
	视频文件	光盘 \ 视频 \ 第 11 章 \11.2.5 保存选区至通道 .mp4

步骤 01 按【Ctrl + O】组合键，打开一幅素材图像，选取快速选择工具，在图像编辑窗口中的相应位置创建一个选区，如图11-18所示。

步骤 02 展开“通道”面板，单击面板底部的“将选区存储为通道”按钮，即可保存选区到通道，显示Alpha 1通道，如图11-19所示。

专家提醒

在图像编辑窗口中创建好选区后，单击“选择”|“存储选区”命令，在弹出的“存储选区”对话框中设置相应的选项，单击“确定”按钮，也可将创建的选区存储为通道。

图 11-18 创建选区

图 11-19 显示 Alpha 1 通道

11.2.6 复制与删除通道

在处理图像时，有时需要对某一通道进行复制或删除操作，以获得不同的图像效果。

	素材文件	光盘 \ 素材 \ 第 11 章 \ 手机 .jpg
	效果文件	光盘 \ 效果 \ 第 11 章 \ 手机 .psd
	视频文件	光盘 \ 视频 \ 第 11 章 \11.2.6 复制与删除通道 .mp4

步骤 01 按【Ctrl+O】组合键，打开一幅素材图像，如图11-20所示。

步骤 02 展开“通道”面板，选择“蓝”通道，如图11-21所示。

图 11-20 打开素材图像

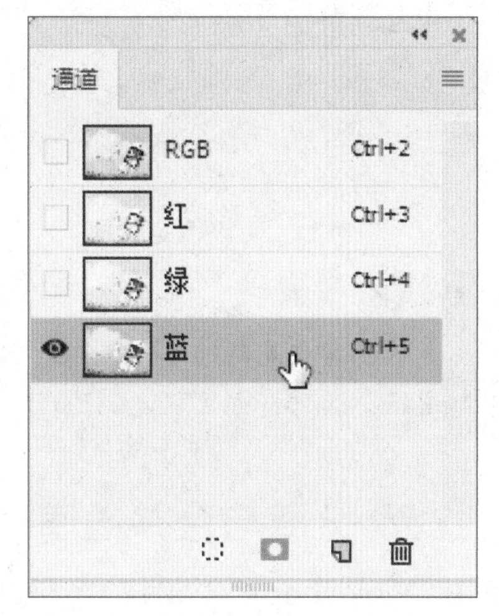

图 11-21 选择“蓝”通道

步骤 03 单击鼠标右键，在弹出的快捷菜单中选择“复制通道”选项，弹出“复制通道”对话框，如图11-22所示，单击“确定”按钮，即可复制“蓝”通道。

步骤 04 单击“蓝 拷贝”通道和RGB通道左侧的“指示通道可见性”图标，显示通道，此时图像编辑窗口中的图像效果如图11-23所示。

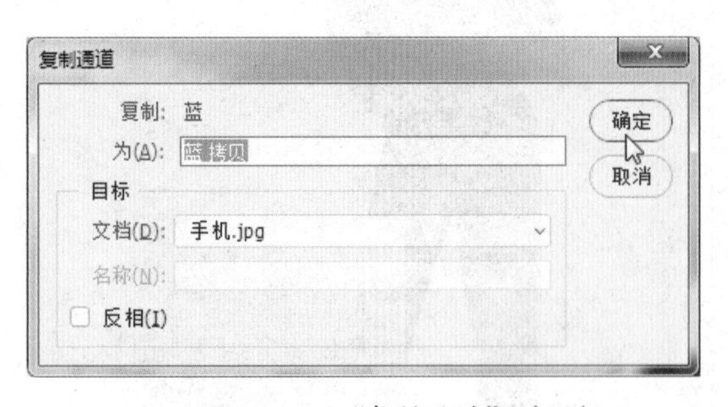

图 11-22 “复制通道”对话框

图 11-23 显示通道

步骤05 选择“蓝 拷贝”通道，单击鼠标左键并将其拖曳至面板底部的“删除当前通道”按钮上，如图11-24所示。

步骤06 释放鼠标左键，即可删除选择的通道，此时图像编辑窗口中的图像效果如图11-25所示。

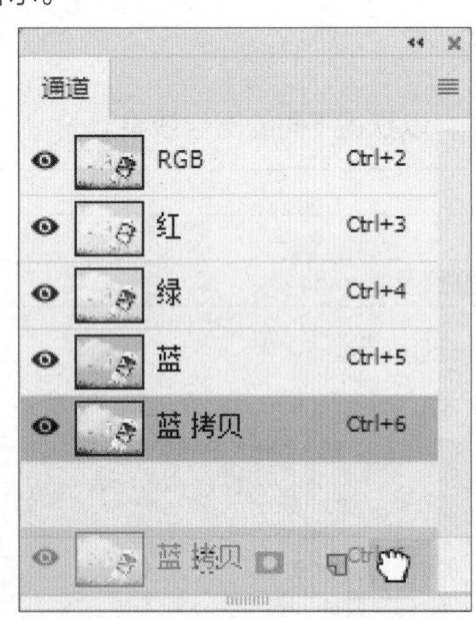

图 11-24 拖曳通道

图 11-25 删除通道

专家提醒

选择需要复制的通道，单击“通道”面板右上角的三角形按钮，弹出面板菜单，选择“复制通道”选项，也可以复制通道。

11.2.7 分离与合并通道

在 Photoshop CC 2017 中，通过分离通道操作，可以将拼合图像的通道分离为单独的图像，分离后原文件被关闭，每一个通道均以灰度颜色模式成为一个独立的图像文件。下面介绍分离与合并通道的操作方法。

专家提醒

用户可以将一幅图像中的各个通道分离出来，使其各自作为一个单独的文件存在。

	素材文件	光盘 \ 素材 \ 第 11 章 \ 蛋糕 .jpg
	效果文件	光盘 \ 效果 \ 第 11 章 \ 蛋糕 .psd
	视频文件	光盘 \ 视频 \ 第 11 章 \11.2.7 分离与合并通道 .mp4

步骤 01 按【Ctrl + O】组合键，打开一幅素材图像，如图 11-26 所示。

步骤 02 展开“通道”面板，单击“通道”面板右上角的按钮，在弹出的面板菜单中选择“分离通道”选项，即可分离通道，如图11-27所示。

图 11-26 打开素材图像

图 11-27 分离通道

步骤 03 单击面板右上角的按钮，在弹出的面板菜单中选择“合并通道”选项，弹出“合并多通道”对话框，如图11-28所示。

步骤 04 单击“确定”按钮，弹出“合并多通道”对话框，保存默认值，单击“确定”按钮，即可完成通道的合并，并显示所有通道，如图11-29所示。

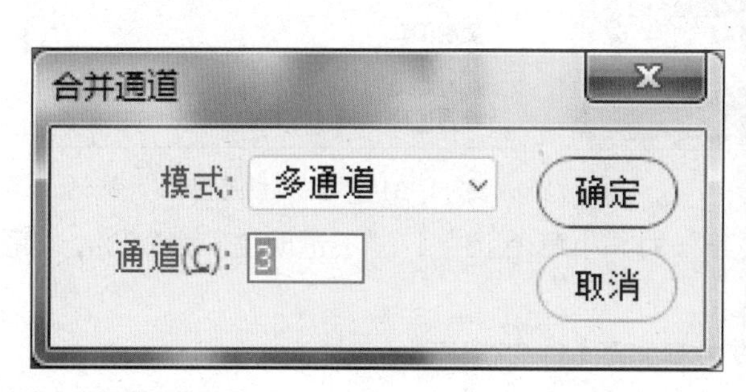

图 11-28 “合并通道”对话框

图 11-29 合并通道后的图像

专家提醒

合并通道时必须注意合并的图像的大小和分辨率必须是相同的，否则无法合并。

11.2.8 运用“应用图像”命令合成图像

在两幅或两幅以上的素材图像具有相同的尺寸宽度、高度、分辨率时，用户可运用“应用图像”“计算”命令将图像进行合成。

运用“应用图像”命令可以将所选图像中的一个或多个图层、通道，与其他具有相同尺寸图像的图层和通道进行合成，以产生特殊的合成效果。

在 Photoshop CC 2017 中，由于“应用图像”命令是基于像素对像素的方式来处理通道的，所以只有图像的长和宽（以像素为单位）都分别相等时，才能执行“应用图像”命令。

使用“应用图像”命令可以对一个通道中的像素值与另一个通道中相应的像素值进行相加、减去和相乘等操作。

	素材文件	光盘\素材\第 11 章\蓝色 .psd、小草 .psd
	效果文件	光盘\效果\第 11 章\蓝色 .psd
	视频文件	光盘\视频\第 11 章\11.2.8 运用“应用图像”命令合成图像 .mp4

步骤 01 按【Ctrl+O】组合键，打开两幅素材图像，单击“窗口”|“排列”|“双联垂直”命令，效果如图11-30所示。

步骤 02 切换至相应图像编辑窗口，单击“图像”|“应用图像”命令，如图11-31所示。

图 11-30 素材图像

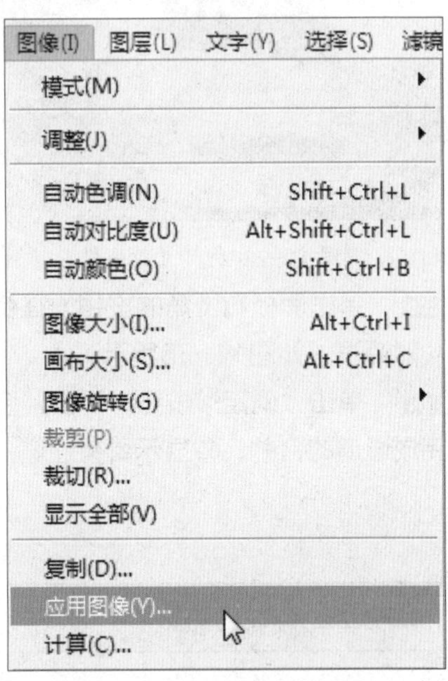

图 11-31 单击“应用图像”命令

步骤 03 弹出“应用图像”对话框，设置“源”为“小草.psd”、“不透明度”为80%，如图11-32所示。

步骤 04 单击“确定”按钮，即可合成图像，效果如图11-33所示。

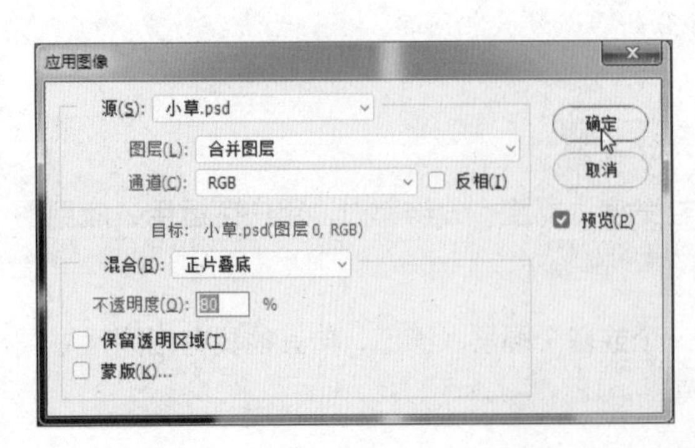

图 11-32 “应用图像”对话框

图 11-33 合成后的图像

11.2.9 运用“计算”命令合成图像

“计算”命令的工作原理与“应用图像”命令相同，它可以混合两个来自一个或多个源图像的单个通道。使用该命令可以创建新的通道和选区，也可以生成新的黑白图像。

	素材文件	光盘 \ 素材 \ 第 11 章 \ 山谷 .jpg、天使 .jpg
	效果文件	光盘 \ 效果 \ 第 11 章 \ 山谷 .psd
	视频文件	光盘 \ 视频 \ 第 11 章 \11.2.9 运用“计算”命令合成图像 .mp4

步骤 01 按【Ctrl + O】组合键，打开两幅素材图像，如图11-34所示。

步骤 02 单击“图像”|“计算”命令，弹出“计算”对话框，如图11-35所示。

图 11-34 打开素材图像

图 11-35 “计算”对话框

步骤 03 单击“确定”按钮，即可合成图像，效果如图11-36所示。

步骤 04 展开“通道”面板，即可将计算结果应用到新的通道中，如图11-37所示。

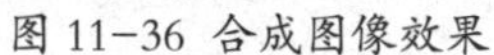

图 11-36 合成图像效果

图 11-37 “通道”面板

11.2.10 制作放射图像

在 Photoshop CC 2017 中，利用通道可以制作出放射图像效果。下面向用户介绍制作放射图像的操作方法。

	素材文件	光盘 \ 素材 \ 第 11 章 \ 光束 .jpg
	效果文件	光盘 \ 效果 \ 第 11 章 \ 光束 .psd
	视频文件	光盘 \ 视频 \ 第 11 章 \11.2.10 制作放射图像 .mp4

步骤01 按【Ctrl+O】组合键，打开一幅素材图像，如图11-38所示。

步骤02 展开“通道”面板，选择“红”通道，复制此通道，得到“红 拷贝”通道，如图11-39所示。

图 11-38 打开素材图像

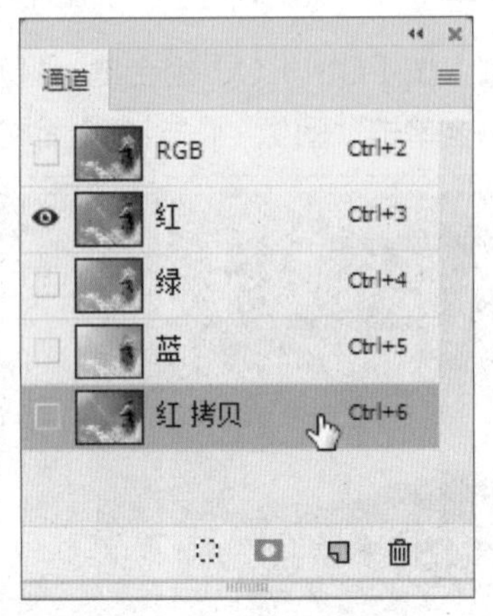

图 11-39 “通道”面板

步骤03 选取画笔工具，设置“前景色”为黑色，涂抹阳光以外的图像，如图11-40所示。

步骤04 单击“滤镜”|“模糊”|“径向模糊”命令，弹出“径向模糊”对话框，设置“数量”为100、“模糊方法”为“缩放”，如图11-41所示。

图 11-40 涂抹图像

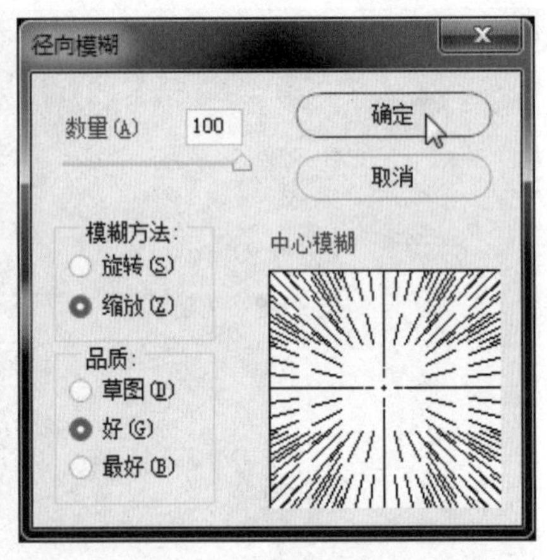

图 11-41 “径向模糊”对话框

步骤05 单击“确定”按钮，然后连续单击“滤镜”|“径向模糊”命令3次，效果如图11-42所示。

步骤06 按住【Ctrl】键的同时单击“红 拷贝”通道的缩览图，将其载入选区，如图11-43所示。

步骤07 切换至“图层”面板，并新建“图层1”图层，设置“前景色”为白色，选取油漆桶工具填充选区两次，效果如图11-44所示。

步骤08 按【Ctrl+D】组合键取消选区，设置“图层1”图层的混合模式为“叠加”，得到效果如图13-59所示。

图 11-42 模糊图像

图 11-43 载入选区

图 11-44 填充选区

图 11-45 最终效果

11.3 初识蒙版

图像合成是 Photoshop 标志性的应用领域，无论是平面广告设计、效果图修饰、数码相片设计还是视觉艺术创意，都无法脱离图像合成而存在。在使用 Photoshop 进行图像合成时，可以使用多种技术方法，但其中使用最多的还是蒙版技术。

有些初学者容易将选区与蒙版混淆，认为两者都起到了限制的作用，但实际上两者之间有本质的区别。选区用于限制操作者的操作范围，使操作仅发生在选择区域的内部，而蒙版是能够通过图层与图层之间的关系，实现一对一或一对多的屏蔽效果。

11.3.1 蒙版的类型

在 Photoshop 中有以下 4 种类型的蒙版，下面将分别介绍。

1. 剪贴蒙版

这是一类通过图层与图层之间的关系，控制图层中图像显示区域与显示效果的蒙版，能够实现一对一或一对多的屏蔽效果。

2. 快速蒙版

快速蒙版出现的意义是制作选择区域，而其制作方法则是通过屏蔽图像的某一个部分，显示另一个部分来达到制作精确选区的目的。

3. 图层蒙版

图层蒙版是使用最为频繁的一类蒙版，绝大多数图像合成作品都需要使用图层蒙版。

4. 矢量蒙版

矢量蒙版是图层蒙版的另一种类型，但两者可以共存，用于以矢量图像的形式屏蔽图像。

11.3.2 蒙版的作用

蒙版的突出作用就是屏蔽，无论是什么样的蒙版，都需要对图像的某些区域起到屏蔽作用，这是蒙版存在的终极意义。

1. 剪贴蒙版

对于剪贴蒙版而言，基层图层中的像素分布将影响剪贴蒙版的整体效果，基层中的像素不透明度越高、分布范围越大，则整个剪贴蒙版产生的效果也越不明显；反之则越明显。

2. 快速蒙版

快速蒙版通过不同的颜色对图像产生屏蔽作用，效果非常明显。

3. 图层蒙版

图层蒙版依靠蒙版中像素的亮度，使图层显示出被屏蔽的效果，亮度越高，图层蒙版的屏蔽作用越小；反之，图层蒙版中像素的亮度越低，则屏蔽效果越明显。

4. 矢量蒙版

矢量蒙版依靠蒙版中的矢量路径的形状与位置，使图像产生被屏蔽的效果。

11.4 编辑与管理图层蒙版

图层蒙版可以很好地控制图层区域的显示或隐藏，可以在不破坏图像的情况下反复编辑图像，直至得到所需要的效果，使修改图像和创建复杂选区变得更加方便。

图层蒙版是通道的另一种表现形式，可用于为图像添加遮盖效果，灵活运用蒙版与选区，可以制作出丰富多彩的图像效果。

11.4.1 创建图层蒙版

在 Photoshop CC 2017 中，创建图层蒙版能够为图像的修改带来很大的便利，下面为用户讲解创建图层蒙版的具体方法。

素材文件	光盘\素材\第 11 章\海阔天空 .jpg、建筑 .jpg
效果文件	光盘\效果\第 11 章\海阔天空 .psd
视频文件	光盘\视频\第 11 章\11.4.1 创建图层蒙版 .mp4

步骤 01 按【Ctrl＋O】组合键，打开两幅素材图像，如图11-46所示，使用移动工具将“建筑”拖入“海阔天空”图像中。

步骤 02 单击“图层”面板中的“添加矢量蒙版”按钮，为该图层添加蒙版，如图11-37所示。

图 11-46 打开素材图像

图 11-47 添加图层蒙版

步骤 03 设置“前景色”为黑色，选取画笔工具，设置各参数，如图11-48所示。

步骤 04 在图像编辑窗口中进行涂抹，效果如图11-49所示。

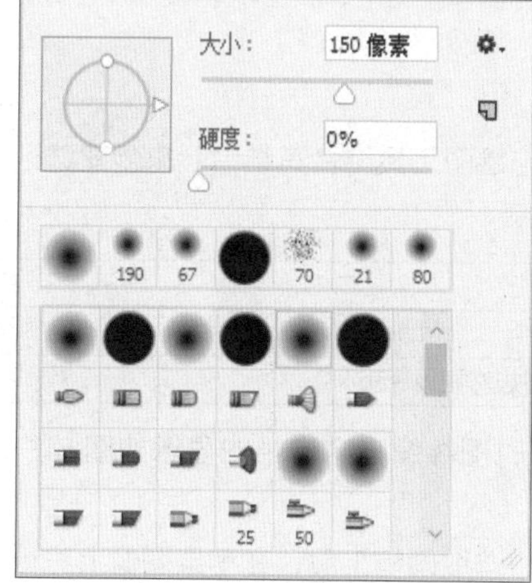

图 11-48 设置画笔参数

图 11-49 最终效果

专家提醒

单击“图层”|“图层蒙版”|“显示全部”命令，即可显示创建一个显示图层内容的白色蒙版；单击“图层”|“图层蒙版”|“隐藏全部”命令，即可创建一个隐藏图层内容的黑色蒙版。

11.4.2 创建剪贴蒙版

剪贴蒙版可以用一个图层中包含像素的区域来限制它上层图像的显示范围。它的最大优点是可以通过一个图层来控制多个图层的可见内容，而图层蒙版和矢量蒙版都只能控制一个图层。

	素材文件	光盘 \ 素材 \ 第 11 章 \ 手机贴图 .psd
	效果文件	光盘 \ 效果 \ 第 11 章 \ 手机贴图 .psd
	视频文件	光盘 \ 视频 \ 第 11 章 \11.4.2 创建剪贴蒙版 .mp4

步骤 01 按【Ctrl+O】组合键，打开一幅素材图像，如图11-50所示。

步骤 02 单击“图层”|“创建剪贴蒙版”命令，创建剪贴蒙版，效果如图11-51所示。

图 11-50 打开素材图像

图 11-51 创建剪贴蒙版后的图像

专家提醒

单击“图层”|“释放剪贴蒙版”命令，即可从剪贴蒙版中释放出该图层。如果该图层上面还有其他内容图层，则这些图层也会一同释放。

11.4.3 创建快速蒙版

快速蒙版是一种手动间接创建选区的方法，其特点是与绘图工具结合其结合起来创建选区，较适用于对选择要求不很高的情况。

	素材文件	光盘 \ 素材 \ 第 11 章 \ 樱桃 .jpg
	效果文件	光盘 \ 效果 \ 第 11 章 \ 樱桃 .jpg
	视频文件	光盘 \ 视频 \ 第 11 章 \11.4.3 创建快速蒙版 .mp4

步骤 01 按【Ctrl+O】组合键，打开一幅素材图像，此时图像编辑窗口中的显示如图11-52所示。

步骤 02 单击工具箱底部的“以快速蒙版模式编辑”按钮，选取画笔工具，在苹果图像上进行涂抹，如图11-53所示。

步骤 03 单击工具箱底部的“以标准模式编辑”按钮，即可将涂抹区域转换为选区，如图11-54所示。

步骤 04 按【Ctrl+U】组合键，弹出“色相/饱和度”对话框，设置“色相”为180，单击“确定”按钮，并取消选区，效果如图11-55所示。

专家提醒

在进入快速蒙版后，当运用黑色绘图工具进行作图时，将在图像中得到红色的区域，即非选区区域；当运用白色绘图工具进行作图时，可以去除红色的区域，即生成的选区；当运用灰色绘图工具进行作图时，则生成的选区将会带有一定的羽化。

图 11-52 打开素材图像

图 11-53 涂抹图像

图 11-54 转换为选区

图 11-55 调整色相后的图像效果

11.4.4 创建矢量蒙版

矢量蒙版是由钢笔、自定形状等矢量工具创建的蒙版（图层蒙版和剪贴蒙版都基于像素的蒙版），矢量蒙版与分辨率无关，常用来制作 Logo、按钮或其他 Web 设计元素。无论图像自身的分辨率是多少，只要使用了该蒙版，都可以得到平滑的轮廓。

	素材文件	光盘 \ 素材 \ 第 11 章 \ 绿色背景 .psd
	效果文件	光盘 \ 效果 \ 第 11 章 \ 绿色背景 .psd
	视频文件	光盘 \ 视频 \ 第 11 章 \11.4.4 创建矢量蒙版 .mp4

步骤 01 按【Ctrl + O】组合键，打开一幅素材图像，如图11-56所示，选取自定形状工具。

步骤 02 设置“形状”为网格，在图像编辑窗口中的合适位置绘制一个网格路径，如图11-57所示。

专家提醒

与图层蒙版非常相似，矢量蒙版也是一种控制图层中图像显示与隐藏的方法，不同的是，矢量蒙版是依靠路径来限制图像的显示与隐藏的，因此它创建的都是具有规则边缘的蒙版。

图 11-56 素材图像

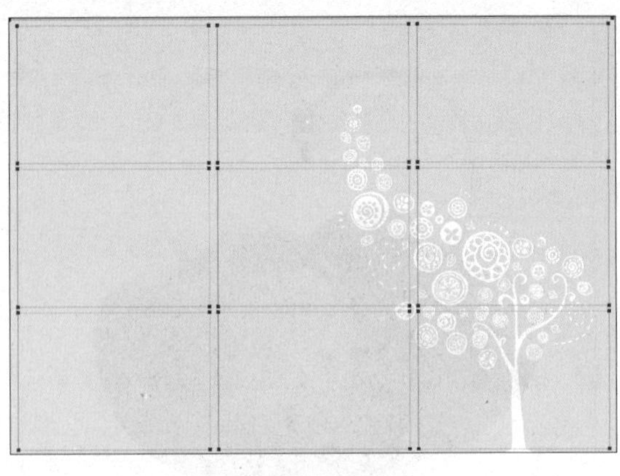

图 11-57 绘制网格路径

步骤 03 单击“图层”|“矢量蒙版”|“当前路径”命令，即可创建矢量蒙版，如图11-58所示。

步骤 04 展开“图层”面板，即可查看到基于当前路径创建的矢量蒙版，如图11-59所示。

图 11-58 创建矢量蒙版

图 11-59 “图层”面板

11.4.5 停用/启用图层蒙版

为了节省存储空间和提高图像处理速度，用户可运用停用图层蒙版、删除图层蒙版或应用图层蒙版等操作，从而减小图像文件的大小。在图像编辑窗口中添加蒙版后，如果后面的操作不再需要蒙版，用户可以将蒙版关闭以节省系统资源的占用。

	素材文件	光盘 \ 素材 \ 第 11 章 \ 相框 .psd
	效果文件	无
	视频文件	光盘 \ 视频 \ 第 11 章 \11.4.5 停用 / 启用图层蒙版 .mp4

步骤 01 按【Ctrl+O】组合键，打开一幅素材图像，拖曳鼠标指针至“图层”面板中的“图层1”图层蒙版上，单击鼠标右键，在弹出的快捷菜单中选择“停用图层蒙版”选项，即可停用图层蒙版，效果如图11-60所示。

步骤 02 拖曳鼠标指针至“图层”面板中的“图层1”图层蒙版上，单击鼠标右键，在弹出的快捷菜单中选择“启用图层蒙版”选项，此时图像编辑窗口中的图像呈启用图层蒙版效果显示，如图11-61所示。

图 11-60 停用图层蒙版

图 11-61 启用图层蒙版

专家提醒

除了可以运用上述方法进行图层蒙版的停用 / 启用操作外，还有以下两种方法：

- 单击“图层”|“图层蒙版”|“停用”命令，也可以停用图层蒙版。
- 单击“图层”|“图层蒙版”|“启用”命令，也可以启用图层蒙版。

11.4.6 删除图层蒙版

如果将创建的蒙版删除，图像将还原为设置蒙版之前的效果。

	素材文件	光盘 \ 素材 \ 第 11 章 \ 橙子 .psd
	效果文件	光盘 \ 效果 \ 第 11 章 \ 橙子 .psd
	视频文件	光盘 \ 视频 \ 第 11 章 \11.4.6 删除图层蒙版 .mp4

步骤 01 按【Ctrl+O】组合键，打开一幅素材图像，如图11-62所示。

步骤 02 展开“图层”面板，选择“图层1”图层，如图11-63所示。

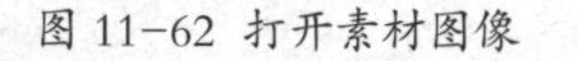

图 11-62 打开素材图像

图 11-63 选择“图层 1”图层

步骤 03 拖曳鼠标指针至“图层”面板中的“图层1”蒙版上，单击鼠标右键，在弹出的快捷菜单中选择“删除图层蒙版”选项，如图11-64所示。

步骤 04 执行上述操作后，即可删除图层蒙版，效果如图11-65所示。

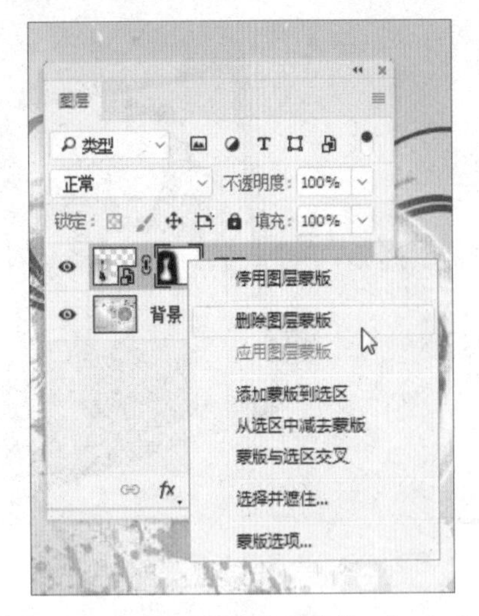

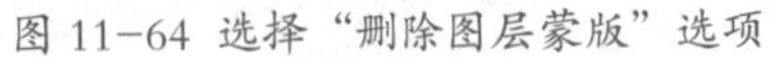
图 11-64 选择“删除图层蒙版”选项

图 11-65 删除图层蒙版后的图像

11.4.7 应用图层蒙版

正如前面所讲，图层蒙版仅是起到显示及隐藏图像的作用，并非正在删除了图像，因此，如果某些图层蒙版效果已无需再进行改动，可以应用图层蒙版，以删除被隐藏的图像，从而减小图像文件大小。

	素材文件	光盘 \ 素材 \ 第 11 章 \ 手机 .psd
	效果文件	光盘 \ 效果 \ 第 11 章 \ 手机（1）.psd
	视频文件	光盘 \ 视频 \ 第 11 章 \11.4.7 应用图层蒙版 .mp4

步骤 01 按【Ctrl＋O】组合键，打开一幅素材图像，如图11-66所示。

步骤 02 展开“图层”面板，选择“图层1”图层，如图11-67所示。

图 11-66 素材图像

图 11-67 选择“图层 1”图层

步骤 03 拖曳鼠标指针至“图层1”蒙版上，单击鼠标右键，在弹出的快捷菜单中选择“应用图层蒙版”选项，如图11-68所示。

步骤 04 执行上述操作后，即可应用图层蒙版，如图11-69所示。

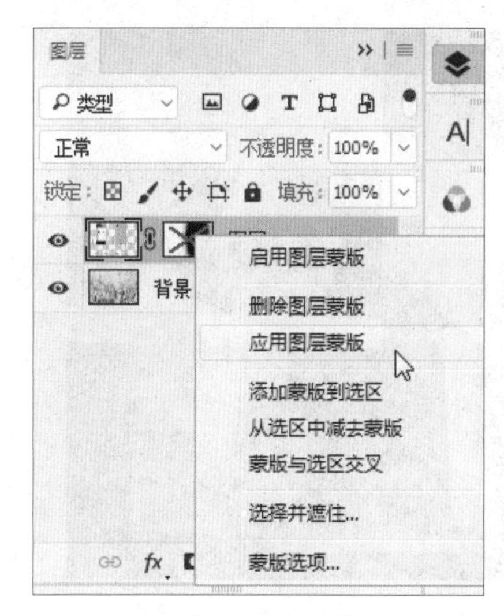

图 11-68 选择“应用图层蒙版”选项

图 11-69 应用图层蒙版后的效果

专家提醒

应用图层蒙版效果后，图层蒙版中的白色区域对应的图层图像被保留，而蒙版中黑色区域对应的图层图像被删除，灰色过渡区域所对应的图层图像部分像素被删除。

11.4.8 设置蒙版混合模式

图层蒙版与普通图层一样也可以设置其混合模式及不透明度。

	素材文件	光盘 \ 素材 \ 第 11 章 \ 情侣相册 .psd
	效果文件	光盘 \ 效果 \ 第 11 章 \ 情侣相册 .psd
	视频文件	光盘 \ 视频 \ 第 11 章 \11.4.8 设置蒙版混合模式 .mp4

步骤 01 按【Ctrl + O】组合键，打开一幅素材图像，如图11-70所示。

步骤 02 展开“图层”面板，选择“图层2”图层，如图11-71所示。

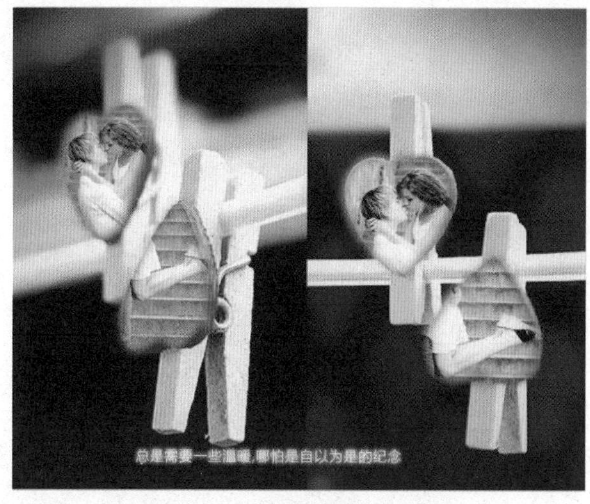

图 11-70 素材图像

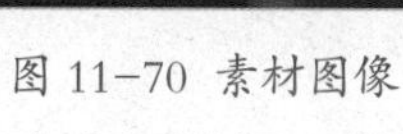

图 11-71 选择“图层 2”图层

步骤 03 设置“图层2”图层的混合模式为“强光”，如图11-72所示。

步骤 04 此时，图像编辑窗口中的图像效果如图11-73所示。

图 11-72 设置图层的混合模式

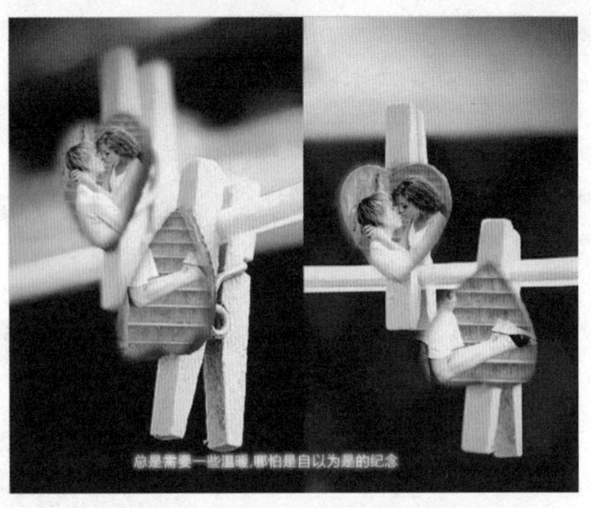

图 11-73 设置蒙版混合模式后的图像效果

12 Chapter

制作图像滤镜特效

学前提示

滤镜是一种插件模块，能够对图像中的像素进行操作，也可以模拟一些特殊的光照效果或带有装饰性的纹理效果。Photoshop提供了多种多样的滤镜，使用这些滤镜，用户无需耗费大量的时间和精力就可以快速地制作出如云彩、马赛克、模糊、素描、光照以及各种扭曲等效果。

本章教学目标

- 初识滤镜
- 运用智能滤镜
- 使用滤镜制作图像特效

学完本章后你会做什么

- 了解滤镜的种类、滤镜的作用以及内置滤镜的共性
- 掌握创建智能滤镜、编辑智能滤镜、消除智能滤镜等知识
- 掌握使用“液化”滤镜、“消失点”滤镜、“模糊”滤镜等操作

视频演示

12.1 初识滤镜

滤镜是 Photoshop 的重要组成部分，它就像一个魔术师，如果没有滤镜，Photoshop 就不会成为图像处理领域的领先软件，因此滤镜对于每一个使用 Photoshop 的人而言，都具有很重要的意义。

滤镜可能是作品的润色剂，也可能是作品的腐蚀剂，到底扮演什么角色，取决于操作者如何使用滤镜。

12.1.1 了解滤镜的种类

在 Photoshop 中滤镜被划分为以下几类。

1. 特殊滤镜

此类滤镜是由于功能强大、使用频繁，加之在“滤镜”菜单中位置特殊，因此被称为特殊滤镜，其中包括“液化”、“镜头校正”、“消失点”和“滤镜库”4 个命令。

2. 内置滤镜

此类滤镜是自 Photoshop 4.0 发布以来直至 Photoshop CC 2017 版本始终存在的一类滤镜，其数量有上百个之多，被广泛应用于纹理制作、图像效果修整、文字效果制作和图像处理等各个方面。

12.1.2 了解滤镜的作用

虽然许多读者知道使用滤镜的好处，了解使用滤镜能够创造出精美的图像效果，但这种认识还是相当模糊的，为了使读者对滤镜的作用有更清晰的认识，下面将介绍几项滤镜的实际用途。

1. 创建边缘效果

在 Photoshop 中，用户可以使用多种方法处理图像，从而得到艺术化的图像效果。如图 12-1 所示的渲染效果为使用滤镜所得到的。

图 12-1 渲染效果

2. 创建绘画效果

综合使用滤镜能够将图像处理成为具有油画、素描效果的图像，如图 12-2 所示。

图 12-2 油画效果图像

3. 将滤镜应用于单个通道

可以将滤镜应用于单个通道，在应用时对每个颜色通道可以应用不同的效果或应用具有不同设置的同一滤镜，从而创建特殊的图像效果。

4. 创建背景

将滤镜应用于有纯色或灰度的图层可以得到各种背景和纹理，虽然有些滤镜在应用于纯色时效果不明显，但有些滤镜却可以产生奇特的效果。如图 12-3 所示的几种纹理效果均为使用滤镜直接得到的。

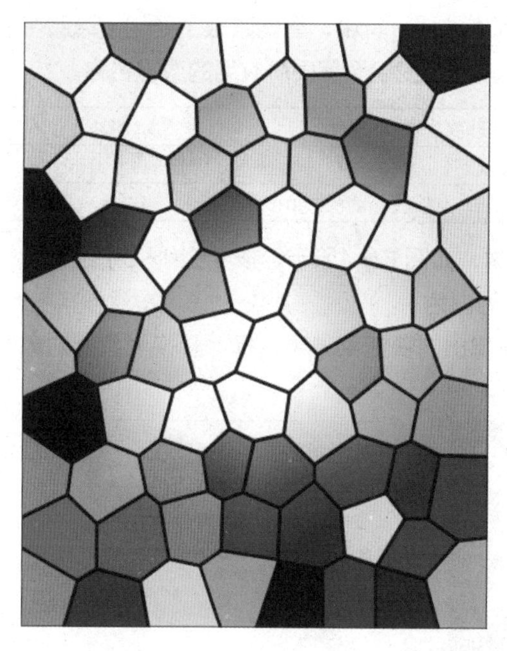

图 12-3 纹理背景效果

5. 修饰图像

Photoshop 提供了几个用于修饰数码相片图像的滤镜，使用这些滤镜能够去除图像的杂点，例如“去除杂色”命令；或者为使图像更加清晰，可以使用“智能锐化”命令。

12.1.3 了解内置滤镜的共性

内置滤镜命令是 Photoshop 中使用最多的滤镜命令，因此掌握这些滤镜在使用时的共性，有助于更加准确有效地使用这些滤镜。Photoshop 针对选区执行滤镜效果处理。如果没有定义选区，则对整个图像作处理。如果当前选中的是某一图层或某一通道，且没有选区，则对当前图层或通道起作用。滤镜的处理效果是以像素为单位的，因此，滤镜的处理与图像的分辨率有关。正因如此，使用相同的滤镜参数处理不同分辨率的图像，得到的效果也不相同。因此，当用户在学习这本书及其他与Photoshop有关的图书时，应该特别注意文件的尺寸是否是书中所讲述的尺寸。只对局部图像进行滤镜效果处理时，可以对选区设定羽化值，使处理的区域能自然地与源图像融合，从而减少突兀的感觉。

12.2 运用智能滤镜

智能滤镜是 Photoshop 中的一个强大功能，在使用 Photoshop 时，如果要对智能对象图像中的图像应用滤镜，就必须将该智能对象图层栅格化，然后才可以应用智能滤镜，但如果用户要修改智能对象中的内容，则还需要重新应用滤镜，这样就在无形中增加了操作的复杂程度，而智能滤镜功能就是为了解决这一难题而产生的，同时，使用智能滤镜，还可以对所添加的滤镜进行反复的修改。

12.2.1 创建智能滤镜

智能对象图层，主要由智能蒙版和智能滤镜列表构成，其中，智能蒙版主要用于隐藏智能滤镜对图像的处理效果，而智能滤镜列表则显示了当前智能滤镜图层中所应用的滤镜名称。

	素材文件	光盘 \ 素材 \ 第 12 章 \ 互联时代 .jpg
	效果文件	光盘 \ 效果 \ 第 12 章 \ 互联时代 .psd
	视频文件	光盘 \ 视频 \ 第 12 章 \12.2.1 创建智能滤镜 .mp4

步骤 01 按【Ctrl + O】组合键，打开一幅素材图像，如图12-4所示，按【Ctrl + J】组合键，复制“背景”图层，得“图层1”图层，设置背景色为白色。

步骤 02 选择“图层1”图层，单击鼠标右键，在弹出的快捷菜单中选择“转换为智能对象”选项，将图像转换为智能对象，如图12-5所示。

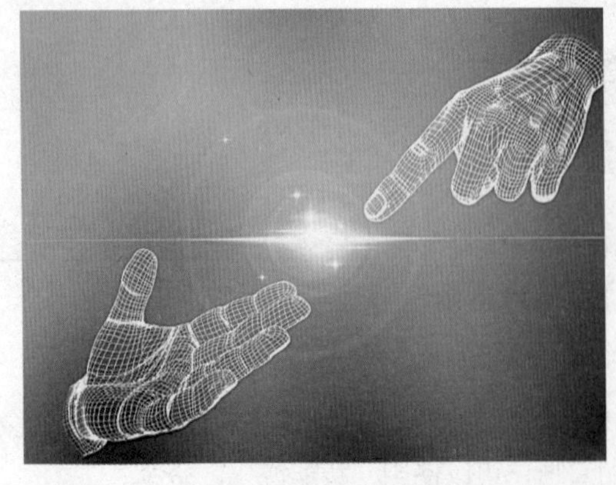

图 12-4 打开素材图像

图 12-5 转换为智能图像

步骤 03 单击“滤镜”|“扭曲”|“水波”命令，弹出“水波”对话框，设置“数量”为100、“起伏”为9、“样式”为“围绕中心”，如图12-6所示。

步骤 04 单击“确定”按钮，生成一个对应的智能滤镜图层，此时图像编辑窗口中的效果如图12-7所示。

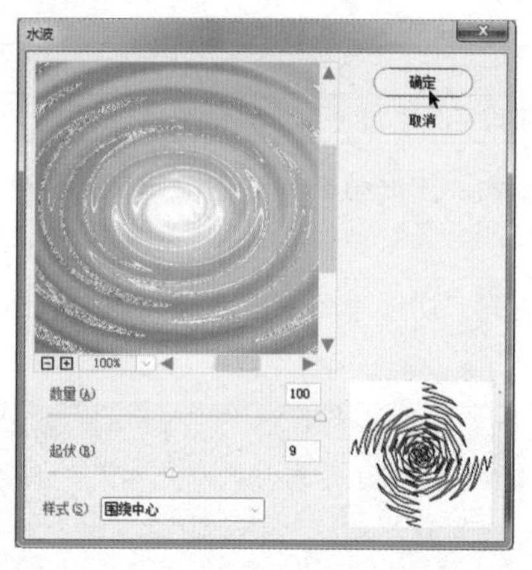

图 12-6 “水波”对话框

图 12-7 水波滤镜效果

专家提醒

如果用户选择的是没有参数的滤镜（例如，查找边缘、云彩等），则可以直接对智能对象图层中的图像进行处理，并创建对应的智能滤镜。

12.2.2 编辑智能滤镜

使用智能蒙版，可以隐藏滤镜处理图像后的图像效果，其操作原理与图层蒙版的原理是完全相同的，即用黑色来隐藏图像，白色显示图像，而灰色则产生一定的透明效果。

	素材文件	光盘 \ 素材 \ 第 12 章 \ 互联时代 .psd
	效果文件	光盘 \ 效果 \ 第 12 章 \ 互联时代（1）.psd
	视频文件	光盘 \ 视频 \ 第 12 章 \12.2.2 编辑智能滤镜 .mp4

步骤 01 在“图层”面板上的“水波”智能滤镜上双击鼠标左键，弹出“水波”对话框，设置“样式”为“水池波纹”，如图12-8所示。

步骤 02 执行操作后，单击“确定”按钮，即可改变智能滤镜的效果，如图12-9所示。

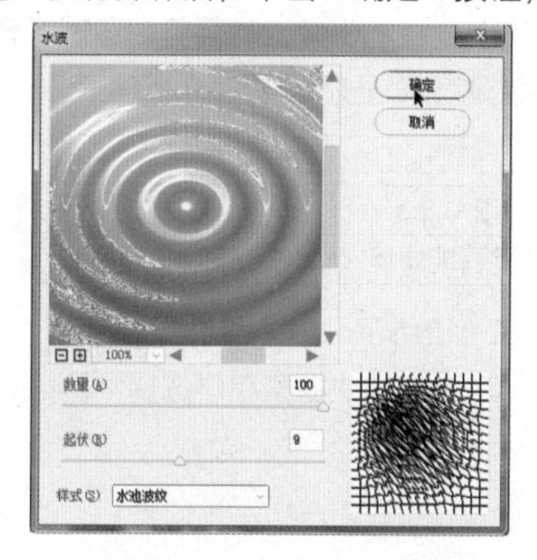

图 12-8 “水波”对话框

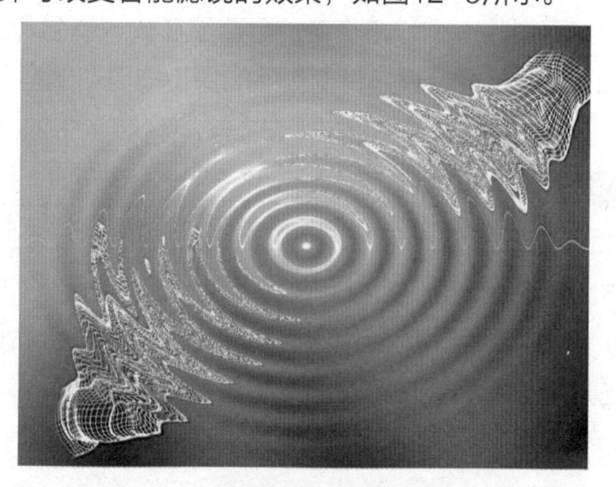

图 12-9 编辑智能滤镜后的效果

12.2.3 停用/启用智能滤镜

停用 / 启用智能滤镜，可以为分两种操作，即对所有的智能滤镜操作和对单独某个智能滤镜操作。

	素材文件	光盘 \ 素材 \ 第 12 章 \ 互联时代（1）.psd
	效果文件	无
	视频文件	光盘 \ 视频 \ 第 12 章 \12.2.3 停用 / 启用智能滤镜 .mp4

步骤01　在“图层”面板中，单击“水波”智能滤镜左侧的“切换单个智能滤镜可见性”图标，即可停用智能滤镜，效果如图12-10所示。

步骤02　在“图层”面板中，单击“水波”智能滤镜左侧的“切换单个智能滤镜可见性”图标，即可启用智能滤镜，效果如图12-11所示。

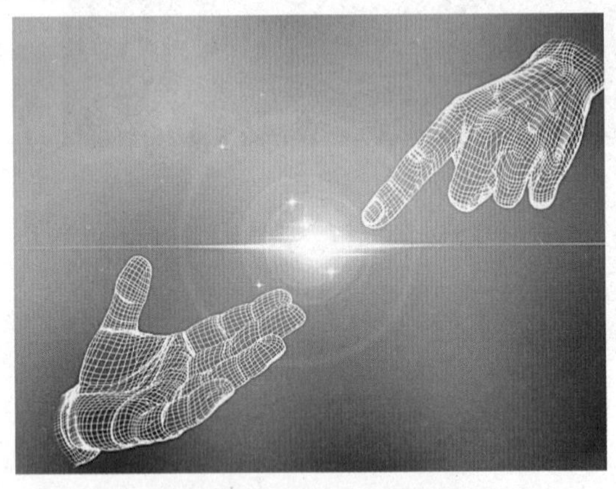

图 12-10 停用智能滤镜

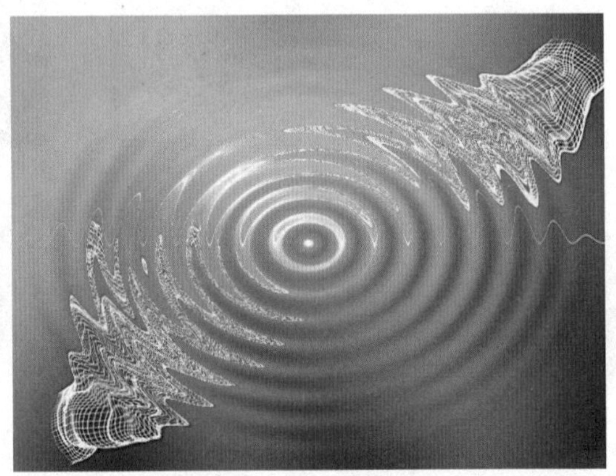

图 12-11 启用智能滤镜

专家提醒

要停用所有智能滤镜，可以在所属的智能对象图层最右侧的“指示滤镜效果”按钮上单击右键，在弹出的快捷菜单中选择“停用智能滤镜”选项，即可隐藏所有智能滤镜生成的图像效果，再次在该位置上单击右键，在弹出的快捷菜单上选择“启用智能滤镜”选项，显示所有智能滤镜。

12.2.4 清除智能滤镜

如果要删除一个智能滤镜，可直接在该滤镜名称上单击右键，在弹出的菜单中选择“删除智能滤镜”命令，或者直接将要删除的滤镜拖至“图层”面板底部的删除图层命令按钮上。

	素材文件	光盘 \ 素材 \ 第 12 章 \ 互联时代（1）.psd
	效果文件	光盘 \ 效果 \ 第 12 章 \ 互联时代（2）.jpg
	视频文件	光盘 \ 视频 \ 第 12 章 \12.2.4 清除智能滤镜 .mp4

步骤01　展开“图层”面板，选择“图层1”图层，如图12-12所示。

步骤02　在“图层”面板中的智能滤镜上单击鼠标右键，在弹出的快捷菜单中选择“删除智能滤镜”选项，删除智能滤镜，效果如图12-13所示。

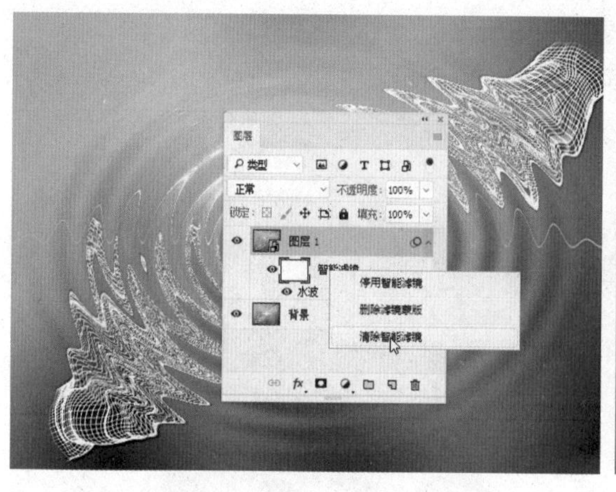

图 12-12 选择“图层 1”图层

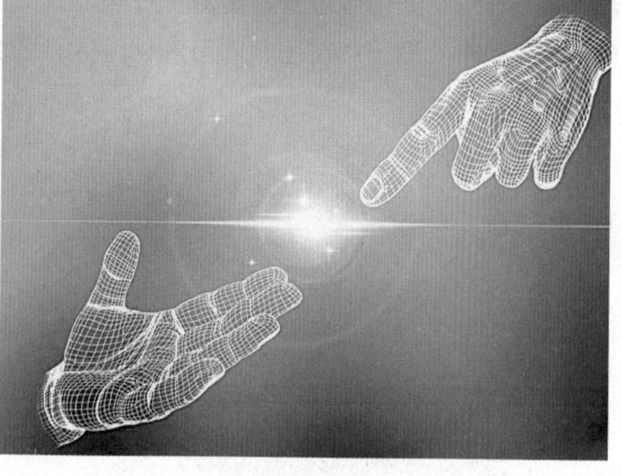

图 12-13 删除智能滤镜效果

12.3 使用滤镜制作图像特效

特殊滤镜是相对众多滤镜组中的滤镜而言的，其相对独立，但功能强大，使用频率也非常高。

12.3.1 使用“液化”滤镜

“液化”滤镜可以用于推、拉、选转、反射、折叠和膨胀图像的任意区域，下面为用户讲解“液化”滤镜的使用方法。

	素材文件	光盘 \ 素材 \ 第 12 章 \ 蓝色心形 .jpg
	效果文件	光盘 \ 效果 \ 第 12 章 \ 蓝色心形 .psd
	视频文件	光盘 \ 视频 \ 第 12 章 \12.3.1 使用“液化”滤镜 .mp4

步骤 01 按【Ctrl + O】组合键，在图像编辑窗口中打开一幅素材图像，此时图像编辑窗口中的图像显示效果如图12-14所示。

步骤 02 单击“滤镜”|“液化”命令，弹出“液化”对话框，单击“向前变形工具”按钮，设置“画笔大小”为200，移动鼠标指针至图像相应位置进行拖曳，如图12-15所示。

图 12-14 打开素材图像

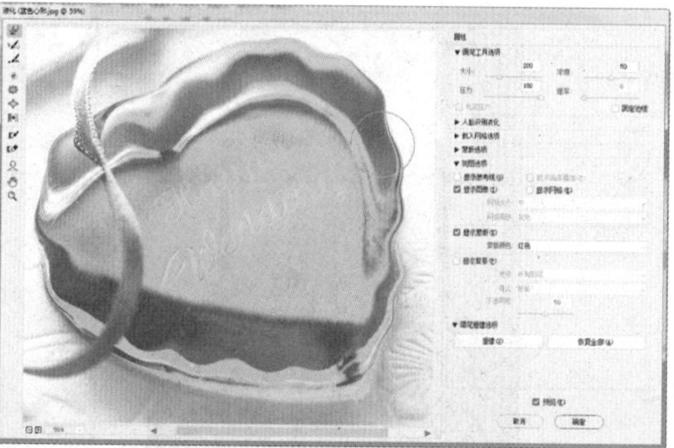

图 12-15 “液化”对话框

步骤 03 在缩略图相应位置，重复拖曳操作，如图12-16所示。

步骤 04 单击“确定”按钮，即可液化图像，效果如图12-17所示。

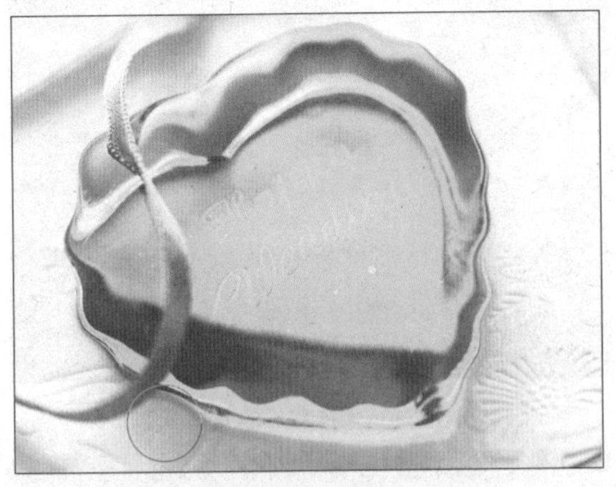

图 12-16 重复操作

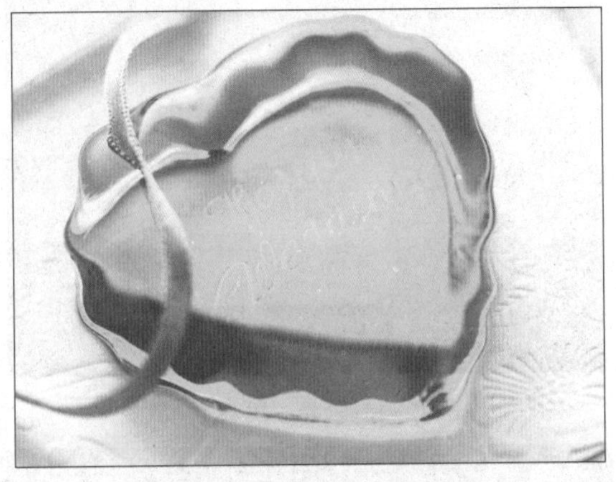

图 12-17 液化后的效果

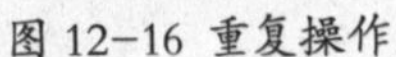

专家提醒

使用“液化”滤镜可以逼真地模拟液体流动的效果，用户使用该命令，可以非常方便地制作变形、湍流、扭曲、褶皱、膨胀和对称等效果，但是该命令不能在索引模式、位图模式和多通道色彩模式的图像中使用。

12.3.2 使用“消失点”滤镜

“消失点”滤镜可以自定义透视参考框，从而将图像复制、转换或移动到透视结构上。用户可以在图像中指定平面，进行绘画、仿制、拷贝、粘贴及变换等编辑操作。

	素材文件	光盘 \ 素材 \ 第 12 章 \ 桥 .jpg
	效果文件	光盘 \ 效果 \ 第 12 章 \ 桥 .psd
	视频文件	光盘 \ 视频 \ 第 12 章 \12.3.2 使用“消失点”滤镜 .mp4

步骤 01 按【Ctrl + O】组合键，打开一幅素材图像，此时图像编辑窗口中的图像显示效果如图12-18所示。

步骤 02 单击“滤镜”|“消失点”命令，弹出“消失点”对话框，单击“创建平面工具”按钮，创建一个透视矩形框，并进行适当调整，如图12-19所示。

图 12-18 打开素材图像

图 12-19 创建并调整透视矩形框

步骤03 单击“选框工具”按钮，在透视矩形框中双击鼠标左键创建选区，按住【Alt】键的同时单击鼠标左键并拖曳，效果如图12-20所示。

步骤04 单击“变换工具”按钮，调出变换控制框，拖曳鼠标至上方中间的控制柄上，单击鼠标左键向上拖曳，单击“确定”按钮，效果如图12-21所示。

图 12-20 向上拖曳鼠标

图 12-21 确认操作后的效果

专家提醒

使用“消失点”滤镜，用户可以自定义透视参考线，从而将图像复制、转换或移动到透视结构图上。图像进行透视校正编辑后，将通过消失点在图像中指定平面，然后可应用绘制、仿制、拷贝、粘贴及变换等编辑操作。

12.3.3 使用“滤镜库”滤镜

滤镜库是 Photoshop 滤镜的一个集合体，在此对话框中包括了绝大部分的内置滤镜，本节将对此命令进行详细讲解。

	素材文件	光盘 \ 素材 \ 第 12 章 \ 绿叶白花 .jpg
	效果文件	光盘 \ 效果 \ 第 12 章 \ 白裙 .jpg
	视频文件	光盘 \ 视频 \ 第 12 章 \12.3.3 使用“滤镜库”滤镜 .mp4

步骤01 按【Ctrl+O】组合键，打开一幅素材图像，此时图像编辑窗口中的图像显示如图12-22所示。

步骤02 单击“滤镜”|“滤镜库”命令，在弹出的对话框中选择“艺术效果”|“木刻”选项，保持默认设置，如图12-23所示，单击“确定”按钮。

步骤03 单击“编辑”|“渐隐滤镜库”命令，弹出“渐隐”对话框，设置“不透明度”为50%，如图12-24所示。

步骤04 单击“确定”按钮，即可制作出木刻混合渐隐滤镜图像效果，此时图像编辑窗口中的图像效果如图12-25所示。

图 12-22 打开素材图像

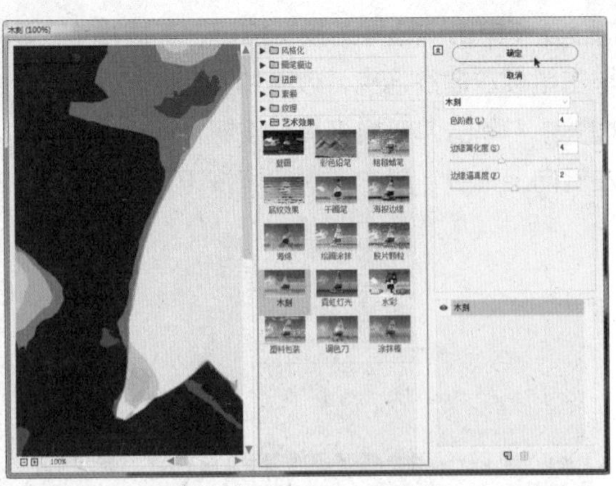

图 12-23 “木刻”对话框

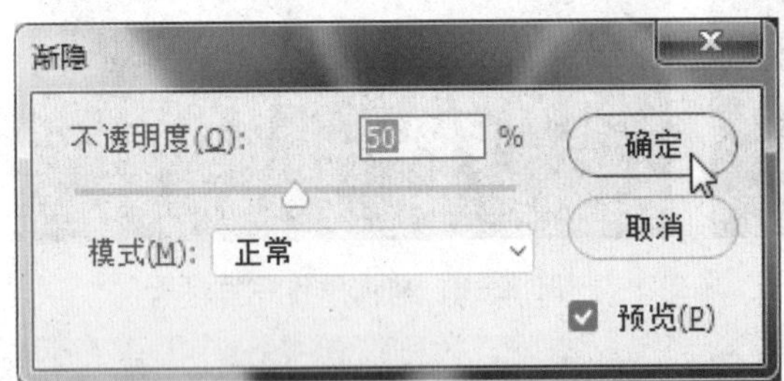

图 12-24 “渐隐”对话框

图 12-25 木刻混合渐隐后的图像效果

专家提醒

“木刻”滤镜处理的效果看起来像是精心修剪的彩纸图，即使图像产生剪纸、木刻效果。

12.3.4 使用“镜头校正”滤镜

“镜头校正”滤镜可以用于对失真或倾斜的图像进行校正，还可以对图像调整扭曲、色差、晕影和变换效果，使图像恢复至正常状态。

	素材文件	光盘 \ 素材 \ 第 12 章 \ 小老虎 .jpg
	效果文件	光盘 \ 效果 \ 第 12 章 \ 小老虎 .psd
	视频文件	光盘 \ 视频 \ 第 12 章 \12.3.4 使用“镜头校正”滤镜 .mp4

步骤 01 按【Ctrl+O】组合键，打开一幅素材图像，效果如图12-26所示。

步骤 02 单击“滤镜”|“镜头校正”命令，弹出“镜头校正”对话框，单击“移去扭曲工具”按钮，在缩略图右下角处单击鼠标左键向外拖曳，如图12-27所示。

步骤 03 单击“确定”按钮，即可校正扭曲图像，效果如图12-28所示。

步骤 04 按【Ctrl+F】组合键，重复镜头校正，效果如图12-29所示。

专家提醒

镜头校正相对应的快捷键为【Ctrl + Shift+ R】组合键。

图 12-26 打开素材图像

图 12-27 “镜头校正”对话框

图 12-28 校正扭曲图像

图 12-29 重复镜头校正后的效果

12.3.5 使用“风格化”滤镜

在编辑图像时，将新建的选区保存到通道中，可方便用户对图像进行多次编辑和修改。

	素材文件	光盘 \ 素材 \ 第 12 章 \ 熊猫 .jpg
	效果文件	光盘 \ 效果 \ 第 12 章 \ 熊猫 .psd
	视频文件	光盘 \ 视频 \ 第 12 章 \12.3.5 使用“风格化”滤镜 .mp4

步骤 01 按【Ctrl+O】组合键，打开一幅素材图像，如图12-30所示，设置背景色为白色。

步骤 02 单击“滤镜”|“风格化”|“拼贴”命令，弹出“拼贴”对话框，保持默认参数设置，单击“确定”按钮，效果如图12-31所示。

图 12-30 打开素材图像

图 12-31 拼贴效果

12.3.6 使用“模糊”滤镜

应用“模糊”滤镜，可以使图像中清晰或对比度较强烈的区域产生模糊的效果。

	素材文件	光盘 \ 素材 \ 第 12 章 \ 起跳 .jpg
	效果文件	光盘 \ 效果 \ 第 12 章 \ 起跳 .psd
	视频文件	光盘 \ 视频 \ 第 12 章 \12.3.6 使用“模糊”滤镜 .mp4

步骤01 按【Ctrl+O】组合键，打开一幅素材图像，如图12-32所示。

步骤02 选取磁性套索工具，创建一个人物选区，并反选选区，如图12-33所示。

图 12-32 打开素材图像

图 12-33 反选选区

步骤03 单击“滤镜”|“模糊”|“径向模糊”命令，弹出“径向模糊”对话框，设置“数量”为40、“模糊方法”为“缩放”、“品质”为“最好”，如图12-34所示。

步骤04 单击“确定”按钮，执行上述操作后即可将“径向模糊”滤镜应用于图像中，效果如图12-35所示。

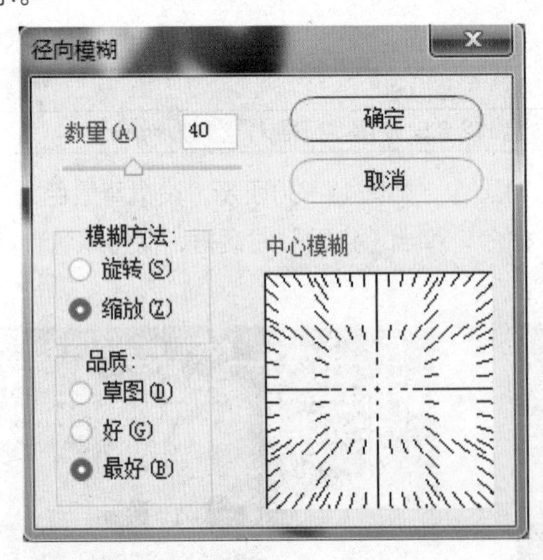

图 12-34 “径向模糊”对话框

图 12-35 应用径向模糊滤镜后的效果

12.3.7 使用“渲染”滤镜

“渲染”滤镜可以在图像中产生照明效果，常用于创建 3D 形状、云彩图案和折射图案等，它还可以模拟光的效果，同时产生不同的光源效果和夜景效果等。

	素材文件	光盘 \ 素材 \ 第 12 章 \ 草原 .jpg
	效果文件	光盘 \ 效果 \ 第 12 章 \ 草原 .psd
	视频文件	光盘 \ 视频 \ 第 12 章 \12.3.7 使用“渲染”滤镜 .mp4

步骤01 按【Ctrl＋O】组合键，打开一幅素材图像，如图12-36所示。

步骤02 单击“滤镜”|“渲染”|“镜头光晕”命令，如图12-37所示。

图 12-36 打开素材图像

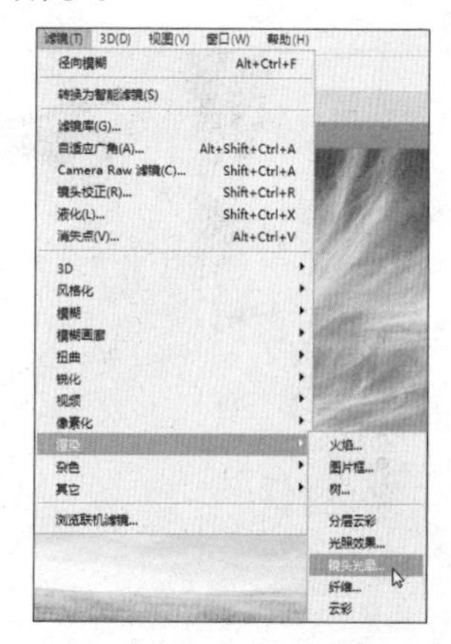

图 12-37 单击“镜头光晕”命令

步骤03 弹出“镜头光晕”对话框，设置“亮度”为128、“镜头类型”为“电影镜头”，如图12-38所示。

步骤04 单击“确定”按钮，即可添加光晕效果，效果如图12-39所示。

图 12-38 “镜头光晕”对话框

图 12-39 图像效果

12.3.8 使用“杂色”滤镜

“杂色”滤镜组下的命令可以添加或移去图像中的杂色及带有随机分布色阶的像素，适用于去除图像中的杂点和划痕等。

	素材文件	光盘 \ 素材 \ 第 12 章 \ 人像 .jpg
	效果文件	光盘 \ 效果 \ 第 12 章 \ 人像 .psd
	视频文件	光盘 \ 视频 \ 第 12 章 \12.3.8 使用“杂色”滤镜 .mp4

步骤01 按【Ctrl+O】组合键，打开一幅素材图像，此时图像编辑窗口中的显示如图12-40所示。

步骤02 单击“图层”|“复制图层”命令，弹出相应对话框，单击“确定”按钮，即可复制“图层1”，如图12-41所示。

图 12-40 素材图像

图 12-41 “图层 1”图层

步骤03 单击“滤镜”|“杂色”|“蒙尘与划痕”命令，弹出“蒙尘与划痕”对话框，设置“半径”为3像素、“阈值”为1色阶，如图12-42所示。

步骤04 单击“确定”按钮，即可去除杂点，此时图像编辑窗口中的显示如图12-43所示。

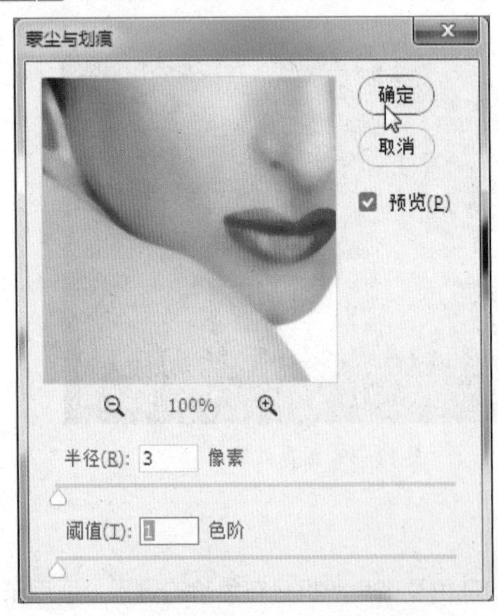

图 12-42 “蒙尘与划痕”对话框

图 12-43 图像效果

步骤05 单击“图层”面板底部的“添加图层蒙板”按钮，即可添加图层蒙板，如图12-44所示。

步骤06 选取画笔工具，设置前景色为黑色，涂抹人物的眼部，效果如图12-45所示。

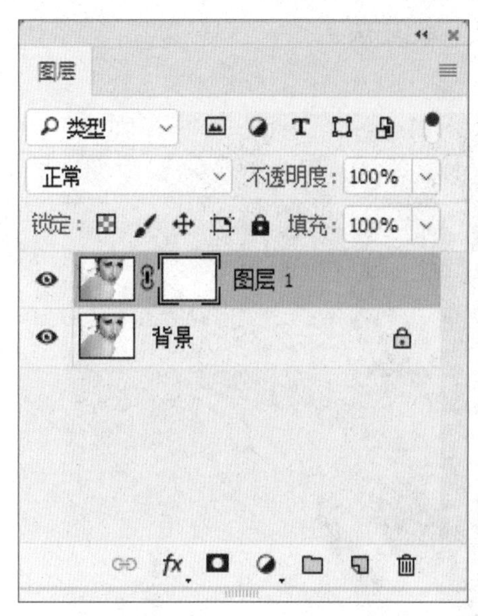

图 12-44 添加图层蒙版

图 12-45 涂抹图像

12.3.9 使用“画笔描边”滤镜

“画笔描边”滤镜中的各命令均用于模拟绘画时各种笔触技法的运用，以不同的画笔和颜料生成一些精美的绘画艺术效果。

	素材文件	光盘 \ 素材 \ 第 12 章 \ 鸽子 .jpg
	效果文件	光盘 \ 效果 \ 第 12 章 \ 鸽子 .psd
	视频文件	光盘 \ 视频 \ 第 12 章 \12.3.9 使用“画笔描边”滤镜 .mp4

步骤 01 按【Ctrl + O】组合键，打开一幅素材图像，此时图像编辑窗口中显示如图12-46所示。

步骤 02 单击“滤镜”|“画笔描边”|“喷溅”命令，弹出“喷溅”对话框，设置“喷射半径”为8、“平滑度”为6，如图12-47所示。

图 12-46 打开素材图像

图 12-47 “喷溅”对话框

步骤03 单击“确定”按钮，即可添加喷溅效果，如图12-48所示。

步骤04 重复使用滤镜效果，如图12-49所示。

图 12-48 喷溅效果

图 12-49 重复使用滤镜效果

13
Chapter

实战案例：照片后期处理

学前提示

随着数码相机技术的不断成熟和价格的下调，很多计算机用户和摄影爱好者都对处理照片产生了浓厚兴趣。运用Photoshop CC 2017可以将一张普通的照片处理得很完美，而且还可以将其处理为具有其他风格的照片效果。

本章教学目标

- 人像绚丽妆容处理
- 翘角立体效果设计

学完本章后你会做什么

- 掌握对人像照片后期处理的操作方法
- 掌握制作艺术照片翘角效果的操作方法

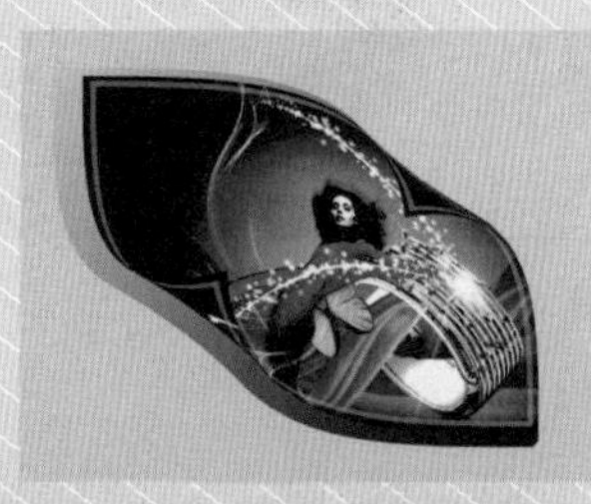

13.1 人像绚丽妆容处理

本实例介绍制作绚丽妆容，效果如图 13-1 所示。

图 13-1 绚丽妆容效果图

	素材文件	光盘 \ 素材 \ 第 13 章 \ 素颜女人 .jpg、眼影 .psd、唇彩 .psd
	效果文件	光盘 \ 效果 \ 第 13 章 \ 素颜女人 .psd、素颜女人 .jpg
	视频文件	光盘 \ 视频 \ 第 13 章 \13.1.1 修饰人物瑕疵 .mp4、13.1.2 制作彩妆效果 .mp4

13.1.1 修饰人物瑕疵

人们常说，细节决定成败。在人物照片处理上，细节往往最容易被忽视的。然而对于细节的修饰，可以起到画龙点睛的作用。人物数码照片中含有各种各样不尽如人意的瑕疵需要处理，Photoshop CC 2017 在对人物图像处理上有着强大的修复功能，。下面介绍修饰人物瑕疵的具体操作步骤。

步骤 01 按【Ctrl + O】组合键，打开一幅素材图像，如图13-2所示。

步骤 02 按【Ctrl + J】组合键，复制“背景”图层，得到“图层1”图层，如图13-3所示。

图 13-2 打开素材图像

图 13-3 复制“背景”图层

步骤03　选取缩放工具，将鼠标指针移至图像编辑窗口中的人物眼睛位置，单击鼠标左键放大图像，如图13-4所示。

步骤04　选取工具箱中的修复画笔工具，将鼠标移至图像编辑窗口中，按住【Alt】键的同时，在图像合适位置单击鼠标左键取样，如图13-5所示。

图 13-4 放大图像

图 13-5 取样

步骤05　将鼠标指针移至人物眼睛周围，适当地涂抹，多次取样、涂抹后，即可修复人物的瑕疵，效果如图13-6所示。

步骤06　选取工具箱中的减淡工具，设置“范围”为“阴影”、“曝光度”为27%，取消选中“保护色调”复选框，如图13-7所示。

图 13-6 修复人物的瑕疵

图 13-7 减淡工具的属性

步骤07　将鼠标指针移至人物眼睛周围，适当地涂抹，减少人物的黑眼圈，效果如图13-8所示。

步骤08　执行上述操作后，按【Ctrl+J】组合键，复制“图层1”图层，得到“图层1拷贝”图层，如图13-9所示。

步骤09　单击菜单栏中的“滤镜”|“杂色”|“蒙尘与划痕”命令，弹出“蒙尘与划痕”对话框，设置“半径”为4像素、“阈值”为2色阶，如图13-10所示。

步骤10　单击“确定”按钮，即可添加蒙尘与划痕滤镜效果，如图13-11所示。

步骤11　单击“图层”面板底部的“添加图层蒙版”按钮，为相应图层添加图层蒙版，如图13-12所示。

步骤 12 设置“前景色”为黑色，选取工具箱中的画笔工具，设置“大小”为50像素、“硬度”为0%，如图13-13所示。

图 13-8 减少人物的黑眼圈

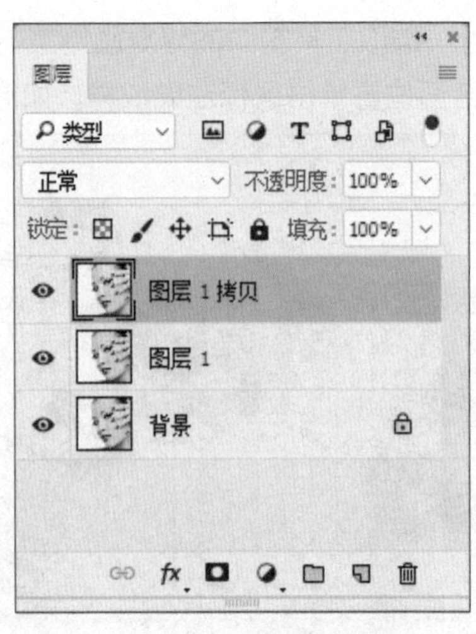

图 13-9 复制“图层 1”图层

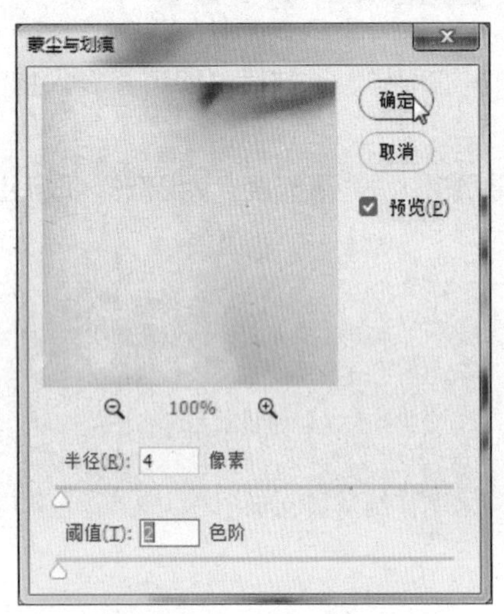

图 13-10 设置相应参数

图 13-11 添加蒙尘与划痕滤镜效果

图 13-12 添加图层蒙版

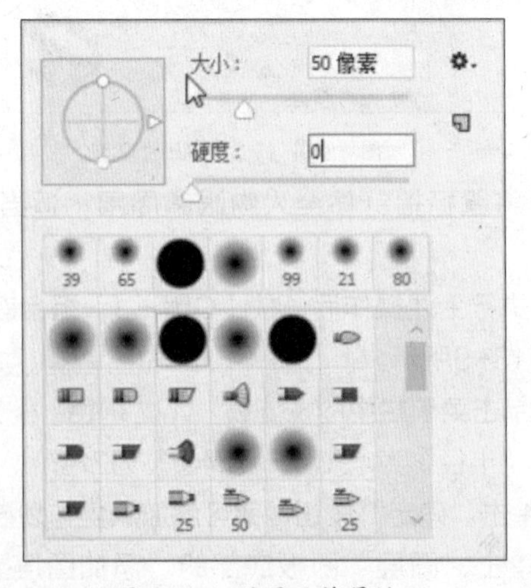

图 13-13 设置画笔属性

步骤13 将鼠标指针移至图像编辑窗口中，适当地涂抹人物面部以外的图像，如图13-14所示。

步骤14 单击“图层”面板底部的“创建新的填充或调整图层”按钮，在弹出的菜单中选择“色阶”选项，即可新建“色阶1”调整图层，如图13-15所示。

图 13-14 涂抹人物面部以外的图像

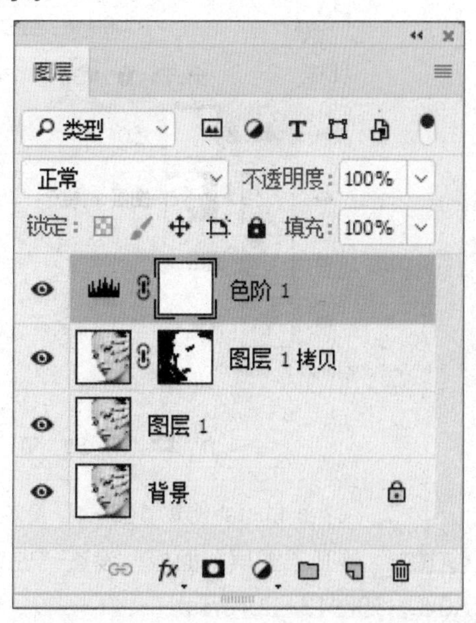

图 13-15 新建“色阶 1”调整图层

步骤15 展开“属性”面板，设置各参数分别为0、1.77、255，如图13-16所示。

步骤16 设置色阶参数后，效果如图13-17所示。

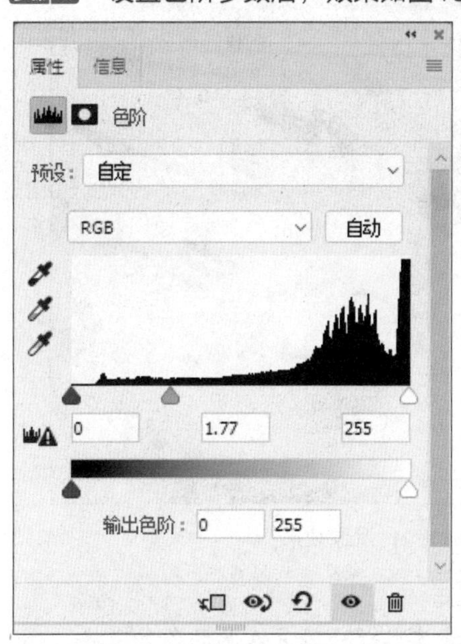

图 13-16 设置色阶参数

图 13-17 图像效果

步骤17 展开“图层”面板，设置“色阶1”调整图层的“混合模式”为“浅色”、“不透明度”为60%，如图13-18所示。

步骤18 新建“曲线1”调整图层，展开“属性”面板，设置“输入”为140、“输出”为170，如图13-19所示。

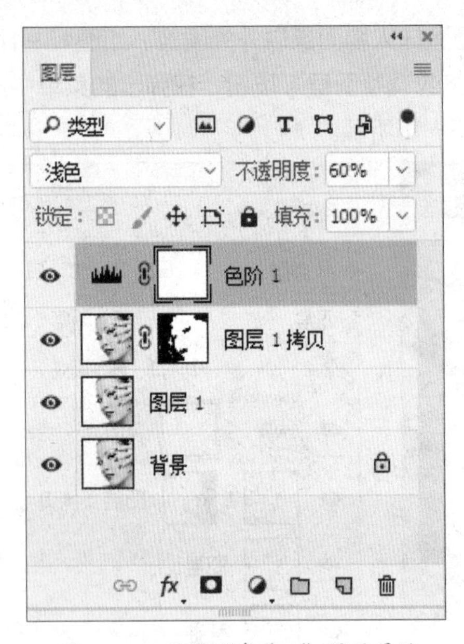

图 13-18 设置“色阶 1”图层属性

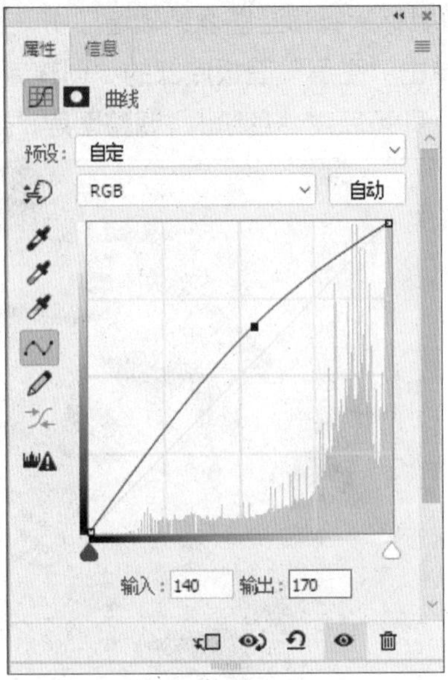

图 13-19 设置曲线参数

步骤19 展开“图层”面板，设置“曲线1”调整图层的混合模式为“柔光”、“不透明度”为80%，如图13-20所示。

步骤20 设置完成后，图像效果如图13-21所示。

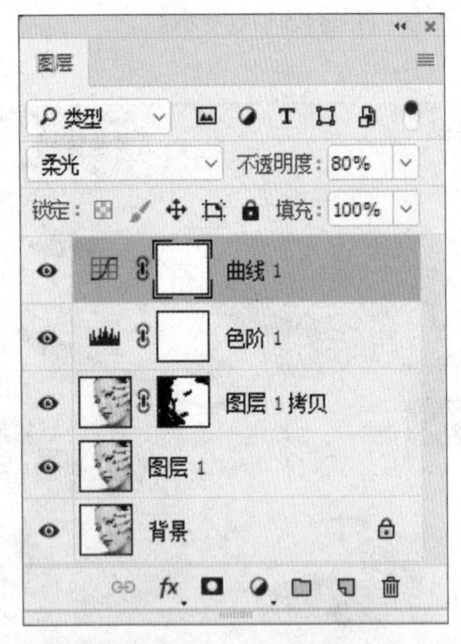

图 13-20 设置“色阶 1”图层属性

图 13-21 图像效果

专家提醒

当用户使用 Photoshop 处理人物数码照片时，第一步工作就是修复人物的各种瑕疵，制作皮肤美白效果，为进一步美化照片做准备。将人物数码照片修饰完成后，可以为照片制作各种效果，例如制作眼影等。

13.1.2 制作彩妆效果

Photoshop CC 2017 还可以对照片中的人物进行必要的美容与修饰，使人物以一个近乎完美的姿态展现出来，留住美丽的容颜。下面介绍制作彩妆效果的具体操作步骤。

步骤01 按【Ctrl+O】组合键，打开眼影素材，如图13-22所示。

步骤02 将素材图像拖曳至人物图像编辑窗口中的适当位置，如图13-23所示。

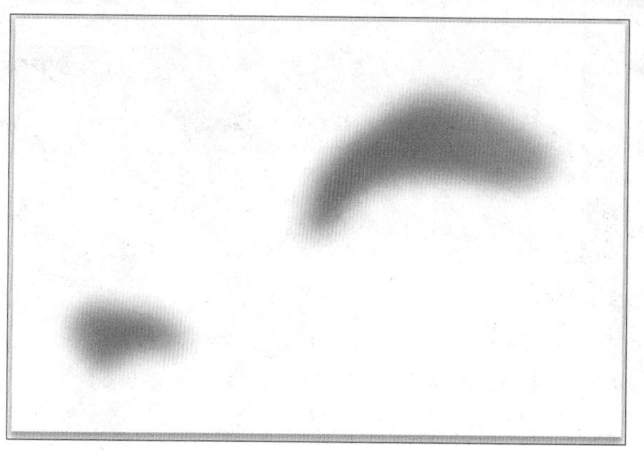

图 13-22 打开眼影素材

图 13-23 拖曳素材图像

步骤03 展开“图层”面板，设置“图层2”图层的混合模式为“差值”、不透明度为80%，如图13-24所示。

步骤04 设置完成后，图像效果如图13-25所示。

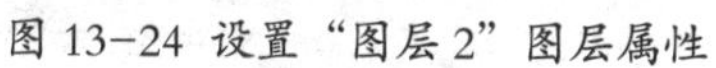

图 13-24 设置“图层 2”图层属性

图 13-25 图像效果

步骤05 单击“文件”|“打开”命令，打开唇彩素材，并将其拖曳至人物图像编辑窗口中的适当位置，如图13-26所示。

步骤06 展开“图层”面板，设置“图层3”图层的混合模式为“滤色”，效果如图13-27所示。

步骤07 按住【Ctrl】键的同时单击“图层3”图层的缩览图，将其载入选区，如图13-28所示。

步骤08 按【Shift+F6】组合键，弹出“羽化选区”对话框，设置“羽化半径”为3像素，如图13-29所示，单击“确定”按钮。

步骤09 新建“色相/饱和度1”调整图层，展开“色相/饱和度”调整面板，设置“色相”为-48、“饱和度”为20、“明度”为7，效果如图13-30所示。

步骤 10 新建“自然饱和度1”调整图层，展开“属性”调整面板，设置“自然饱和度”为38、“饱和度”为25，最终效果如图13-31所示。

图 13-26 拖入唇彩素材

图 13-27 图像效果

图 13-28 载入选区

图 13-29 设置参数

图 13-30 调整色相 / 饱和度效果

图 13-31 图像最终效果

13.2 翘角立体效果设计

本实例介绍制作翘角立体艺术效果的操作方法，效果如图 13-32 所示。

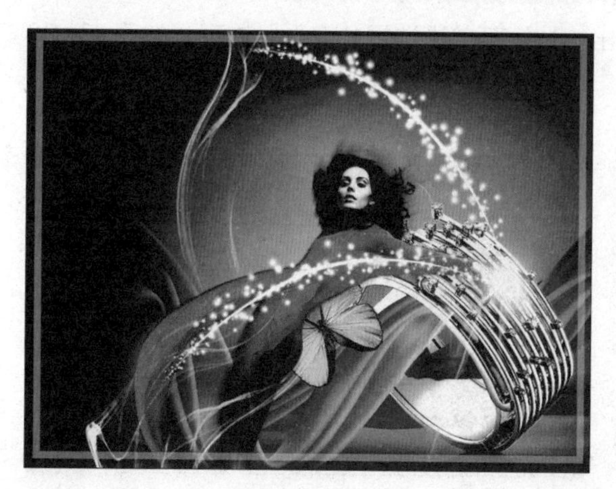

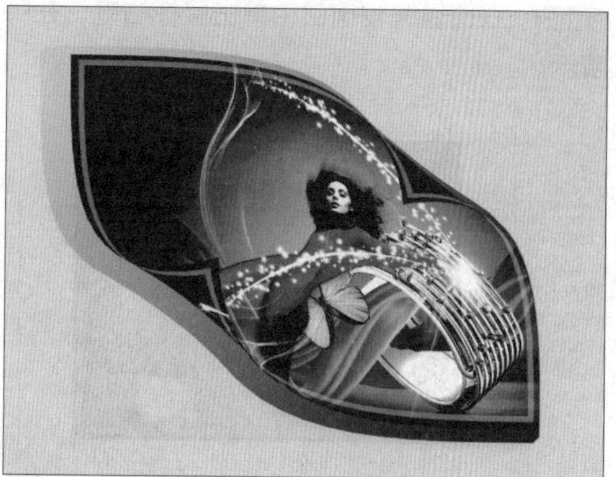

图 13-32 翘角立体艺术效果图

	素材文件	光盘 \ 素材 \ 第 13 章 \ 戒指 .jpg
	效果文件	光盘 \ 效果 \ 第 13 章 \ 戒指 .jpg、戒指 .psd
	视频文件	光盘 \ 视频 \ 第 13 章 \13.2.1 导入素材图像 .mp4、13.2.2 制作立体效果 .mp4

13.2.1 导入素材图像

照片的翘角立体效果是人为将照片扭曲而形成的一种艺术图像效果，能够给人带来立体的视觉冲击，下面介绍导入素材图像的具体操作步骤。

步骤 01 单击“文件”|“新建”命令，弹出“新建”对话框，设置“名称”为“戒指”，“宽度”为1024像素、“高度”为768像素、“分辨率”为300，如图13-33所示，单击“创建”按钮，即可新建一幅指定大小的空白文档。

步骤 02 打开相应的素材文件，将该文件拖曳至新建图像编辑窗口中，并调整至合适位置，如图13-34所示。

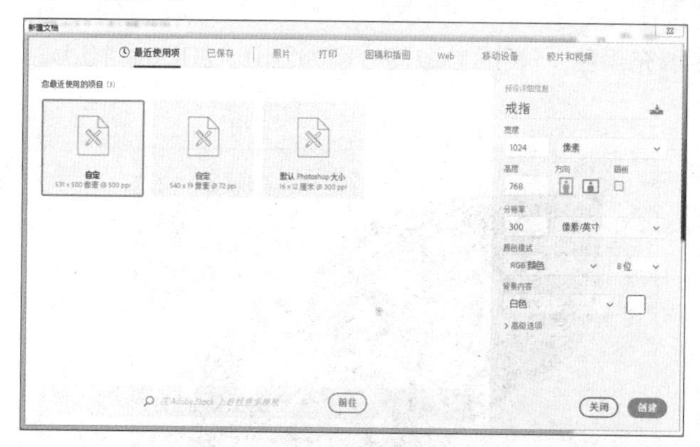

图 13-33 “新建文档”页面

图 13-34 拖曳素材图像

13.2.2 制作立体效果

下面介绍制作立体效果的具体操作步骤。

步骤01 按【Ctrl+T】组合键，调出变换控制框，如图13-35所示。

步骤02 在图像编辑窗口中单击鼠标右键，在弹出的快捷菜单中选择“变形”选项，如图13-36所示。

图 13-35 调出变换控制框

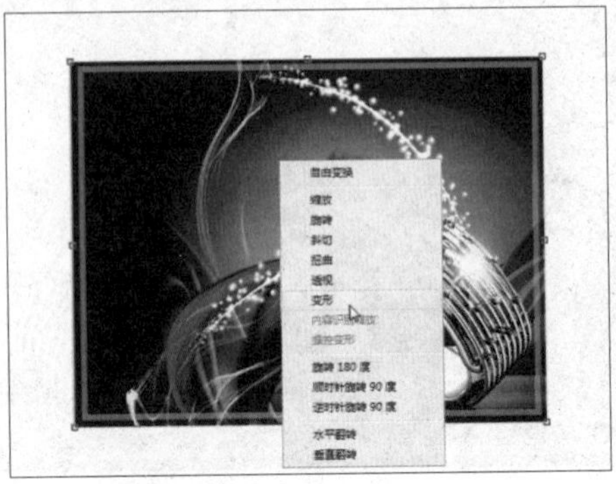

图 13-36 选择“变形”选项

步骤03 调整各控制点至合适位置，如图13-37所示。

步骤04 按【Enter】键确认变换操作，效果如图13-38所示。

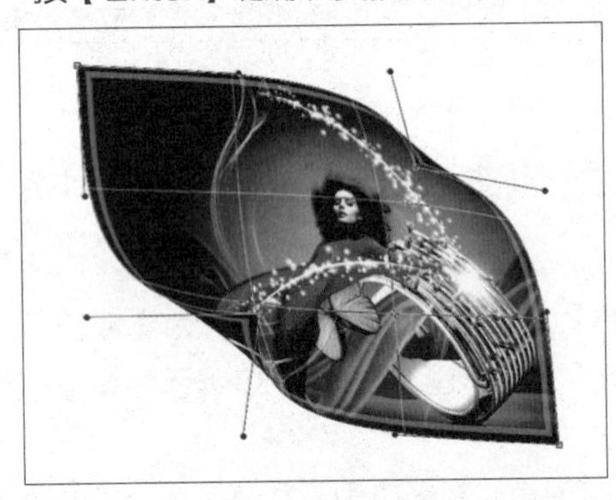

图 13-37 调整各控制点

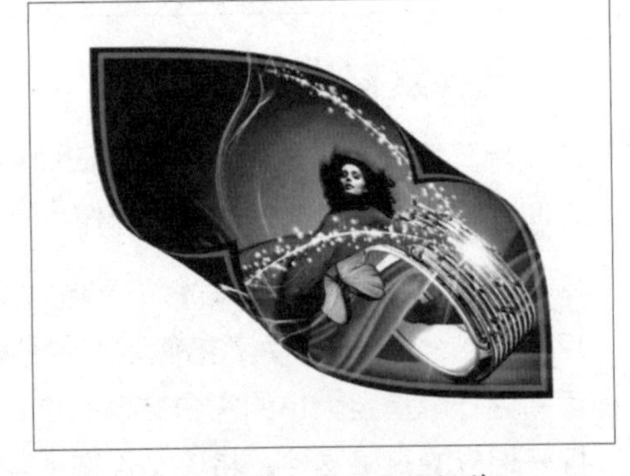

图 13-38 确认变换操作

步骤05 选择“背景”图层，新建“图层2”图层，如图13-39所示。

步骤06 执行上述操作后，为“图层2”图层填充橙色（RGB参数值分别为240、200、110），如图13-40所示。

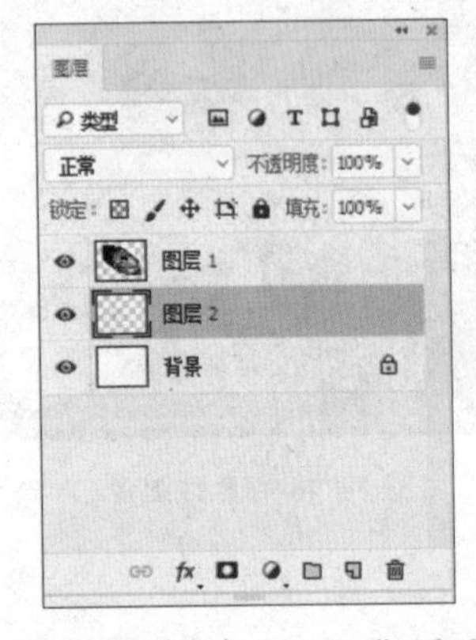

图 13-39 新建“图层 2”图层

图 13-40 填充橙色

步骤07 选择“图层1”图层，按住【Ctrl】键的同时单击图层缩览图，如图13-41所示。

步骤08 执行操作后，即可载入选区，如图13-42所示。

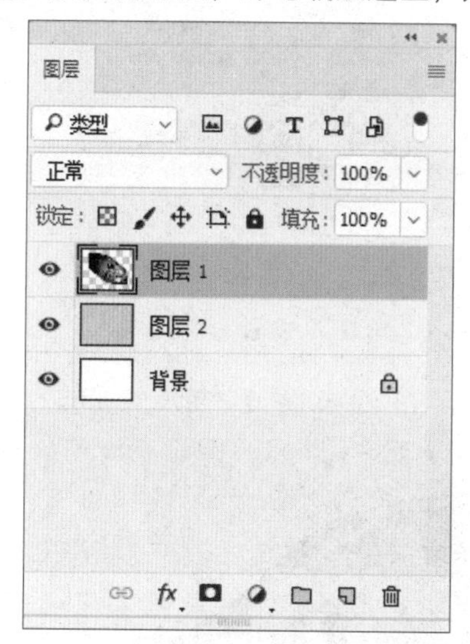

图 13-41 单击图层缩览图

图 13-42 载入选区

步骤09 单击“选择”|“修改”|“扩展”命令，如图13-43所示。

步骤10 弹出“扩展选区”对话框，设置“扩展量”为20像素，如图13-44所示。

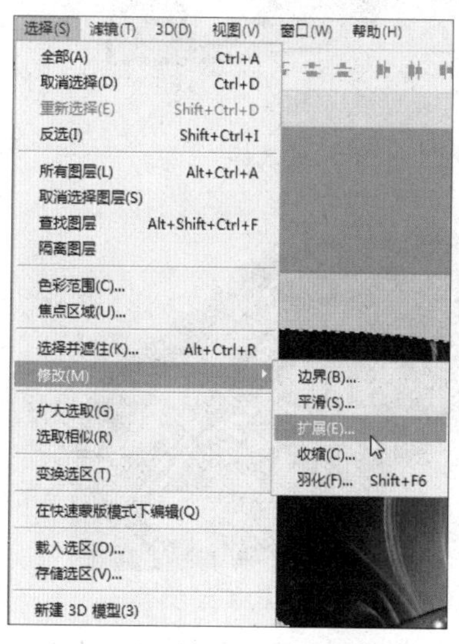

图 13-43 单击“扩展”命令

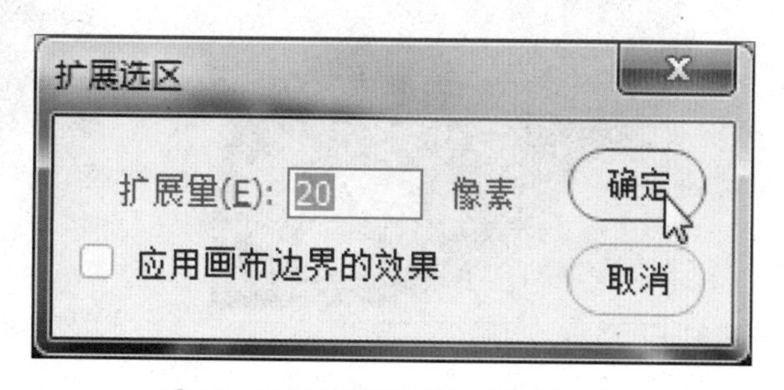

图 13-44 “扩展选区”对话框

步骤11 单击“确定”按钮，即可扩展选区，如图13-45所示。

步骤12 展开“图层”面板，在“图层1”图层的下方，新建“图层3”图层，如图13-46所示。

步骤13 选取工具箱中的渐变工具，弹出“渐变编辑器”对话框，设置“渐变”为默认的“前景色到透明渐变”，如图13-47所示。

步骤14 在图像编辑窗口中，单击鼠标左键，并从右下角向左上角拖曳，如图13-48所示。

步骤15 执行上述操作后，即可填充渐变色，效果如图13-49所示。

步骤16 按【Ctrl+D】组合键取消选区，如图13-50所示。

步骤17 按【Ctrl+T】组合键，调出变换控制框，如图13-51所示。

步骤18 适当调整图像的大小和位置，效果如图13-52所示。

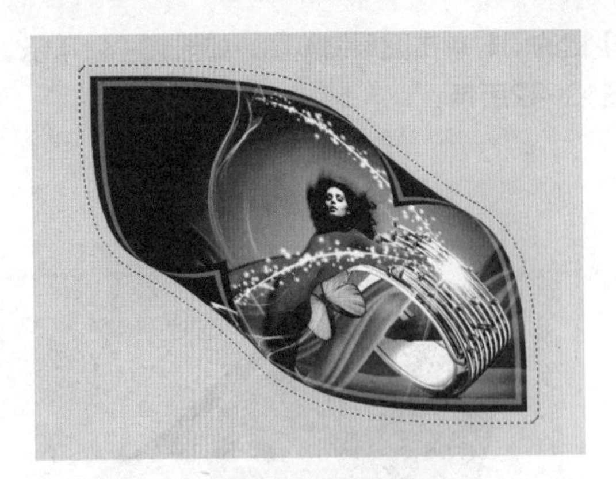

图 13-45 扩展选区

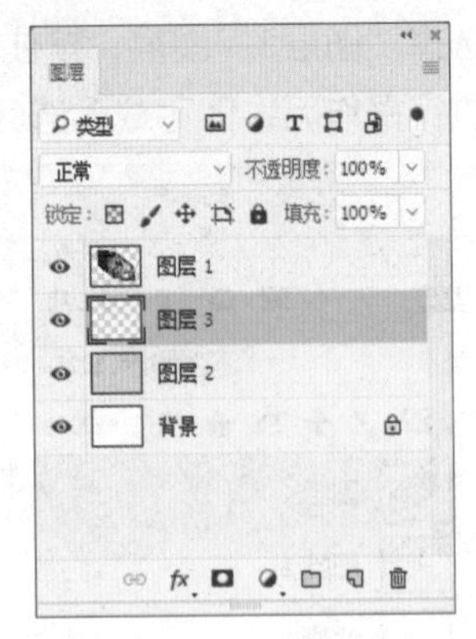

图 13-46 新建“图层 3”图层

图 13-47 设置渐变色

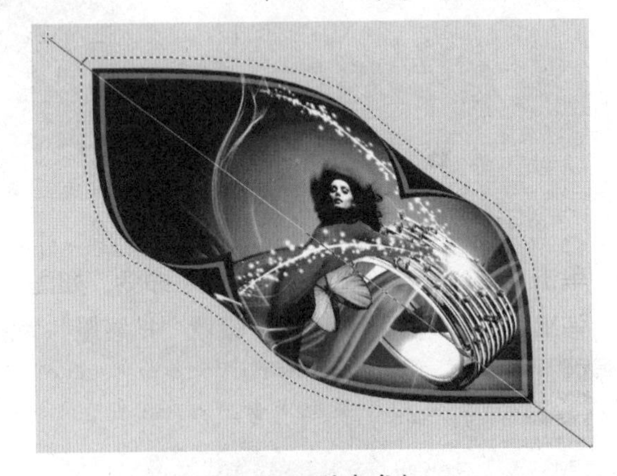

图 13-48 拖曳鼠标

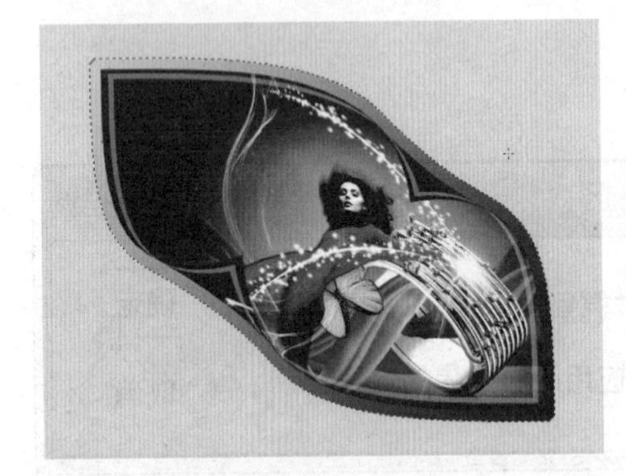

图 13-49 填充渐变色效果

图 13-50 取消选区

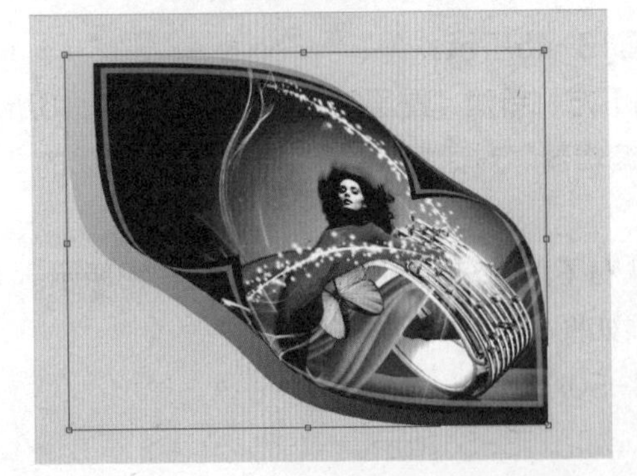

图 13-51 调出变换控制框

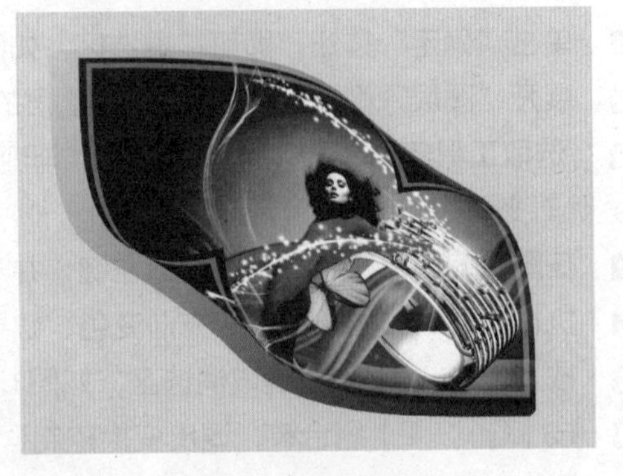

图 13-52 最终效果

14 Chapter

实战案例：网店装修设计

学前提示

在网店设计中随处可见形式多种多样的促销方案，网店卖家可以通过Photoshop CC 2017让促销的活动信息更加一目了然，吸引买家的注意力。因此，促销方案的设计必须有号召力和艺术感染力，促销方案中的活动信息要简洁鲜明，达到引人注目的视觉效果。

本章教学目标

- 数码网店活动页面设计
- 食品网店首页设计

学完本章后你会做什么

- 掌握制作活动页面的商品效果以及制作活动页面的文案效果
- 掌握制作网店首页图像效果以及制作网店首页文案效果

视频演示

名店潮品

本季热卖单品大集合

14.1 数码网店活动页面设计

本案例是数码产品设计的促销方案，画面中采用左右分栏的方式进行排版，将画面进行合理的分配，通过这些设计，让顾客体会到商家的折扣力度，本实例最终效果如图 14-1 所示。

图 14-1 实例效果

	素材文件	光盘 \ 素材 \ 第 14 章 \ 电子产品素材 .jpg
	效果文件	光盘 \ 效果 \ 第 14 章 \ 电子产品促销 .jpg、电子产品促销 .psd
	视频文件	光盘 \ 视频 \ 第 14 章 \14.1.1 制作活动页面的商品效果 .mp4、14.1.2 制作活动页面的文案效果 .mp4

14.1.1 制作活动页面的商品效果

下面主要通过运用“新建”命令、设置前景色等来制作数码产品促销方案的背景效果。

步骤 01 按【Ctrl + N】组合键，弹出“新建文档”对话框，设置“名称”为“电子产品促销”、“宽度”为570像素、“高度”为400像素、“分辨率”为300像素/英寸、“颜色模式”为“RGB颜色”、“背景内容”为“白色”，如图14-2所示。

步骤 02 单击“创建”按钮，新建一个空白图像，如图14-3所示。

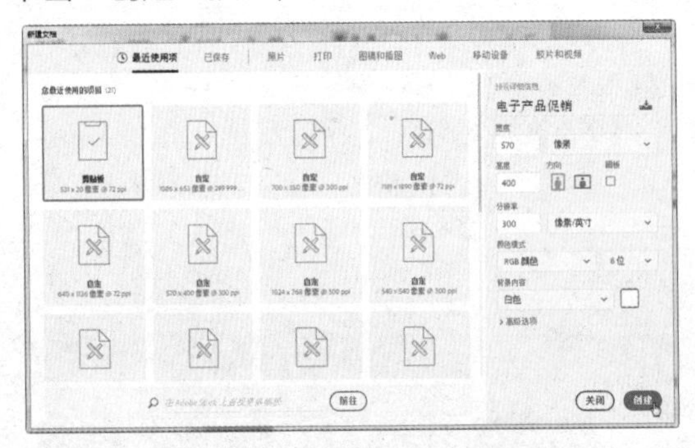

图 14-2 “新建文档”页面

图 14-3 新建空白图像

步骤 03 单击工具箱底部的“前景色”色块，弹出“拾色器（前景色）”对话框，设置RGB参数值分别为227、245、247，如图14-4所示，单击“确定”按钮。

步骤04 按【Alt+Delete】组合键，填充背景，如图14-5所示。

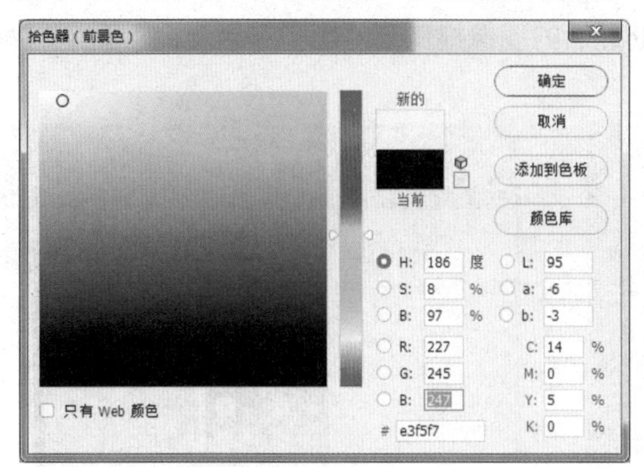

图 14-4 设置前景色

图 14-5 填充背景

步骤05 按【Ctrl+O】组合键，打开一幅商品素材图像，如图14-6所示。

步骤06 按【Ctrl+J】组合键，拷贝一个新图层，并隐藏“背景”图层，如图14-7所示。

图 14-6 打开素材图像

图 14-7 拷贝和隐藏

步骤07 在工具箱中，选取魔棒工具，如图14-8所示。

步骤08 在工具属性栏中单击“添加到选区”按钮，设置“容差”为4，在图像的背景区域单击鼠标左键，即可创建选区，如图14-9所示。

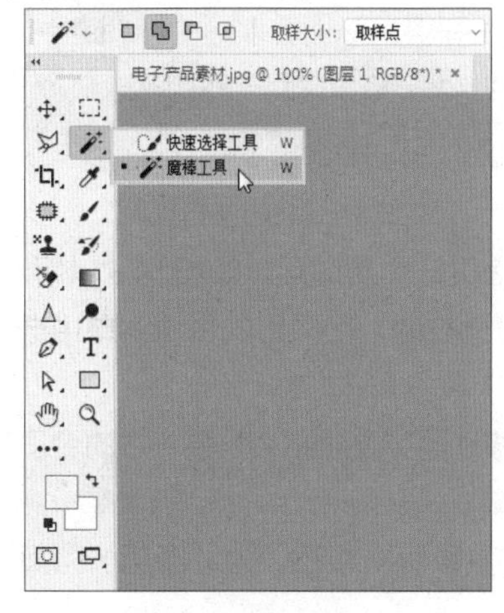

图 14-8 选取魔棒工具

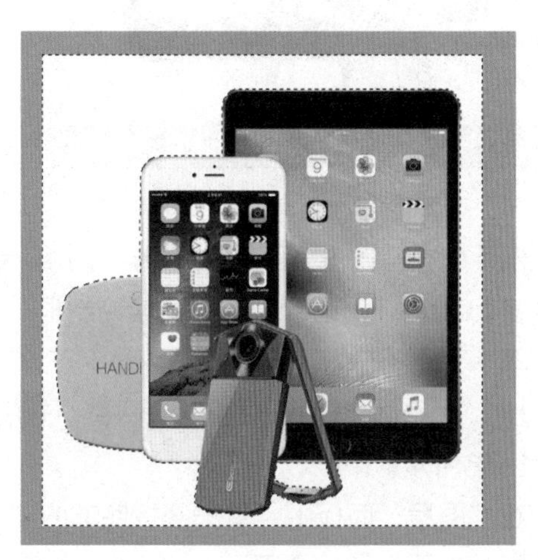

图 14-9 创建选区

步骤09 按【Delete】键，删除选区内的部分，并取消选区，如图14-10所示。

步骤10 在工具箱中，选取移动工具，将处理后的图像拖曳至“电子产品促销”图像的编辑窗口中，如图14-11所示。

图 14-10 删除选区内的部分

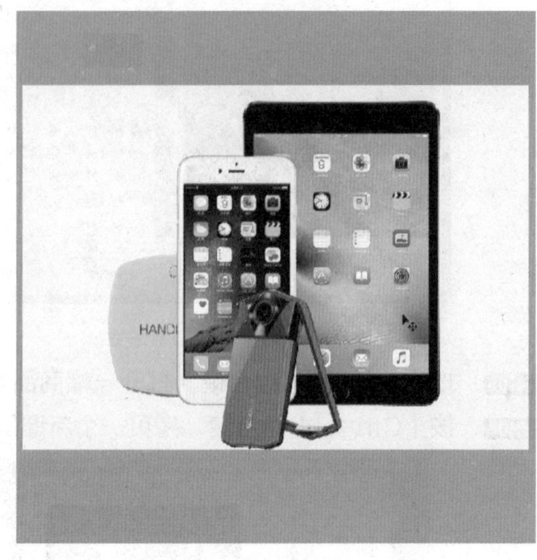

图 14-11 移动图像

步骤11 按【Ctrl+T】组合键，调出变换控制框，如图14-12所示。

步骤12 调整图像的大小和位置，按【Enter】键确认调整，如图14-13所示。

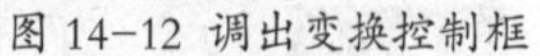

图 14-12 调出变换控制框

图 14-13 调整图像

步骤13 选择“图层1”图层，按【Ctrl+J】组合键，拷贝一个新图层，如图14-14所示。

步骤14 按【Ctrl+T】组合键调出变换控制框，单击鼠标右键，在弹出的快捷菜单中选择“垂直翻转”选项，如图14-15所示。

步骤15 按【Enter】键确认对图像的调整，并将图像移动至“图层1”图像下方的合适位置，效果如图14-16所示。

步骤16 在“图层”面板中，单击面板底部的“添加矢量蒙版”按钮，为“图层1 拷贝”图层添加图层蒙版，如图14-17所示。

图 14-14 拷贝新图层

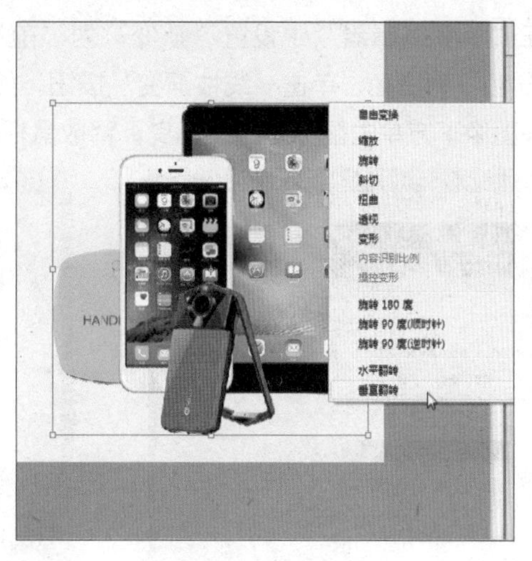

图 14-15 选择“垂直翻转”选项

图 14-16 确认对图像的调整

图 14-17 添加图层蒙版

步骤 17 按住【Alt】键的同时，单击图层蒙版缩览图，进入图层蒙版编辑状态，如图14-18所示。

步骤 18 在工具箱中，选取渐变工具，如图14-19所示。

图 14-18 进入图层蒙版编辑状态

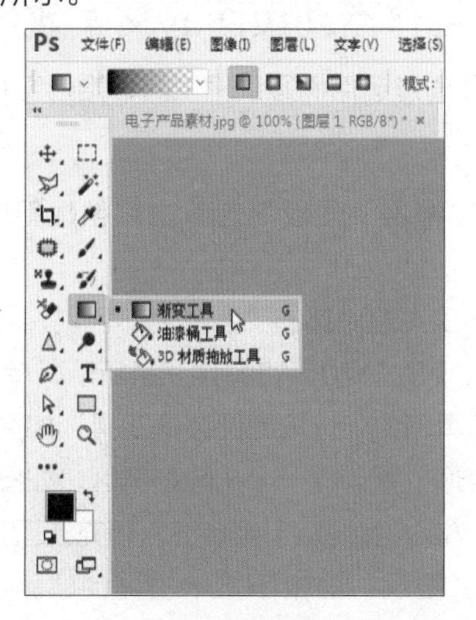

图 14-19 选取渐变工具

步骤 19 在“渐变编辑器”中设置“渐变”为“前景色到背景色渐变”，设置“前景色”为黑色、“背景色”为白色、单击“线性渐变”按钮，如图14-20所示。

步骤 20 在图像下方单击鼠标并向上拖曳，释放鼠标即可填充黑白渐变，如图14-21所示。

图 14-20 设置渐变参数

图 14-21 填充黑白渐变

步骤 21 按住【Alt】键的同时，单击图层蒙版缩览图，退出图层蒙版编辑状态，效果如图14-22所示。

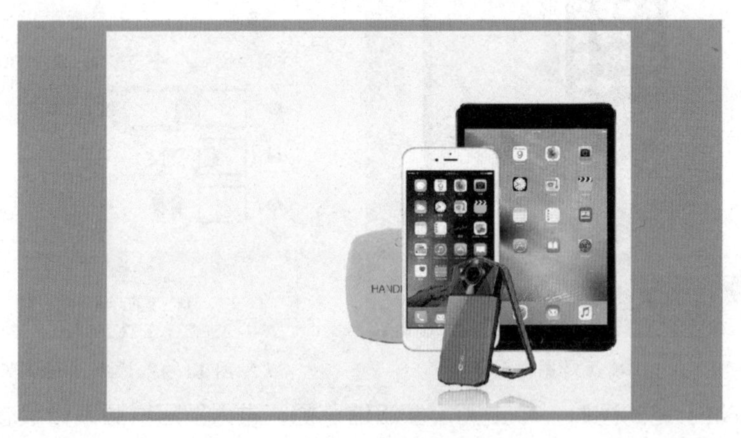

图 14-22 图像效果

14.1.2 制作活动页面的文案效果

下面主要通过运用椭圆选框工具、矩形工具、横排文字工具来制作数码产品促销方案的文案效果。

步骤 01 在“图层”面板下方单击“创建新图层”按钮，新建“图层2”图层，如图14-23所示。

步骤 02 单击工具箱底部的“前景色”色块，弹出“拾色器（前景色）”对话框，设置RGB参数值分别为61、75、120，如图14-24所示，单击“确定”按钮。

步骤 03 在工具箱中，选取椭圆选框工具，如图14-25所示。

步骤 04 在合适位置创建一个正圆形选区，如图14-26所示。

步骤 05 按【Alt+Delete】组合键，填充正圆形选区，并取消选区，效果如图14-27所示。

步骤 06 在“图层”面板下方单击“创建新图层”按钮，新建“图层3”图层，如图14-28所示。

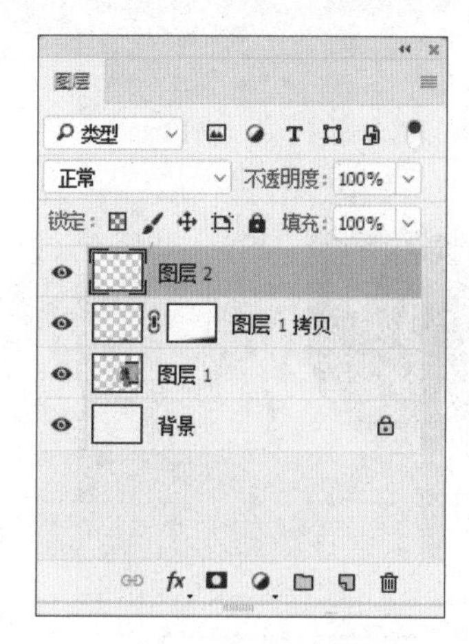

图 14-23 新建图层

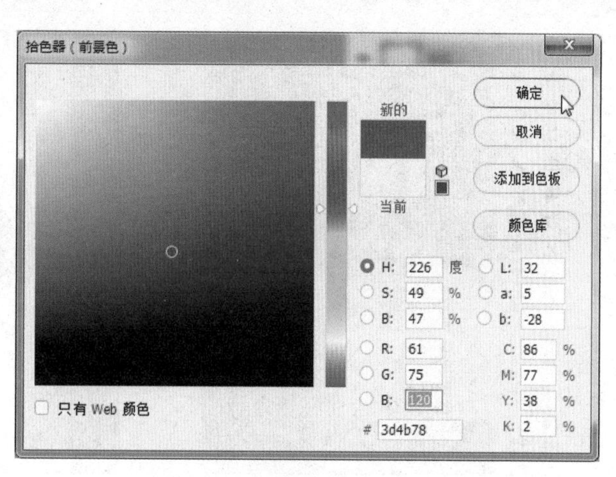

图 14-24 设置前景色

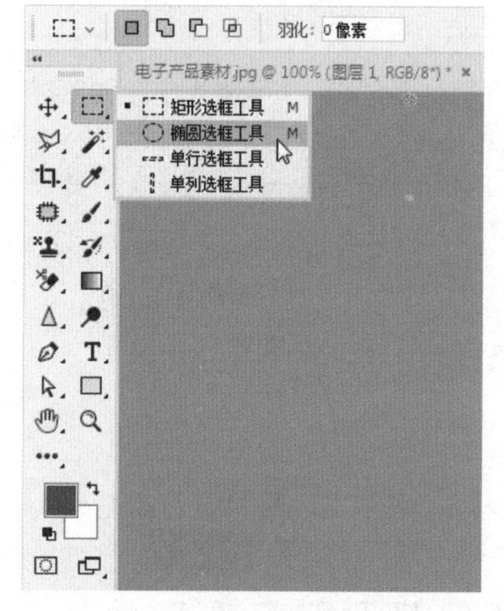

图 14-25 选取椭圆选框工具

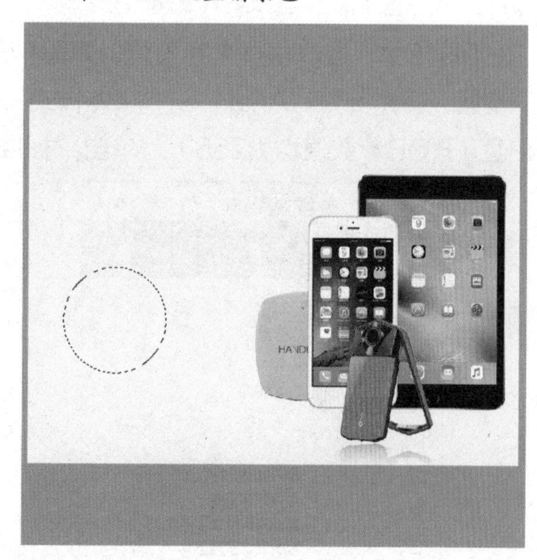

图 14-26 创建正圆形选区

图 14-27 填充正圆形选区

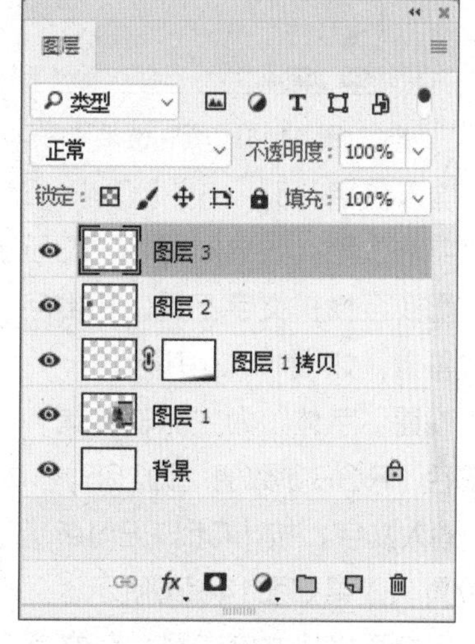

图 14-28 新建图层

步骤 07 在工具箱中，选取矩形工具，如图14-29所示。

步骤 08 在工具属性栏中设置“选择工具模式”为“形状”、“填充”为“前景色”，在图像窗口中绘制一个正方形，调整正方形大小并移动至合适位置，效果如图14-30所示。

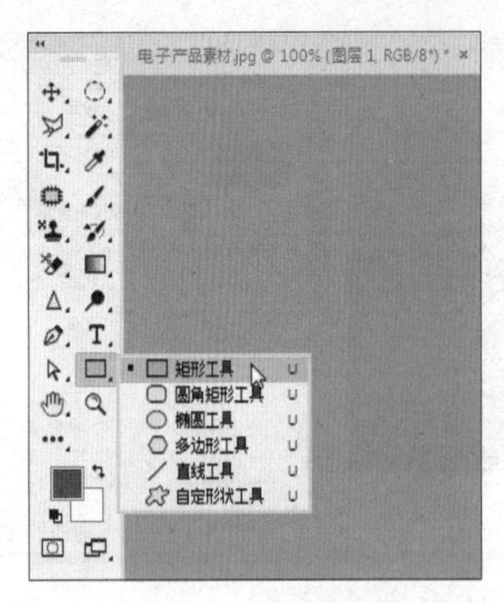

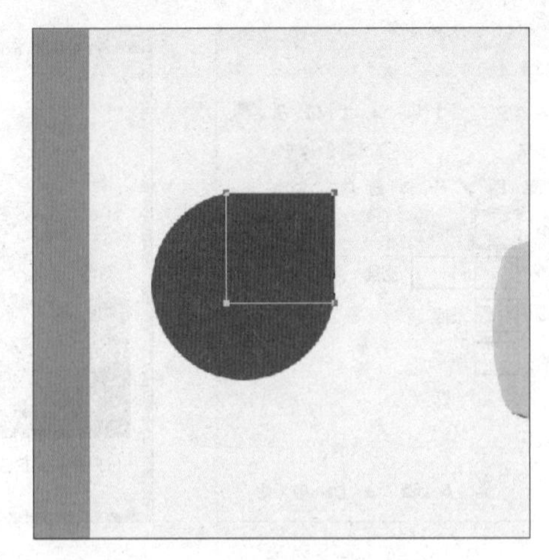

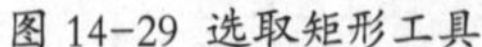

图 14-29 选取矩形工具　　　　图 14-30 绘制并调整正方形

步骤09 在工具箱中，选取横排文字工具，如图14-31所示。

步骤10 设置“字体”为“Arial”、“字体样式”为“Regular”、“字体大小”为20点、“颜色”为白色（RGB参数值均为255），单击“标准连字”图标，如图14-32所示。

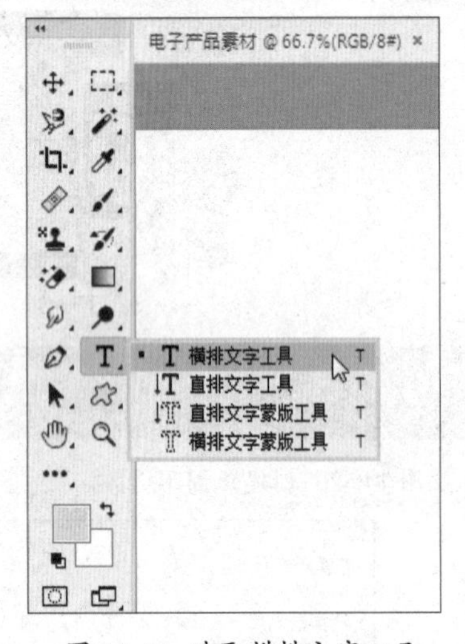

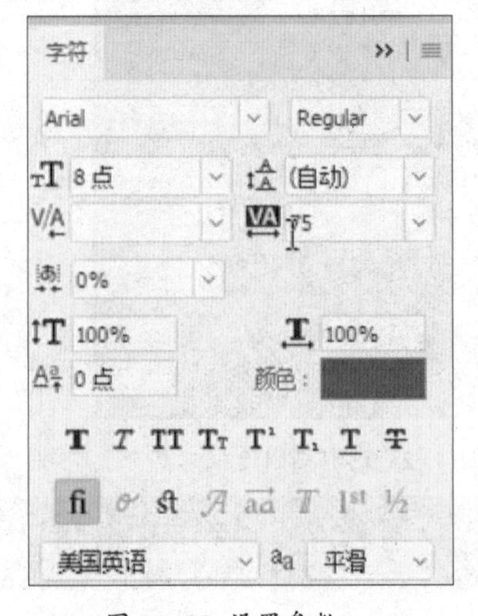

图 14-31 选取横排文字工具　　　　图 14-32 设置参数

步骤11 输入数字“5”，按【Ctrl＋Enter】组合键确认输入，切换至移动工具，根据需要适当地调整文字的位置，效果如图14-33所示。

步骤12 切换至横排文字工具，在数字“5”右侧的合适位置单击鼠标左键，确定下一个文字输入的大致位置，如图14-34所示。

步骤13 设置“字体”为“微软雅黑”、“字体样式”为“Bold”、“字体大小”为4点、“颜色”为白色（RGB参数值均为255），如图14-35所示。

步骤14 输入文字，按【Ctrl＋Enter】组合键确认输入，切换至移动工具，根据需要适当地调整文字的位置，效果如图14-36所示。

步骤15 切换至横排文字工具，在文字上方的合适位置单击鼠标左键，确定下一个文字输入的大致位置，如图14-37所示。

步骤16 设置“字体”为“微软雅黑”、“字体样式”为“Bold”、“字体大小”为12点、“颜色”为深蓝色（RGB参数值分别为61、75、120），单击“仿粗体”图标，如图14-38所示。

图 14-33 输入并调整文字

图 14-34 确定文字输入位置

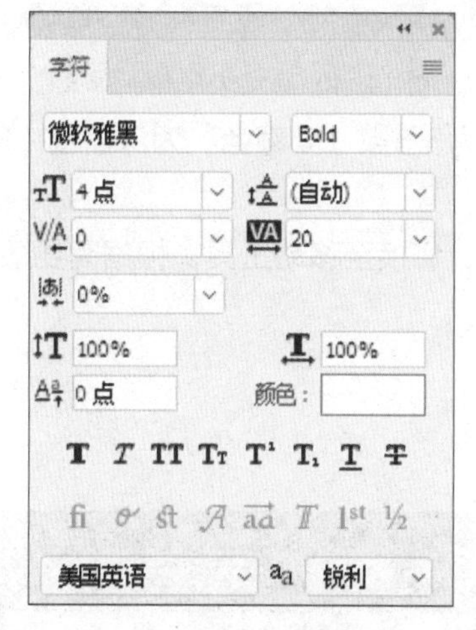

图 14-35 设置参数值

图 14-36 输入并调整文字

图 14-37 确定文字输入位置

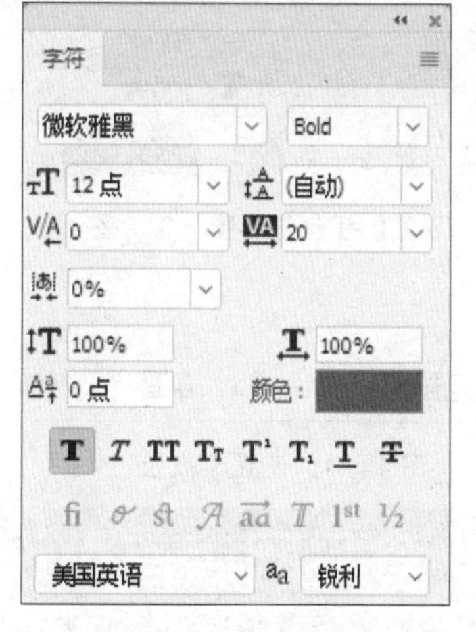

图 14-38 设置参数值

步骤 17　输入文字，按【Ctrl+Enter】组合键确认输入，切换至移动工具，根据需要适当地调整文字的位置，效果如图14-39所示。

步骤 18　切换至横排文字工具，在文字下方的合适位置单击鼠标左键，确定下一个文字输入的大致位置，如图14-40所示。

图 14-39 输入并调整文字

图 14-40 确定文字输入位置

步骤 19　设置“字体”为“微软雅黑”、“字体大小”为5.5点、“颜色”为深蓝色（RGB参数值分别为61、75、120），如图14-41所示。

步骤 20　输入文字，按【Ctrl + Enter】组合键确认输入，切换至移动工具，根据需要适当地调整文字的位置，最终效果如图14-42所示。

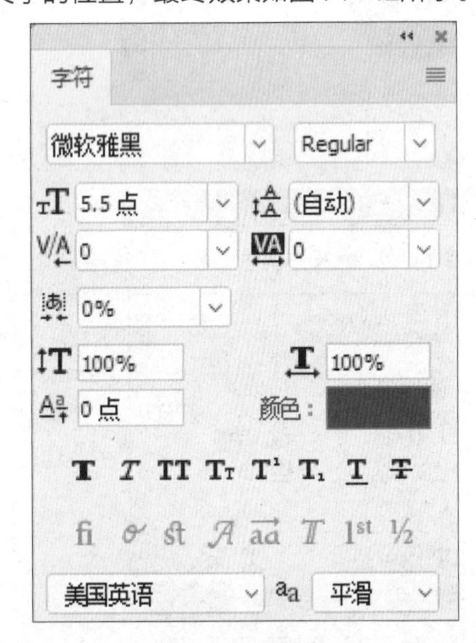

图 14-41 设置参数值

图 14-42 最终效果

14.2 食品网店首页设计

本案例是为食品网店设计的首页欢迎模块，在画面的配色中借鉴商品的色彩，并通过大小和外形不同的文字来表现店铺的主题内容，使用同一色系的颜色来提升画面的品质，让设计的整体效果更加协调统一。

本实例最终效果如图 14-43 所示。

图 14-43 实例效果

	素材文件	光盘 \ 素材 \ 第 14 章 \ 食物素材 .jpg
	效果文件	光盘 \ 效果 \ 第 14 章 \ 新农人 .jpg、新农人 .psd
	视频文件	光盘 \ 视频 \ 第 14 章 \14.2.1 制作网店首页图像效果 .mp4、14.2.2 制作网店首页文案效果 .mp4

14.2.1 制作网店首页图像效果

下面通过运用设置前景色以及填充命令来制作食品网店首页的背景效果。

步骤 01 按【Ctrl + N】组合键，弹出“新建文档”对话框，设置“名称”为“新农人”、“宽度”为700像素、“高度”为350像素、“分辨率”为300像素/英寸、“颜色模式”为“RGB颜色”、“背景内容”为“白色”，如图14-44所示。

步骤 02 单击“创建”按钮，新建一个空白图像，如图14-45所示。

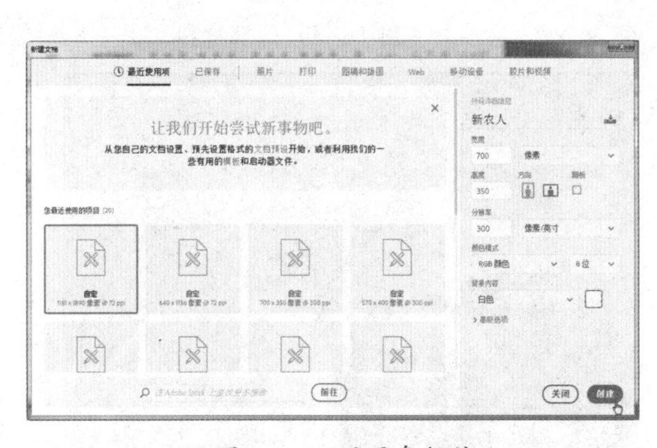

图 14-44 设置参数值

图 14-45 新建空白图像

步骤 03 单击工具箱底部的“前景色”色块，弹出“拾色器（前景色）”对话框，设置RGB参数值分别为208、36、0，如图14-46所示，单击“确定”按钮。

步骤 04 按【Alt + Delete】组合键，填充背景颜色，如图14-47所示。

步骤 05 按【Ctrl + O】组合键，打开一幅商品素材图像，如图14-48所示。

步骤 06 在工具箱中，选取魔棒工具，如图14-49所示。

步骤 07 在工具属性栏中，单击“添加到选区”按钮，默认其他设置，如图14-50所示。

步骤 08 在商品素材图像上的背景区域单击鼠标左键创建选区，如图14-51所示。

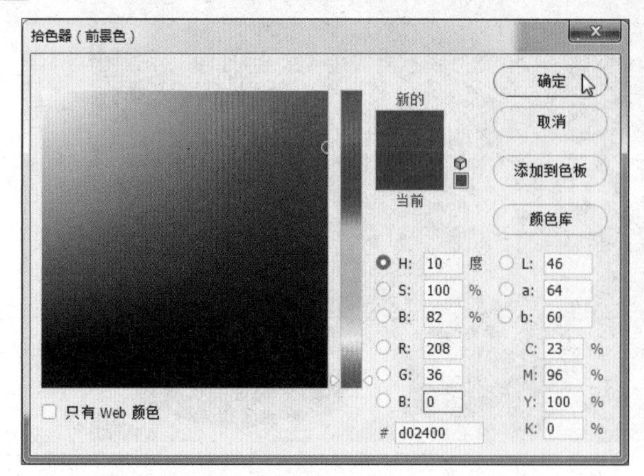

图 14-46 设置前景色

图 14-47 填充背景颜色

图 14-48 打开素材图像

图 14-49 选取魔棒工具

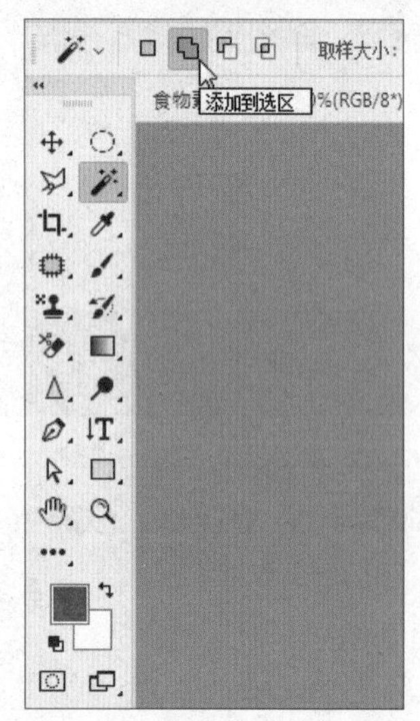

图 14-50 单击"添加到选区"按钮

图 14-51 创建选区

步骤 09 在商品素材图像上单击鼠标右键，弹出快捷菜单，选择"选择反向"选项，即可反选选区，如图14-52所示。

步骤10 在工具箱中，选取移动工具，如图14-53所示。

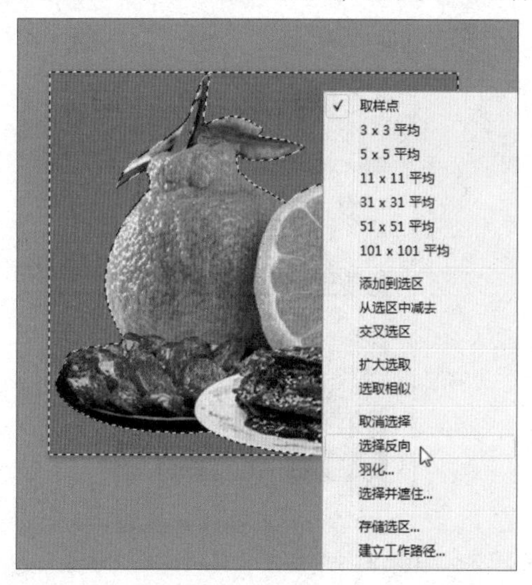

图 14-52 选择“选择反向”选项

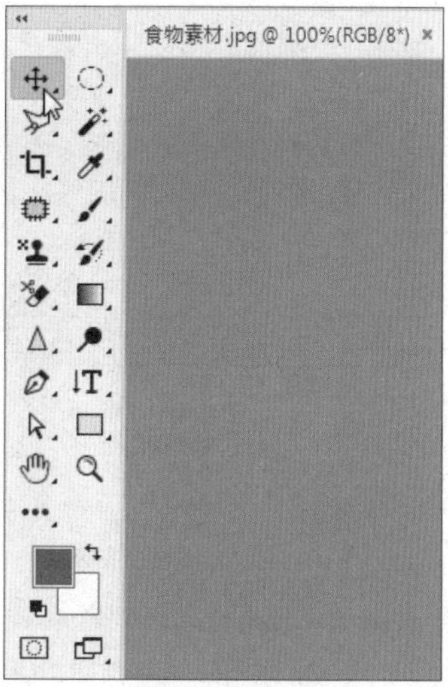

图 14-53 选取移动工具

步骤11 将商品素材图像的选区部分，拖曳至“新农人”图像编辑窗口中的合适位置，如图14-54所示。

12 调整商品素材图像至合适位置，效果如图14-55所示。

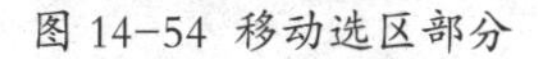

图 14-54 移动选区部分

图 14-55 调整商品素材图像效果的位置

14.2.2 制作网店首页文案效果

下面主要通过运用椭圆工具、横排文字工具以及矩形选框工具来制作食品网店首页的宣传文案效果。

步骤01 在工具箱中，选取椭圆工具，如图14-56所示。

步骤02 设置“选择工具模式”为“形状”、“填充”为白色（RGB参数值均为255）、“描边”为无，如图14-57所示。

步骤03 在合适的位置绘制一个圆形，如图14-58所示。

步骤 04 切换至移动工具，按【Shift + Alt】组合键的同时，拖曳鼠标向右，复制所绘制的圆形，并适当调整其位置，效果如图14-59所示。

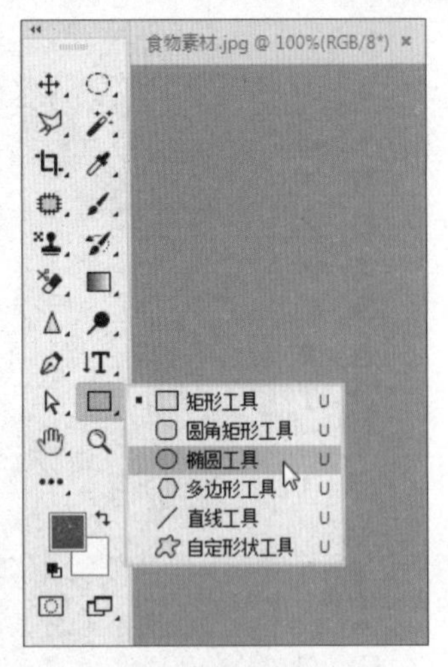

图 14-56 选取椭圆工具

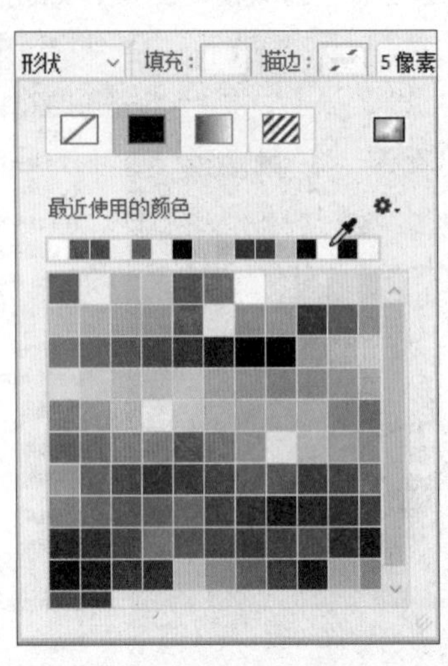

图 14-57 设置“形状填充”参数

图 14-58 绘制圆形

图 14-59 复制并调整形状位置

步骤 05 用与上相同的方法，再复制一个圆形，并适当调整其位置，效果如图14-60所示。

步骤 06 在工具箱中，选取横排文字工具，如图14-61所示。

图 14-60 复制并调整形状位置

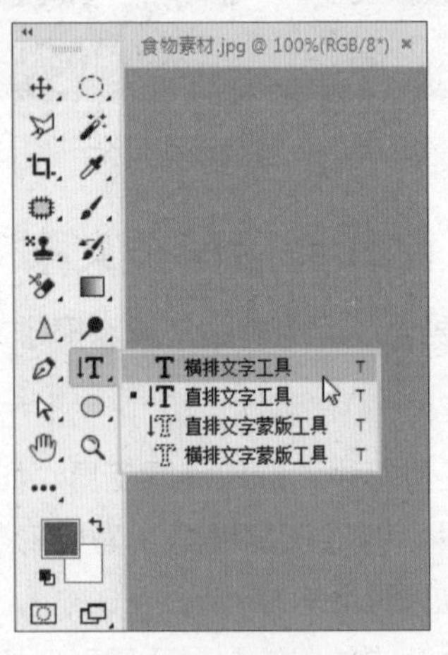

图 14-61 选取横排文字工具

步骤07 设置“字体”为“方正隶二简体”、“字体大小”为12点、“颜色”为橙色（RGB参数值分别为208、36、0）、“所选字符的字距调整”为100，单击“仿粗体”图标，如图14-62所示。

步骤08 输入文字“新农人”，按【Ctrl+Enter】组合键确认输入，切换至移动工具，根据需要适当地调整文字的位置，效果如图14-63所示。

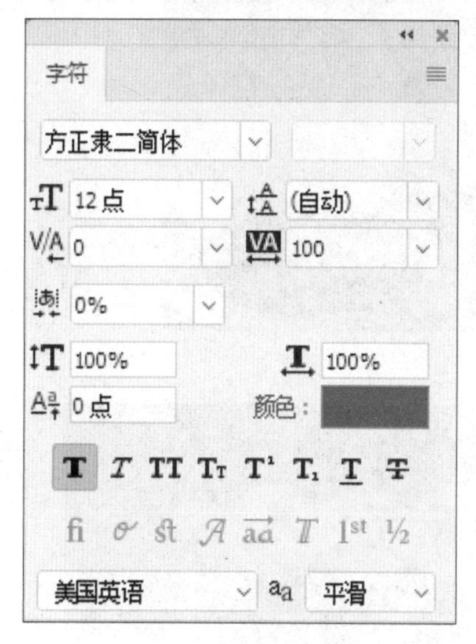

图 14-62 设置参数值

图 14-63 输入并调整文字

步骤09 切换至横排文字工具，在“新农人”下方的合适位置，单击鼠标左键，确认输入文字的位置，如图14-64所示。

步骤10 设置“字体”为“方正大黑简体”、“字体大小”为13点、“颜色”为白色、“所选字符的字距调整”为0，单击“仿粗体”图标，如图14-65所示。

图 14-64 确认输入文字的位置

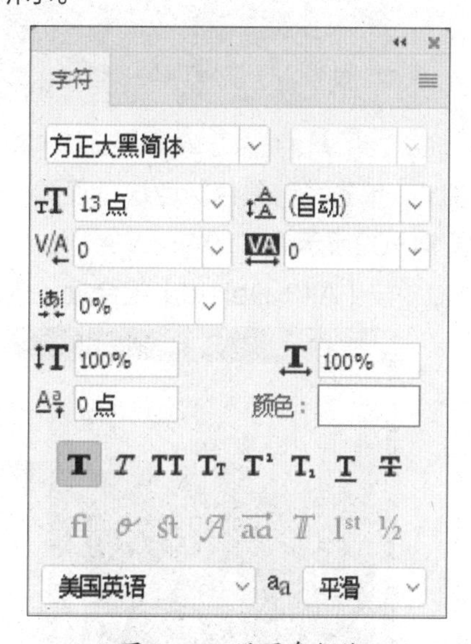

图 14-65 设置参数值

步骤11 输入文字“巴蜀风味食品”，按【Ctrl+Enter】组合键确认输入，切换至移动工具，根据需要适当地调整文字的位置，效果如图14-66所示。

步骤12 在工具箱中，选取矩形选框工具，如图14-67所示。

步骤 13 新建“图层2”图层，在“巴蜀风味食品”下方的合适位置创建一个矩形选区，如图14–68所示。

图 14–66 输入并调整文字

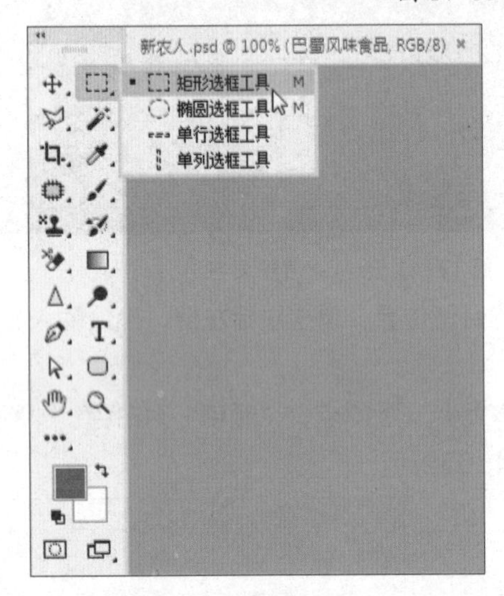

图 14–67 选取矩形选框工具

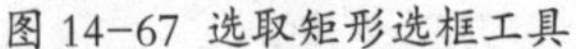

图 14–68 创建一个矩形选区

步骤 14 单击“前景色”色块，设置“前景色”为黄色（RGB参数值分别为248、248、4），如图14–69所示。

步骤 15 按【Alt＋Delete】组合键，为选区填充前景色，如图14–70所示。

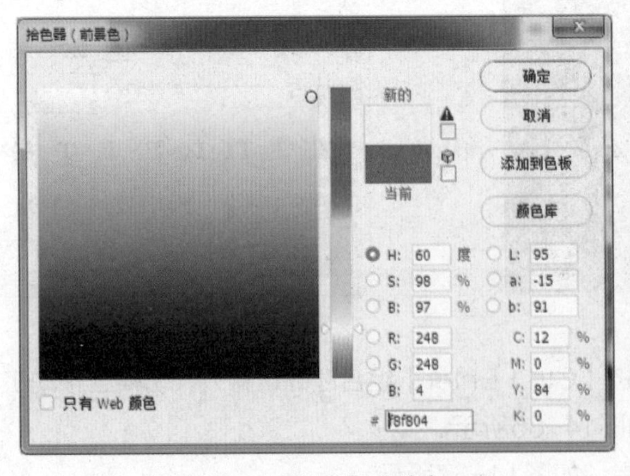

图 14–69 设置前景色

图 14–70 填充前景色

步骤16　按【Ctrl＋D】组合键取消选区，选取工具箱中的横排文字工具，如图14-71所示。

步骤17　设置“字体”为“黑体”、“字体大小”为6点、“颜色”为橙色（RGB参数值分别为208、36、0）、“所选字符的字距调整”为0，单击“仿粗体”图标，如图14-72所示。

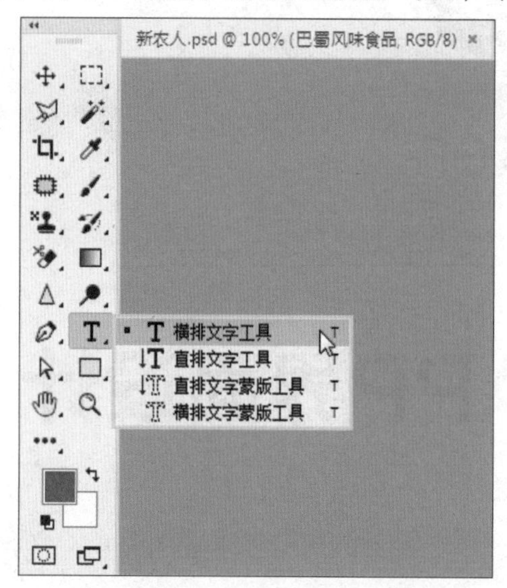

图 14-71　选取横排文字工具

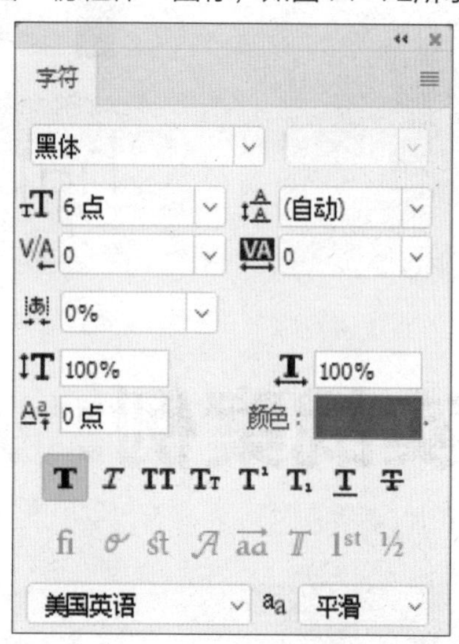

图 14-72　设置参数值

步骤18　在矩形框中输入文字“全场食品6折”，按【Ctrl＋Enter】组合键确认输入，切换至移动工具，根据需要适当地调整文字的位置，最终效果如图14-73所示。

图 14-73　最终效果

15

Chapter

实战案例：APP界面设计

学前提示

在设计社交、游戏移动APP界面时，需要注意应用程序各元素的摆放以及和应用之间承上启下的关系。本章将通过云社交APP界面设计以及休闲游戏APP界面设计为读者讲解移动社交、游戏APP界面的制作方法。

本章教学目标

- 手机社交APP界面设计
- 手机游戏APP界面设计

学完本章后你会做什么

- 掌握制作社交APP背景效果以及制作社交APP文字效果的操作方法
- 掌握制作手机游戏界面主体效果以及制作手机界面细节效果的操作方法

视频演示

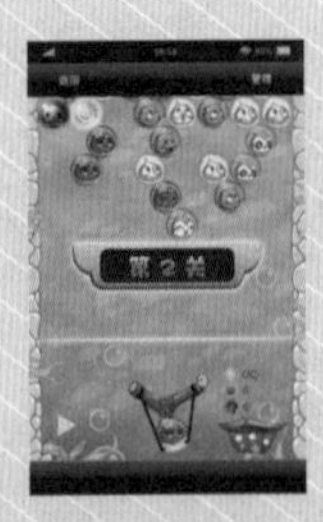

15.1 手机社交APP界面设计

如果说微信、QQ 以及陌陌等都是基于聊天交友的社交应用，那么云社交则是在此基础上，基于图片、数据等的互联与分享，实现用户之间连接的一种全新移动应用。本实例主要向读者介绍手机云社交 APP 登录界面的设计，最终效果如图 15-1 所示。

图 15-1 手机云社交登录界面

	素材文件	光盘 \ 素材 \ 第 15 章 \ 云社交 APP 背景 .jpg、按钮组 .psd、云社交 APP 状态栏 .psd、云社交 APP LOGO.psd
	效果文件	光盘 \ 效果 \ 第 15 章 \ 云社交 APP 界面 .jpg、云社交 APP 界面 .psd
	视频文件	光盘 \ 视频 \ 第 15 章 \15.1.1 制作社交 APP 背景效果 .mp4、15.1.2 制作社交 APP 文字效果 .mp4

15.1.1 制作社交APP背景效果

下面主要通过运用“亮度 / 对比度”命令、“自然饱和度”命令、圆角矩形工具、“投影”图层样式等，制作云社交 APP 的背景效果。

步骤 01 新建一个“名称”为“云社交APP界面”、“宽度”为640像素、“高度”为1136像素、“分辨率”为72像素/英寸的空白图像文件，如图15-2所示。

步骤 02 打开“云社交APP背景.jpg”素材，将其拖曳至“云社交APP界面”图像编辑窗口中，适当调整其大小和位置，展开“图层”面板，如图15-3所示。

步骤 03 单击“图像”|“调整”|“亮度/对比度”命令，弹出“亮度/对比度”对话框，设置“亮度”为15、“对比度”为18，如图15-4所示。

步骤 04 单击“确定”按钮，即可调整图像的色彩亮度，效果如图15-5所示。

步骤 05 单击“图像”|“调整”|“自然饱和度”命令，弹出“自然饱和度”对话框，设置“自然饱和度”为30、“饱和度”为15，如图15-6所示。

步骤 06 单击“确定”按钮，即可调整图像的饱和度，效果如图15-7所示。

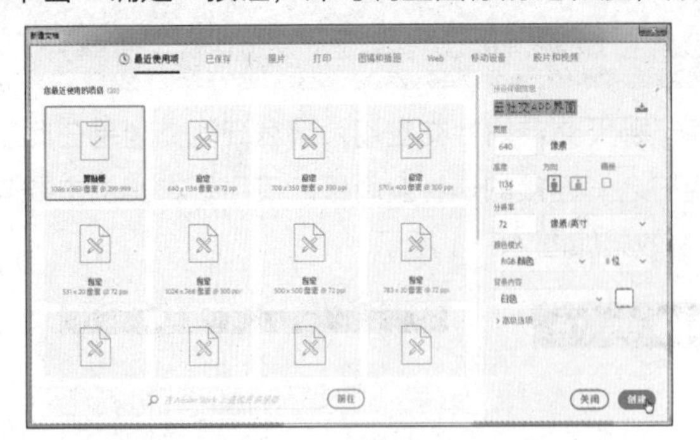

图 15-2 新建空白图像文件

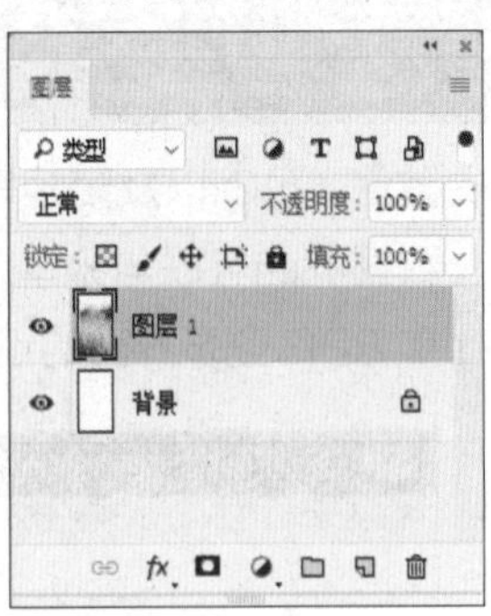

图 15-3 拖入素材图像

图 15-4 设置“亮度 / 对比度”参数值

图 15-5 调整图像的色彩亮度

图 15-6 设置饱和度参数

图 15-7 调整图像的饱和度效果

步骤 07 展开“图层”面板，新建“图层2”图层，如图15-8所示。

步骤 08 设置“前景色”为蓝色（RGB参数值为73、126、178），如图15-9所示。

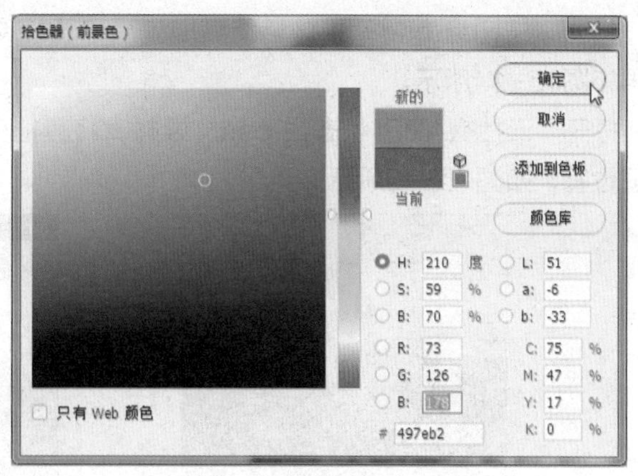

图 15-8 新建“图层 2”图层　　　　图 15-9 设置前景色

步骤 09 选取工具箱中的圆角矩形工具，在工具属性栏上设置“选择工具模式”为“像素”、“半径”为10像素，绘制一个圆角矩形，如图15-10所示。

步骤 10 双击“图层2”图层，弹出“图层样式”对话框，选中“投影”复选框，在其中设置“距离”为6像素、“扩展”为13%、“大小”为16像素，如图15-11所示。

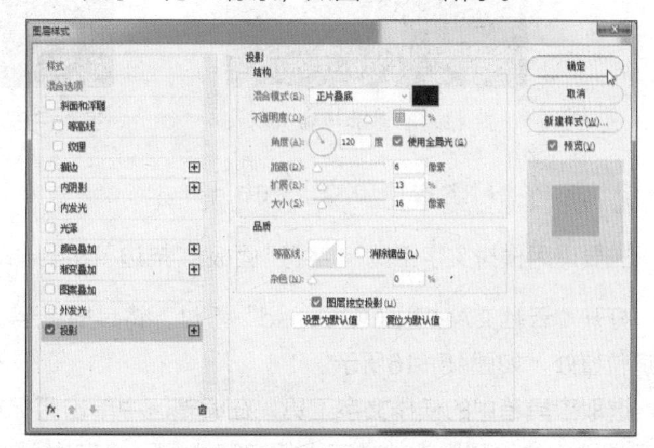

图 15-10 绘制圆角矩形　　　　图 15-11 设置“投影”参数值

步骤 11 单击“确定”按钮，应用“投影”图层样式，效果如图15-12所示。

步骤 12 在“图层”面板中，设置“图层2”图层的“不透明度”和“填充”均为60%，改变图像的透明效果，如图15-13所示。

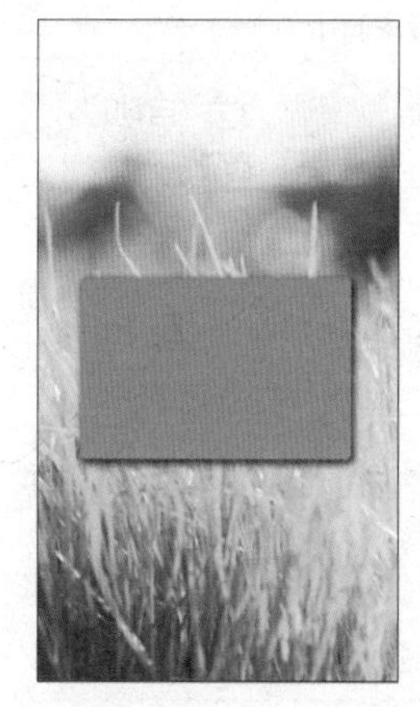

图 15-12 应用“投影”图层样式效果　　　　图 15-13 改变图像的透明效果

步骤 13　打开“按钮组.psd”素材，将其拖曳至“云社交APP界面”图像编辑窗口中的合适位置，效果如图15-14所示。

步骤 14　打开“云社交APP 状态栏.psd”素材，将其拖曳至“云社交APP界面”图像编辑窗口中的合适位置，如图15-15所示。

图 15-14　添加按钮素材

图 15-15　添加状态栏素材

15.1.2 制作社交APP文字效果

下面主要运用横排文字工具、“字符”面板、“描边”图层样式等，制作云社交 APP 的文字效果。

步骤 01　打开“云社交APP LOGO.psd”素材，将其拖曳至“云社交APP界面”图像编辑窗口中的合适位置处，如图15-16所示。

步骤 02　选取工具箱中的横排文字工具，在编辑区中单击鼠标左键，确认插入点，展开“字符”面板，设置“字体系列”为“方正大标宋简体”、“字体大小”为“80点”、“字距调整”为20、“颜色”为白色，如图15-17所示。

图 15-16　添加 LOGO 素材

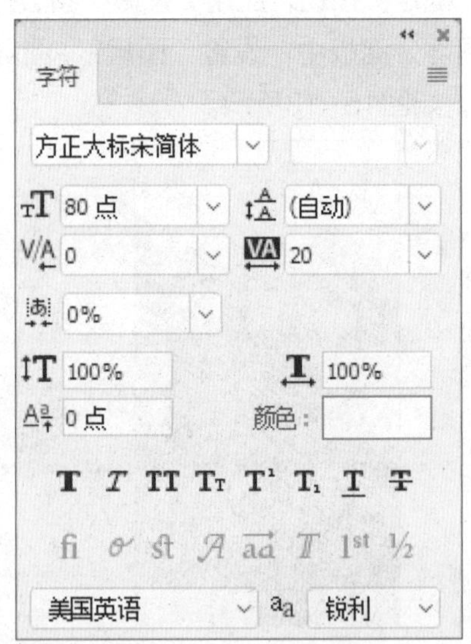

图 15-17　设置字符属性

步骤03 在图像编辑窗口中输入相应文本，如图15-18所示。

步骤04 双击文字图层，弹出“图层样式”对话框，选中“描边”复选框，在其中设置“大小”为1像素、“颜色”为绿色（RGB参数值分别为0、255、0），如图15-19所示。

图 15-18 输入相应文本

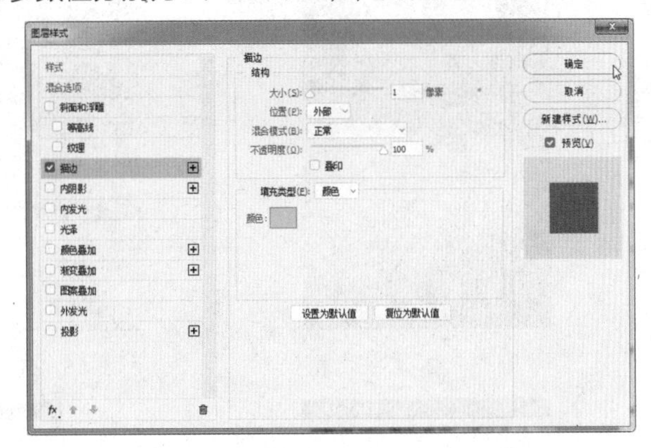

图 15-19 设置“描边”参数值

步骤05 单击“确定”按钮，应用“描边”图层样式，效果如图15-20所示。

步骤06 复制文本图层，得到相应的拷贝图层，如图15-21所示。

图 15-20 应用“描边”图层样式效果

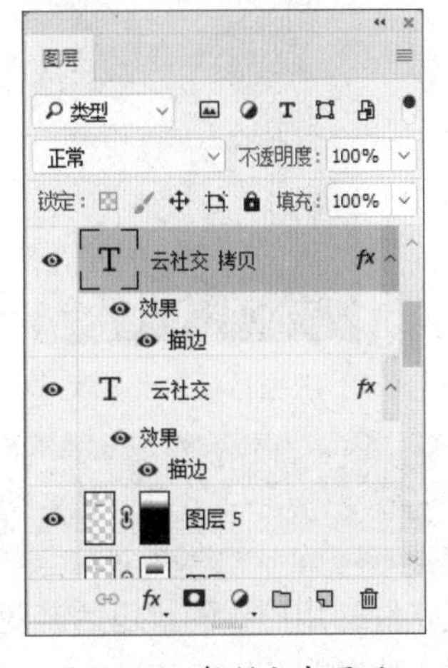

图 15-21 复制文字图层

专家提醒

文字是多数设计作品尤其是商业作品中不可或缺的重要元素，有时甚至在作品中起着主导作用，Photoshop 除了提供丰富的文字属性设计及版式编排功能外，还允许对文字的形状进行编辑，以便制作出更多、更丰富的文字效果。

步骤07 在图像编辑窗口中，适当调整拷贝文字图层中的图像位置，使文字产生立体效果，如图15-22所示。

步骤08 选取工具箱中的横排文字工具，在编辑区中单击鼠标左键，确认插入点，展开“字符”面板，在其中设置“字体系列”为“黑体”、“字体大小”为35点、“字距调整”为20、“文本颜色”为白色，单击“仿粗体”按钮，如图15-23所示。

步骤09 在图像编辑窗口中输入相应文本，如图15-24所示。

步骤10 用与上同样的方法，输入其他文本，设置相应属性，完成手机云社交APP登录界面设计，效果如图15-25所示。

图 15-22 文字效果

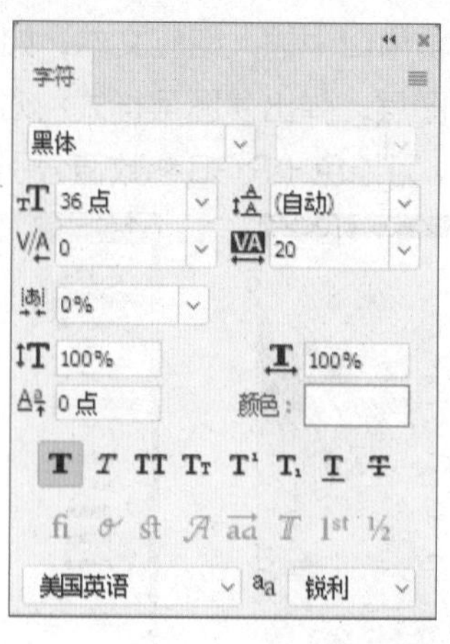

图 15-23 设置字符属性

图 15-24 输入相应文本

图 15-25 最终效果

15.2 手机游戏APP界面设计

休闲游戏软件的用户界面，包括游戏画面中的按钮、动画、文字、声音、窗口等与游戏用户直接或间接接触的游戏设计元素。本实例主要介绍手机休闲游戏界面设计的操作方法，最终效果如图 15-26 所示。

图 15-26 实例效果

	素材文件	光盘 \ 素材 \ 第 15 章 \ 云社交 APP 背景 .jpg、按钮组 .psd、云社交 APP 状态栏 .psd、云社交 APP LOGO.psd
	效果文件	光盘 \ 效果 \ 第 15 章 \ 云社交 APP 界面 .jpg、云社交 APP 界面 .psd
	视频文件	光盘 \ 视频 \ 第 15 章 \15.1.1 制作社交 APP 背景效果 .mp4、15.1.2 制作社交 APP 文字效果 .mp4

15.2.1 制作手机游戏界面主体效果

下面主要运用矩形选框工具、“描边”图层样式、圆角矩形工具、渐变工具、变换控制框等，制作休闲游戏 APP 界面的主体效果。

步骤 01 新建一个“名称”为“休闲游戏APP界面”、“宽度”为1181像素、“高度”为1890像素、“分辨率”为72像素/英寸的空白文件，为“背景”图层填充黑色，如图15-27所示。

步骤 02 新建“图层1”图层，选取工具箱中的矩形选框工具，绘制一个矩形选区，为选区填充灰色（RGB参数值均为77）到黑色（RGB参数值均为0）再到黑色（RGB参数值均为0）的线性渐变，如图15-28所示，取消选区。

图 15-27 填充“背景”图层为黑色

图 15-28 填充线性渐变

专家提醒

用户在进行 APP UI 图像处理时，若对创建的效果不满意或出现了失误的操作，可以对图像进行撤销操作。

- 还原与重做：单击“编辑”|“还原”命令，可以撤销对图像最后一次操作，还原至上一步的编辑状态，若需要撤销还原操作，可以单击“编辑”|“重做”命令。
- 前进一步与后退一步：“还原”命令只能还原一步操作，如果需要还原更多的操作，可以连续单击“编辑”|“后退一步”命令，“前进一步”命令配合着“后退一步”命令来使用，两个命令配合使用，能够帮助用户准确还原到相应的操作步骤。

步骤 03 双击“图层1”图层，在弹出的“图层样式”对话框中，选中“描边”复选框，在其中设置“大小”为1像素、“颜色”为灰色（RGB参数值均为172），如图15-29所示。

步骤 04 单击“确定”按钮，即可设置图层样式，如图15-30所示。

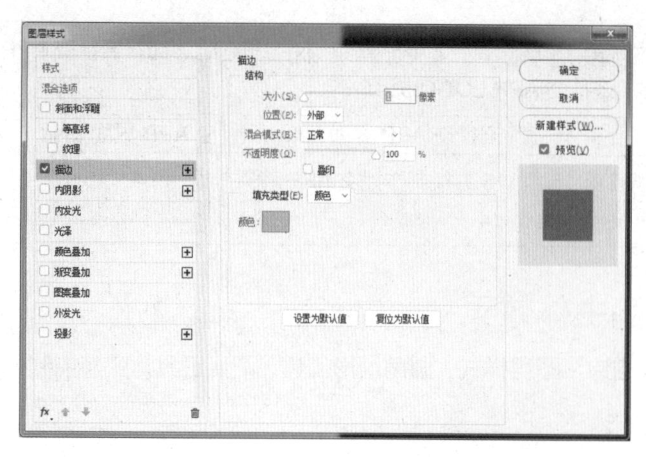

图 15-29 设置“描边”参数

图 15-30 设置图层样式效果

步骤 05 复制“图层1”图层，得到“图层1拷贝”图层，移动图像至合适位置，如图15-31所示。

步骤 06 打开“游戏画面.jpg”素材图像，运用移动工具将其拖曳至“休闲游戏APP界面”图像编辑窗口中的合适位置，效果如图15-32所示。

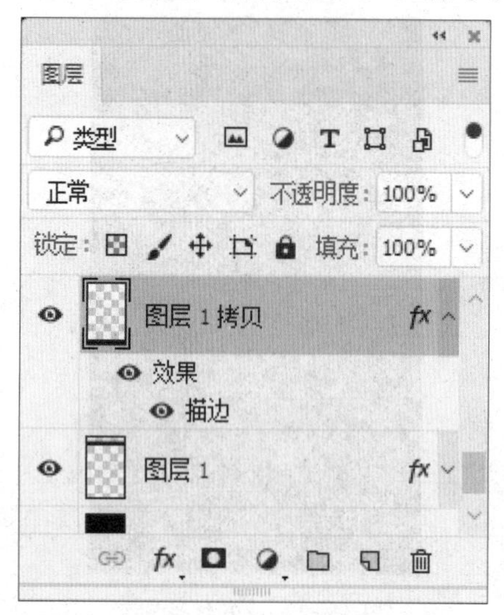

图 15-31 复制并移动图像

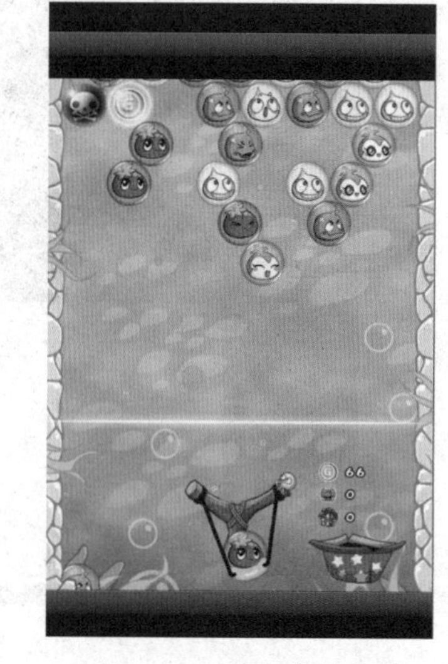

图 15-32 添加素材图像

步骤 07 新建“图层3”图层，选取工具箱中的圆角矩形工具，在工具属性栏上设置“选择工具模式”为“路径”、“半径”为20像素，绘制一个圆角矩形路径，如图15-33所示。

步骤 08 按【Ctrl+Enter】组合键将路径转换为选区，如图15-34所示。

步骤 09 选取工具箱中的渐变工具，为选区填充浅红色（RGB参数值分别为255、125、50）到红色（RGB参数值分别为255、73、41）的线性渐变，并取消选区，如图15-35所示。

步骤 10 新建“图层4”图层，选取工具箱中的自定形状工具，在工具属性栏上设置“选择工具模式”为“像素”、“形状”为“三角形”，绘制一个黄色（RGB参数值为255、211、49）的三角形图像，如图15-36所示。

步骤 11 按【Ctrl+T】组合键，调出变换控制框，单击鼠标右键，在弹出的快捷菜单中选择“顺时针旋转90度”选项，如图15-37所示。

步骤 12 执行操作后，即可旋转图像，并调整至合适位置处，效果如图15-38所示。

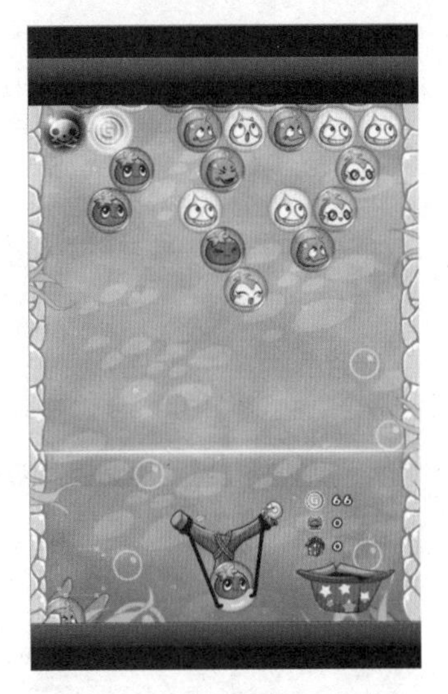

图 15-33 绘制圆角矩形路径

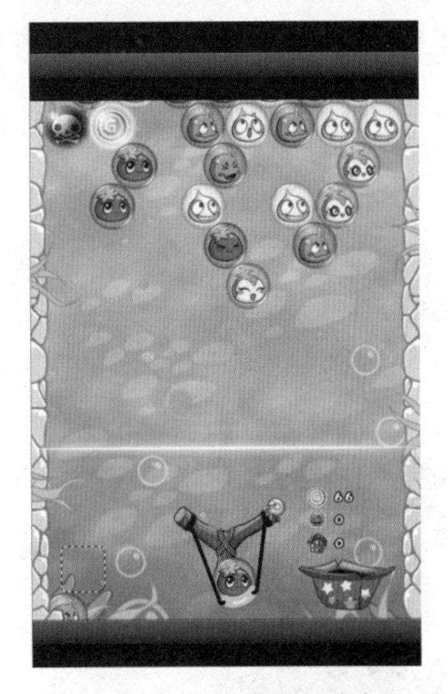

图 15-34 将路径转换为选区

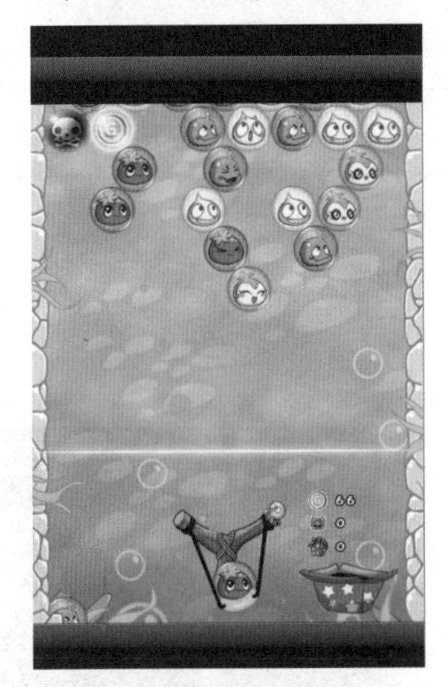

图 15-35 填充线性渐变

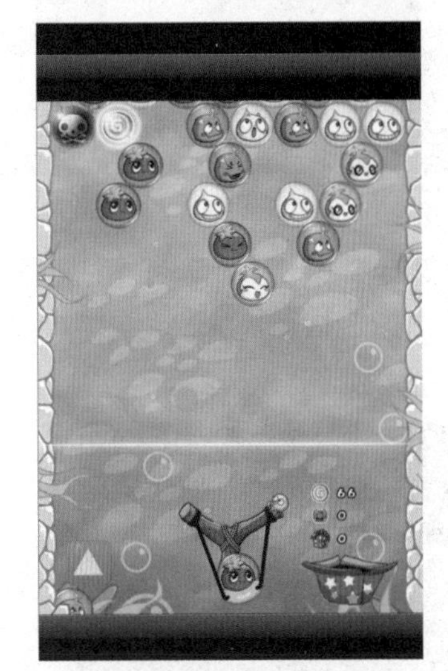

图 15-36 绘制三角形图像

图 15-37 选择“顺时针旋转 90 度”选项

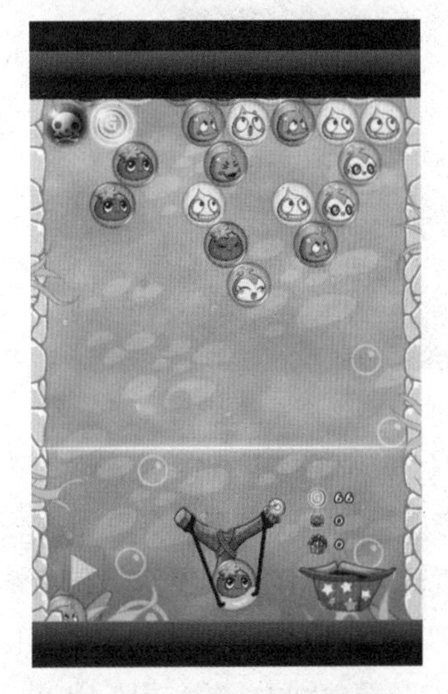

图 15-38 旋转图像效果

15.2.2 制作手机游戏界面细节效果

下面主要运用“外发光”图层样式、横排文字工具、“字符”面板、栅格化文字、渐变工具等，制作休闲游戏 APP 界面的细节效果。

步骤 01 打开“木纹框.psd”素材图像，将其拖曳至“休闲游戏APP界面”图像编辑窗口中，并调整图像至合适位置，如图15-39所示。

步骤 02 双击“木纹框”图层，在弹出的“图层样式”对话框中，选中“外发光”复选框，在其中设置“扩展”为10%、“大小”为35像素，如图15-40所示。

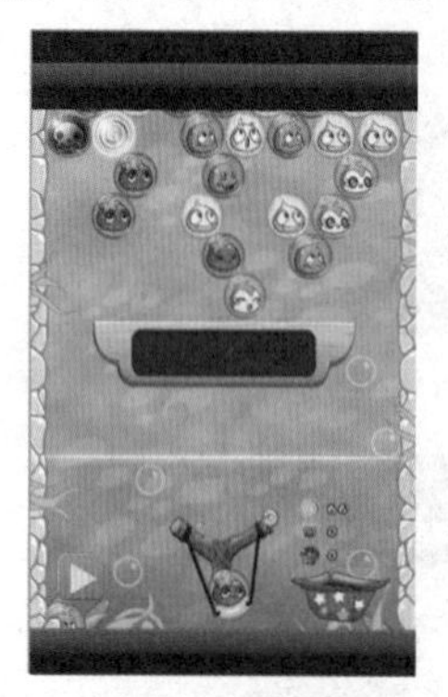

图 15-39 打开并拖曳素材图像

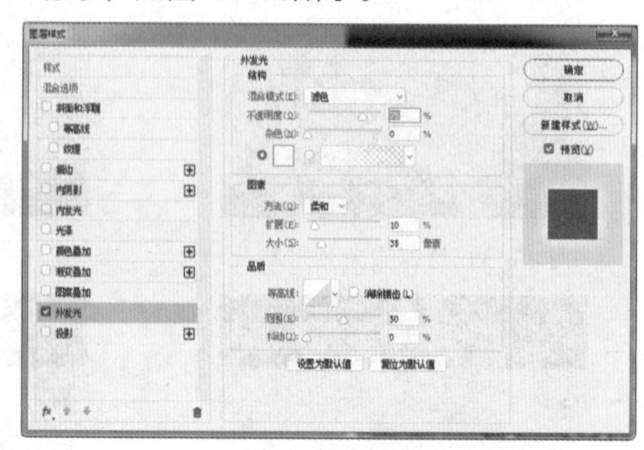

图 15-40 设置“外发光”参数值

步骤 03 单击“确定”按钮，即可设置图层样式，效果如图15-41所示。

步骤 04 打开“按钮.psd”素材图像，将其拖曳至“休闲游戏APP界面”图像编辑窗口中，并调整图像至合适位置，如图15-42所示。

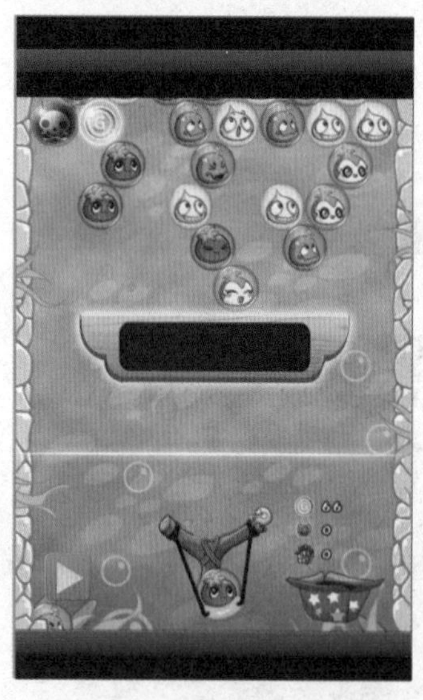

图 15-41 设置图层样式效果

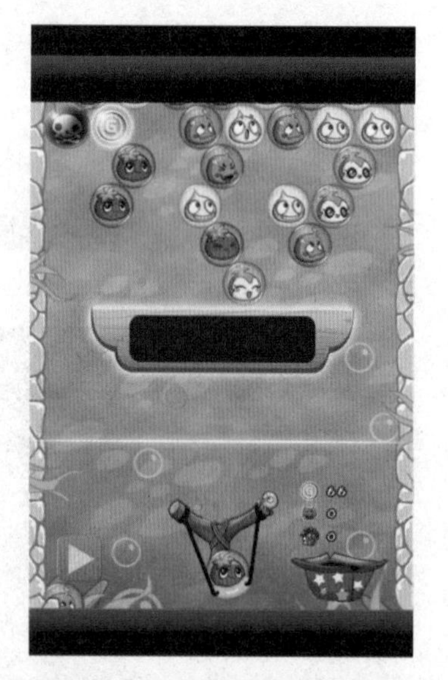

图 15-42 添加按钮素材

步骤 05 打开“休闲游戏APP状态栏.psd”素材图像，将其拖曳至“休闲游戏APP界面”图像编辑窗口中，调整图像至合适位置，如图15-43所示。

步骤 06 选取工具箱中横排文字工具，在图像上单击鼠标左键，确认插入点，在“字符”面板中设置“字体系列”为“华康海报体”、“字体大小”为100点、“字距调整”为300、“颜色”为棕色（RGB参数值分别为112、55、20），输入文字，如图15-44所示。

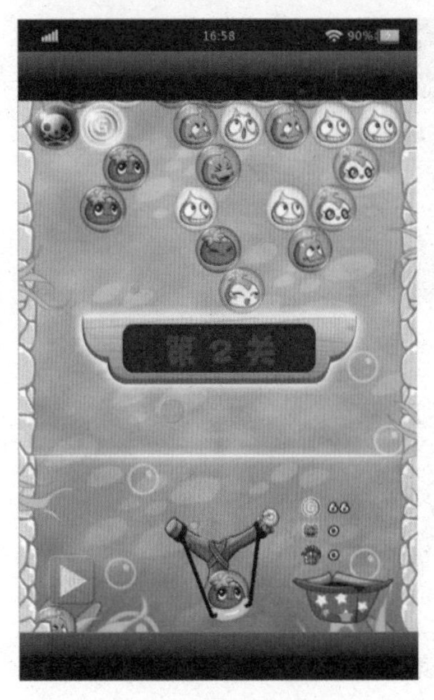

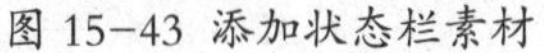

图 15-43 添加状态栏素材　　　　图 15-44 输入文字

步骤 07 复制文本图层，得到“第2关 拷贝”图层，在图层上单击鼠标右键，在弹出的快捷菜单中，选择“栅格化文字”选项，如图15-45所示。

步骤 08 按住【Ctrl】键的同时，单击“第2关 拷贝”图层的图层缩览图，新建选区，如图15-46所示。

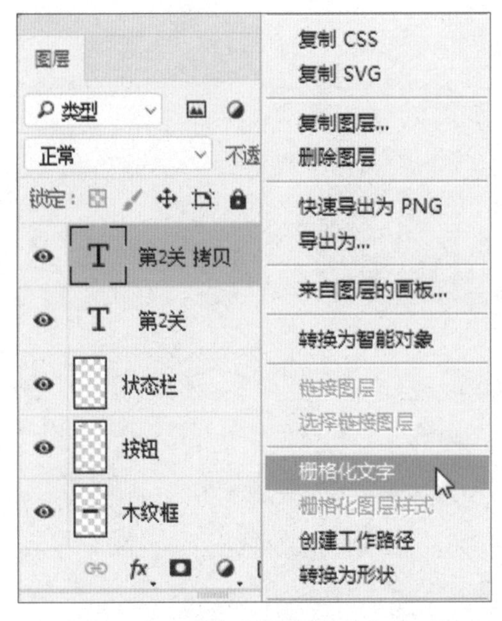

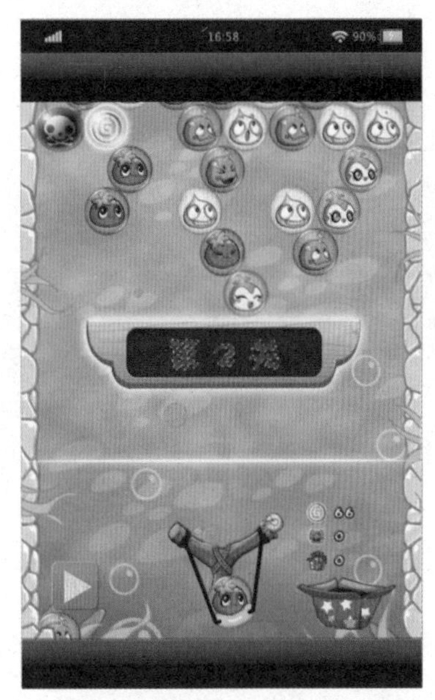

图 15-45 选择“栅格化文字”选项　　　　图 15-46 建立选区

步骤 09 选取工具箱中的渐变工具，为选区填充淡棕色（RGB参数值分别为251、250、199）到棕色（RGB参数值分别为180、97、6）再到深棕色（RGB参数值分别为182、98、5）的线性渐变，并取消选区，如图15-47所示。

步骤 10 打开“文字3.psd”素材图像，将其拖曳 至“休闲游戏APP界面”图像编辑窗口中，调整图像至合适位置，效果如图15-48所示。

图 15-47 填充线性渐变

图 15-48 最终效果